新时代妇联干部教育培训参考教材

# 家庭家教家风工作
# 创新案例选编

全国妇联 / 编

中国妇女出版社

图书在版编目（CIP）数据

家庭家教家风工作创新案例选编 / 全国妇联编. ——北京：中国妇女出版社，2021.3
新时代妇联干部教育培训参考教材
ISBN 978-7-5127-1948-4

Ⅰ．①家… Ⅱ．①全… Ⅲ．①家庭道德-干部培训-中国-教材 Ⅳ．① B823.1

中国版本图书馆 CIP 数据核字（2020）第 271279 号

## 家庭家教家风工作创新案例选编

作　　者：全国妇联　编
项目统筹：廖晶晶　孔　姿
责任编辑：陈　元
封面设计：吴晓莉　李　甦
责任印制：王卫东
出版发行：中国妇女出版社
地　　址：北京市东城区史家胡同甲 24 号　　邮政编码：100010
电　　话：（010）65133160（发行部）　　65133161（邮购）
网　　址：www.womenbooks.cn
法律顾问：北京市道可特律师事务所
经　　销：各地新华书店
印　　刷：三河市祥达印刷包装有限公司
开　　本：170×240　1/16
印　　张：22
字　　数：315 千字
版　　次：2021 年 3 月第 1 版
印　　次：2021 年 3 月第 1 次
书　　号：ISBN 978-7-5127-1948-4
定　　价：68.00 元

版权所有·侵权必究　（如有印装错误，请与发行部联系）

# 编委会

主　　编：黄晓薇

副 主 编：张晓兰　夏　杰　邓　丽　谭　琳　吴海鹰

　　　　　蔡淑敏　赵　雯　章冬梅　杜　芮

编委会成员：(按姓氏笔画为序)

　　　　　　王卫国　丛中笑　冯曼东　朱锡生　刘亚玫

　　　　　　许立华　年　虹　孙钱斌　杜　洁　李明舜

　　　　　　李凯声　张建岷　张彦红　张　慧　陈晓霞

　　　　　　单丽洁　高莎薇　高博燕　寇虎平　曾　祝

# 前 言
PREFACE

妇联干部是党的干部队伍的重要组成部分。党的十八大以来,以习近平同志为核心的党中央高度重视妇联干部队伍建设。2015年,《中共中央关于加强和改进党的群团工作的意见》指出,"各级党委要重视抓群团干部培养,全面加强群团干部队伍建设。将群团干部培训纳入干部教育培训总体规划,分级负责、分系统落实"。2018年11月2日,习近平总书记在同全国妇联新一届领导班子成员集体谈话时强调:"要加强妇联干部队伍建设,努力培养高素质妇联干部队伍。"

在以习近平同志为核心的党中央坚强领导下,全国妇联大力加强妇联系统干部教育培训工作,实现了全国妇联机关干部、省级妇联领导班子成员、地市妇联主席培训全覆盖,并积极开展对县乡村妇联负责人和工作骨干的示范培训。党的十八大以来,全国妇联本级共举办妇联系统干部培训班228期,培训近1.8万人次,为各级妇联干部充能提素提供了有力支持。

进入新时代,妇联系统干部教育培训工作面临着新的形势。我国社会主要矛盾发生深刻变化,广大妇女对美好生活的向往更加强烈,期待妇联组织提供更多更好的服务,也由此对广大妇联干部的理论素养、知识水平和专业化能力提出了新的更高要求。自2015年中央群团改革以来,紧紧围绕保持和增强政治性、先进性、群众性,各级妇联持续推进"会改联",积极推动"区域化",不断壮大基层妇联组织工作力量，770余万优秀女性作为执委加入基层妇联工作队伍。面对新的形势，加强对广大妇联干部和新任基层妇联执委的教育培训迫在眉睫，也因此，编写一套紧跟新时代要求的妇联干部教育培训教材，成为当前加强妇联干部队伍建设的一项重要任务。

为落实《2018—2022年全国干部教育培训规划》关于加强课程教材建设的要求，贯彻中国妇女十二大提出的着力培养忠诚干净担当、高素质专业化妇联干部任务部署，组织开展"基层妇联领头雁培训计划"，满足各级妇联组织和广大妇联干部的迫切需求，全国妇联决定推出"新时代妇联干部教育培训参考教材"，并于2018年12月正式启动此项工作。

这套教材坚持以习近平新时代中国特色社会主义思想为指导，认真贯彻落实习近平总书记关于妇女儿童和妇联工作的重要论述，紧紧围绕党和国家工作大局，密切联系妇联工作实际，内容涵盖妇联各个领域的主体工作，既包括作为妇联干部必备的理论知识，也包括开展实际工作必须掌握的操作性技能，以满足不同层级妇联干部的需求。

这套教材可作为各级妇联开展干部教育培训的专用教材，也可为各级妇联干部的业务学习提供参考资料。希望各级妇联本着理论与实践相结合的马克思主义学风，学以致用、用以促学，充分发挥教材的学习和教育功能，激发广大妇联干部的学习热情，不断筑牢理想信念，提升专业能力，拓宽眼界视野，增强群众工作本领，把妇联组织建设得更加充满活力，更加坚强有力，做好引领、服务、联系妇女的各项工作，奋力开创新时代妇女事业发展的新局面。

# 编者的话

为深入贯彻落实习近平总书记关于"注重家庭、注重家教、注重家风"的重要指示精神,更好地担负起党中央交给妇联组织的家庭工作任务,2019年全国妇联推出了"家家幸福安康工程"。各级妇联组织因地制宜、积极探索,以培育和践行社会主义核心价值观为统领,以实施"家家幸福安康工程"为抓手,创造性地开展家庭家教家风工作,形成了一批行之有效、具有推广借鉴意义的特色工作经验。为交流推广各地成功经验和有效做法,特将地方选送案例汇编出版《家庭家教家风工作创新案例选编》,作为全国妇联"新时代妇联干部教育培训参考教材"丛书之一,供参考借鉴。

感谢各地妇联家庭和儿童工作部对本项工作的大力支持与配合。

# 目 录
## CONTENTS

## 天 津

001 | 创新引领做实服务　助力家家幸福安康　　武清区妇联
004 | 共建绿色家庭　共享幸福安康　　蓟州区妇联
006 | 探索家教家风传承新模式　打造"行走的家风家教课堂"
　　　大沽口炮台遗址博物馆

## 河 北

009 | "我爱我家"主题实践活动　　省妇联家儿部
012 | "书香家庭　亲子共读"系列活动　　沧州市图书馆

## 山 西

015 | 特殊时期如何开展家庭教育工作　　阳泉市妇联
018 | 探索打造"妇联阵地+社区支持服务"托育新模式　　临汾市妇联
022 | 创新实践基地　开展家庭家风建设　　临汾市尧都区妇联

024 | 人人争入"最美",家家共享幸福安康　　运城市闻喜县妇联

027 | 创新家校合作模式,形成家校育人合力　　大同市云冈区和瑞街道妇联

## 内蒙古

030 | 传播国学文化　传承优良家风

　　　巴彦淖尔市乌拉特前旗乌拉山镇东风一社区

032 | 感恩成长动力训练课　　通辽实验中学

## 辽　宁

036 | "联·益成长"儿童教育云课堂培训项目　　沈阳市妇联

038 | "故事妈妈成长学院"带动亲子阅读推广

　　　大连市妇联"故事妈妈成长学院"

041 | "营口有礼　书香润家"践行家庭亲子阅读新风尚　　营口市妇联

## 吉　林

043 | "幸福家庭360"公益大讲堂项目　　长春市妇联

046 | 寻找"最美家庭"　打造"礼仪延边"　　延边州妇联

048 | 让志愿者在家庭家教家风工作中发挥作用

　　　松原市前郭县前郭镇薄荷芽社区

## 黑龙江

051 | 示范基地书香浓　浸润龙江好家风　　省妇联

053 | "4+4"宣传模式让垃圾分类知识进家庭　哈尔滨市妇联

056 | "家育工程"助"强国一代"健康成长　大庆市妇联

058 | 注重家庭家教家风，为千家万户打造幸福港湾　鹤岗市萝北县妇联

# 上　海

062 | "家中心"建设的基本经验　市妇联

066 | 实事项目助推政策完善　公共托幼缓解家庭压力　市妇联

068 | "快乐志愿吧"参与基层社会治理创新　静安区妇联

070 | 家庭社工为家庭提供专业服务的实践　浦东新区妇联

073 | 全力打造城市"家庭会客厅"　浦东新区妇联

076 | 打造"爱·陪伴"亲子阅读生态系统　杨浦区妇联

080 | "邻家母亲"助力困境儿童健康成长　浦东新区川沙新镇妇联

083 | "道德评议台"评出好家风，引领好风尚　黄浦区南京东路街道

086 | "复刻幸福家庭基因"项目　参与社会治理创新

　　　静安区芷江西路街道妇联

# 江　苏

090 | 专业、精准开展社区家庭教育支持行动　南京市江宁区妇联

093 | 开展"和谐进万家　幸福你我她"系列活动　南通市海安市曲塘镇妇联

096 | 从"邻"开始，为基层社会治理注入"家"力量　泰兴市济川街道

## 浙 江

099 | 平台一体化　服务协同化　浙江构建家庭建设综合平台成效显著
　　　省妇联

102 | "甬尚童悦"亲子阅读联盟助推家庭教育工作新发展　宁波市妇联

105 | 激活家庭动力　汇聚家庭建设新风尚　温州市妇联

108 | "城乡一体化"家庭教育指导服务体系建设　湖州市安吉县

111 | 打造"一镇一特"儿童之家　嘉兴市平湖市妇联

114 | 创新实施"1+X"亲职教育指导工程　台州市路桥区妇联

## 安 徽

117 | 创新领导机制　凝聚工作合力　省妇联

119 | 创新实施"庐州家长课堂"项目　合肥市妇联

122 | 积极开展社区家庭教育　滁州市妇联

## 江 西

125 | 实施"幸福家庭成长计划",以"小家"幸福促"大家"和谐
　　　南昌市妇联

129 | 千场家风宣讲进基层,让好家风浸润每个家庭　宜春市妇联

132 | 发扬井冈山精神,推动家庭家教家风建设　吉安市井冈山市妇联

135 | "寻访古迹　阅读萍乡"活动助力家庭教育　萍乡市图书馆

138 | 助力爱心人士,传承朱子家风　九江市永修县艾城镇妇联

140 | 创建"父母成长读书会",提高家校共育水平　南昌市雷式学校小学部

143 | 开展幸福家庭教育,提升家庭教育工作成效　上饶市朱熹纪念馆

146 | 家庭教育基地促家庭教育工作落地　上饶市家庭教育协会

## 山　东

150 | 树清廉家风　筑清廉之岛　青岛市妇联　青岛市纪委机关
152 | 推动社区家庭教育，促进科学家教理念传播　淄博市妇联
155 | 打造"家·课堂"公益品牌，开创工作新局面　德州市妇联

## 河　南

158 | "亲爱的爸爸来了"家庭亲子公益活动　郑州市妇联
161 | 最美家风　德润龙城　濮阳市妇联　市纪委监委　市委宣传部
164 | 以家庭成长行动助推家家幸福安康　漯河市妇联

## 湖　北

167 | 巾帼聚力幸福家，念好亲子阅读"三字经"　宜昌市妇联
170 | 发挥"联"的优势，让流动家长学校动起来　襄阳市妇联
172 | 家风博物馆让家风文化"活"起来　荆门市妇联
174 | 以"漂流书包"促进亲子共成长　咸宁市妇联家儿部
177 | 以"书店+社工组织+志愿服务"模式，让悦读润家风
　　　随州市最好的时光文化传媒有限公司
180 | 我有幸福家　幸福千万家　宜昌市夷陵区妇联
183 | "关爱留守儿童"家庭教育项目　孝感市大悟县巾帼志愿者协会

## 湖 南

186 | 创建"四结合一转变"家庭家教家风工作新道路　郴州市妇联

189 | 美家美妇齐行动，共建幸福安康家　浏阳市妇联

192 | "党建+家庭教育"的制度创新　益阳市赫山区妇联

## 广 东

195 | 举办"与孩子的心灵对话"论坛，助力家庭教育工作创新发展
　　　佛山市妇联

198 | 大力推进"绿色进我家行动"　东莞市妇联

201 | 新生家长培训提升家庭教育水平
　　　中山市妇联　中山市家庭教育指导服务中心

204 | "云家教"创新常态化指导服务模式
　　　中山市妇联　中山市家庭教育指导服务中心

207 | 推进家校协同育人的实践探索　深圳市罗湖区妇联　罗湖区教育局

## 广 西

210 | "知书达理好家风"公益活动　南宁市妇联　南宁市家庭教育协会

212 | 大流量实施文明家庭创建行动　柳州市妇联

214 | 家校共育　共促成长　崇左市天等县妇联

217 | 打响"海豚知音+"品牌　唱响家庭教育强音　钦州市妇联

## 海 南

219 | 智慧圆梦研学路　快乐亲子每一步　　三亚市妇联

222 | 传承红色基因，争当新时代好少年　　五指山革命根据地纪念园

223 | 以家教家风促村风民风　　屯昌县关工委

226 | 儿童友好空间家庭教育活动　　儋州市城北社区综合服务中心

228 | 依托人文资源，创建家庭教育实践基地　　琼海市大园古村

230 | 传承探花家风文化　读书成才蔚然成风　　定安县龙湖镇高林村

232 | 立家规、抓家教、正家风，扎实推进"三个之家"建设
　　　国家税务总局三沙市税务局

235 | 创共享新模式　促家庭新教育　　东方市耀红文化传播有限公司

## 重 庆

238 | 三强化三促进　唱响家庭助廉主旋律
　　　市妇联　市纪委监委机关　市委直属机关工委

240 | 用心用情　聚焦聚力　打通关爱服务儿童"最后一公里"
　　　铜梁区妇联

243 | 立体式家庭教育网络全覆盖　　江北区妇联

## 四 川

246 | "洁美家庭"助脱贫　文明新风进彝家　　省妇联

249 | 广联社会资源　发挥独特优势　共建有温度的家庭教育　　成都市妇联

252 | 环保生态巾帼行　垃圾分类进家庭　　成都市金堂县妇联

255 | 涵养和美家风　建设秀美村庄　　巴中市平昌县驷马镇当先社区

257 | 儿童之家"6点半课堂"　德阳市旌阳区孝感街道银山路社区
260 | 好家风带民风促社风助治理　宜宾市翠屏区大观楼街道仁和社区妇联

## 贵　州

263 | 家庭教育"遵义模式"助力家庭家教家风建设　遵义市妇联
266 | 大坝：耕读传家演绎乡村文明　安顺市妇联　安顺日报社

## 云　南

269 | 通过"同悦书香·相伴成长"系列活动弘扬文明之风　昆明市妇联
272 | 强阵地　抓示范　多措并举共促家家幸福安康　玉溪市妇联
274 | 组建好家风促进会，助力基层社会治理　昆明市盘龙区妇联
277 | "童成长·嗨起来"儿童假期志愿服务项目　玉溪市通海县妇联
278 | "百千万"家风宣讲让热区宾川文明之花更加绚丽
　　　大理州宾川县妇联
281 | 巡讲+直播　城乡家教水平提升的"强推剂"　红河州建水县妇联
284 | 家风传承谱写幸福家园篇章　保山市腾冲市清水乡妇联
287 | "家风"带"寨风"　文明新韵谱新风　保山市龙陵县龙山镇妇联
289 | 注重家庭家教家风　共创幸福生活　保山市隆阳区兰城街道办事处

## 西　藏

292 | 依托家庭教育　促进全市精神文明建设活动　日喀则市妇联

295 | 开展"从小听党话 永远跟党走 红色书籍进家庭"活动
　　　林芝市妇联

297 | 在市直机关党员干部中开展"立家规 树新风 促和谐"活动
　　　林芝市妇联

# 陕　西

300 | 传承红色基因　树立圣地好家风　延安市妇联

302 | 以家庭文明建设推动基层社会治理　汉中市妇联

305 | 将家风家教工作融入志愿服务之中　咸阳市彬州市妇联

307 | 小红旗"夺"出大净美　延安市甘泉县妇联

310 | 培人才　稳阵地　重引导　求实效　在探索中推进家庭家教家风工作新局面　汉中市汉台区妇联

# 青　海

313 | 智慧母亲讲堂　玉树州玉树市隆宝镇妇联

314 | 突出阵地作用，打好家庭教育组合拳
　　　海西州德令哈市河西街道朝阳社区居委会

# 宁　夏

316 | "五情"开展暑期关爱活动　自治区妇联

319 | "帮帮学家教课堂"给困境儿童有温度的帮助　银川市灵武市妇联

321 | 家风拂润文明花　弘扬时代新风尚　中卫市沙坡头区

# 新疆生产建设兵团

324 | "代理妈妈"关爱行动　第十二师妇联

326 | 家庭道德讲堂助力形成良好风尚　第十二师妇联

328 | 育和睦家庭　树淳朴家风　谱和谐社会　第十师北屯垦区人民法院

331 | 弘扬中华传统文化　传承中华优良家风
　　　第八师石河子市牵手一站式婚礼中心

# 天　津

# 创新引领做实服务　助力家家幸福安康

## 武清区妇联

"家家幸福安康工程"是妇联组织顺应新时代发展要求、加强对广大家庭团结引领和联系服务的创新之举。为推进家家幸福安康工程工作取得良好效果，天津市武清区妇联深入了解妇女需求，加大工作创新谋划力度，积极统筹整合各方资源，努力打造新时代区妇联家庭工作"升级版"，推动社会主义核心价值观在家庭落地生根。

## 一、打造"最美家风故事会"品牌，建立家庭文明建设新阵地

### 1."三围绕"提高站位谋划工作

围绕区委创建全国文明城区、实施乡村振兴战略中心工作，设计开展"最美家风故事会"活动，以弘扬优良家风促村风、社风，得到各级党委政府的高度认可和支持。活动围绕广大家庭需求，以群众为中心，让群众当主角，提升家庭荣誉感和获得感，调动家庭参与的积极性，扩大活动影响力。围绕重点工作，将"最美家风故事会"作为推进寻找"最美家庭"活动的有力抓手，2019年深入镇街、村、社区召开故事会174场，发掘优秀家庭500余户，其中270户入选区级及以上"最美家庭"。

### 2. "抓基层"深入参与推动工作

村、社区妇联干部走家入户寻找发掘优秀家庭典型；镇街妇联干部参与共同设计活动流程，梳理家庭事迹材料；区妇联干部包片推进，真正做到"扎根基层，发动妇女，深入家庭"，打消群众顾虑，激发群众热情，保证活动效果。

### 3. "出特色"丰富内涵创新工作

一是拓展活动形式。如，南蔡村镇妇联发挥镇内各村文化活动基础好的优势，创作京韵大鼓《赞最美家庭》、快板《夸夸我家好家风》等原创家风节目，举办最美家风朗诵比赛等，用群众更加喜闻乐见的方式开展最美家风故事会活动，促进优良家风广泛传播。二是统筹有利资源。如，杨村街道妇联与关工委合作，发动关工委老干部组成好家风宣讲团，深入社区、学校宣讲好家风好家教；泗村店等镇妇联联合镇宣传部门，将家风故事会中发现的优秀典型在媒体上广泛宣传，充分发挥示范引领作用。三是延伸活动效果。豆张庄等镇妇联开展好父母、好媳妇、好女婿等家庭成员评选，推动以好家风促好民风。

## 二、做强区级家庭教育指导中心，支持服务家庭教育

### 1. 做好顶层设计，完善工作机制

主动与区委宣传部、区教育局合作，共同成立武清区家庭教育指导中心，设立专门办公室，配备专职工作人员，制定工作方案，落实各部门职责，定期召开联席会议，交流研讨家庭教育指导工作，统筹推进武清家庭教育事业发展。

### 2. 实现精准服务，让科学家教走进千家万户

针对0～18岁不同年龄阶段孩子和家长需求，设计开展"家庭成长课堂"惠民工程项目。通过进校园、进社区、进万家、面对面等子项目，多种形式开展家庭教育指导服务。组织针对0～3岁婴幼儿的普惠性早教指导课；以10所重点实施学校为依托开展家庭教育进校园讲座；指导基层妇联以每季度1次的频率在所有社区家长学校开展家教指导服务进社区活动；

探索"互联网+家庭教育"新途径，每周在"武清妇联"微信公众号和32个家教微信群中同步上传微课；在家教指导中心开设窗口，定期进社区举办答疑沙龙，为家长提供一对一咨询服务。全年共开展各类家教指导服务活动500余场，服务家庭2万余户，初步建立起连续性、递进式、成长型、广覆盖的家庭教育模式。

### 3. 培养有生力量，推进家教服务可持续发展

面向家庭教育相关单位，特别是教育系统招募志愿者讲师，委托天津市家庭教育指导中心进行培训，培养武清区本地的家庭教育志愿者讲师队伍，提升指导服务的专业性和精准度，促进家庭教育工作的可持续发展。

## 三、实施"家·共享"家庭服务计划，满足家庭对美好生活的向往

### 1. 精准对接家庭需求

深入基层问需于广大家庭，针对多元化需求设计开展"家·共享"家庭服务计划，包括成长家——家庭成长课堂项目、关爱家——单亲困难母亲帮扶项目、和谐家——武清区妇女心理帮助中心项目、安全家——豌豆苗安全家庭创建项目、绿色家——武清区绿色家庭垃圾分类宣教项目、陪伴家——爱伴成长课堂项目和智慧家——新女性成长项目，以项目化运作全方位服务家庭需求。

### 2. 建立多元互补服务模式

建立起以政府购买服务为主导、公益创投为拓展，"社企联盟"做补充的多元互补服务模式。第一，将家庭成长课堂和单亲困难母亲帮扶两个涉及范围广、服务对象多的普惠性项目申请纳入区级惠民工程，确保资金支持。第二，针对和谐家、安全家、绿色家等服务特定群体的项目，举办了公益创投大赛，优选承接机构，确保服务质量。第三，利用"社企联盟"平台"妇联搭台、企业参与、社会组织服务、社会各界监督"的灵活模式，及时根据家庭新需求设计开展新项目，保证服务实效性。2019年，"家·共享"家庭服务计划开展活动近千场，服务家庭3万余户。

# 共建绿色家庭　共享幸福安康

## 蓟州区妇联

天津市蓟州区共有949个行政村、31个社区，具有明显的大农村、小城区特点。蓟州区妇联以绿色发展理念为指导，立足本区全域旅游的定位，把绿色家庭创建与农村家庭人居环境整治工作相结合，以"清洁我家"创建"美丽庭院"为抓手，大力推进绿色家庭创建。

### 一、精心谋划，顶层推动

区妇联积极争取区委支持，将绿色家庭创建列入全区20项民心工程，通过宣传引导、活动凝聚、贴心服务和帮扶支持等多项举措，广泛普及健康家庭绿色生活理念。区妇联精心谋划、主动作为，在深入基层充分调研的基础上制定了《蓟州区"清洁我家"创建"美丽庭院"实施方案》，形成了以绿色文明推动家庭工作提质增效的工作格局，明确了"六美"创建标准（即"清洁卫生环境美、杂物摆放整齐美、庭院设计布局美、文明创建和谐美、创业增收生活美、常态保持长效美"），逐条细化了工作任务，让各项创建工作有章可循。在此基础上鼓励各镇、村妇联根据自身所处山区、平原、库区、洼区等不同环境，充分发挥主观能动性，因地制宜抓好绿色家庭创建工作。

### 二、广泛宣传，形成氛围

创建绿色家庭，改变农户清洁卫生观念和长久形成的生活习惯是关键。区妇联在村村通广播、户外标语、明白纸发放等传统渠道全覆盖铺开式宣传的基础上，广泛应用微信群、公众号、融媒体等现代传播途径，加大绿色家庭健康生活理念的宣传力度，全区各级妇联组织实时跟进推送信息，形成强烈的信息冲击，区新闻中心和"掌上蓟州"公众号分别对行动做跟进式专题报道，使"清洁我家"创建"美丽庭院"行动成为蓟州"网红"。为了吸引广大家庭和妇女群众深度参与，区妇联组织人员创作编排了三句半《创建美丽庭院、共享幸福生活》、广场舞《清洁我家》、故事讲述《山村"选美"》等文艺节目，结合"四下乡"活动组织基层巾帼志愿服务队在群众中广泛巡演，原创歌曲《清洁我家》还以歌伴舞的形式登上蓟州2019年春晚舞台，形成了强大的宣传声势，清洁、环保、绿色、健康家庭的创建氛围愈加浓厚。

### 三、丰富载体，凝聚共识

全区各级妇联组织不断拓宽"家家幸福安康"行动内涵，以丰富多彩的活动吸引广大妇女积极参与到洁化、绿化、美化家庭中来，以实际行动践行"两山"理念。桑梓镇后辛庄村开展了"菜园赛花园"网络直播活动，现场展示生活与艺术完美结合、打造美丽农家小院的技巧，让零基础的普通家庭也能活学活用巧装扮，全区各镇、村妇联积极引导妇女群众看直播、齐动手、改造提升自家小院，打造美丽菜园，并陆续通过微信公众号展示了自家的改造成果。渔阳镇杨各庄村举办了"清洁我家，舞彩乡村"广场舞大赛，通过全民健身这种参与度高、群众喜闻乐见的方式倡导绿色、健康、文明理念，让群众在参与中感受满满的幸福。马伸桥镇西葛岑村连续多年在重阳节期间举办"寿桃节"尊老敬老活动，2020年还围绕绿色家庭主题举办了"家风村风大家谈"活动，10个家庭代表分享了她们感人至深、令人泪目的家风故事；村党支部书记也分享了该村从十年前的上访村、最乱村，通过扎实抓好家风家教工作而转变成现在的先进村、亮点村的发展历程。多年来的家庭文明实践活动中，使该村形成了家家有家训、户户讲美德、人人重品行的良好村风民风。此外，全区各级妇联累计开展家政服务技能培训93场，组织家政技能竞赛26场，举办垃圾分类家庭趣味运动会80场。同时，为帮助困难家庭、孤老户、优抚户和老党员户营造干净宜人、整洁有序的健康幸福生活环境，各级妇联先后开展"送环境、送健康"志愿服务活动320余场，努力做到创建绿色家庭、促进幸福安康一户都不能少。

下一步，天津市蓟州区妇联还将持续发力，引导广大农村把绿色家庭健康生活理念和文明家风传统美德纳入村规民约当中，把创建成果传承弘扬下去，让绿色文明家庭理念蔚然成风，为创造看得见山、望得见水、记得住乡愁的美丽蓟州贡献巾帼力量。

# 探索家教家风传承新模式 打造"行走的家风家教课堂"

## 大沽口炮台遗址博物馆

作为天津市2018年命名的首批家教家风创新实践基地之一，大沽口炮台遗址博物馆立足自身优秀历史文化资源优势，积极探索"家教家风传承"的文博教育新模式，通过实施线下主题展览和社团课、线上红色家风故事会等系列主题实践活动，打造"行走的家风家教课堂"。2019年大沽口炮台遗址博物馆总计参观接待168815人，开展公益性主题教育活动168场，不断推动家风建设常态化，弘扬家国情怀、提升文化自信。

### 一、以家风建设助推党风政风清正

家风正则党风正，党风正则政风清，政风清则社会淳。为更好地发挥基地作用，做好好家教、好家风的社会宣传，涵养党政干部敦厚淳朴、勤俭廉洁的家风，大沽口炮台遗址博物馆依托红色旅游资源优势，创新形式、优化内容，面向全市市级机关重磅推出"树家庭文明新风"主题实践免费参观活动。以特色党建活动为引领，依托"海上国门"主题展览和"家风耀中华"特色展览，设置家教家风主题实践互动环节，继承弘扬革命先辈们敢打敢拼、艰苦奋斗的优良作风，涵养新时代好干部优良家风。

## 二、以家教家风主题系列活动覆盖更多受众

大沽口炮台遗址博物馆作为全国爱国主义教育示范基地，充分发挥阵地作用，开展"弘扬家教家风·树立家国情怀"活动项目，包括"讲述革命精神·续写双拥新篇"走进武警部队宣历史振军心活动、"巾帼心向党·建功新时代"家教家风宣讲实践活动、"一封家书·见字如面"主题活动、"品读经典·传承文化"家教家风家训读书活动、母亲节特别献礼活动、"内修心灵·外修形象"主题讲座等活动。活动形式多样，受众群体广泛，在更大范围上进行了好家教好家风的宣传推广。其中"巾帼心向党·建功新时代"家教家风宣讲实践活动，将家教家风宣传辐射到社区基层，让更多群众接受良好家风熏陶，助推形成社会主义家庭文明新风尚；"一封家书·见字如面"书信征集活动得到了广大市民积极参与，在全社会形成爱国爱家、相亲相爱的良好氛围。同时积极寻求与学校教育、部队建设、社区活动、企事业单位、党团组织等工作的结合，有针对性地设计家教家风品牌活动。

## 三、打造"行走的家风家教课堂"

举办"家风耀中华""不忘初心、牢记使命的好公仆——孔繁森"和"我和我的祖国——儿童画展"等主题展览，与20余个特色展览充分结合，创新设计融知识性、趣味性、参与性于一体的精品教育内容，打造"行走的家风家教课堂"，领略古代、近代先贤修身齐家的家国情怀，革命先辈言传身教的崇高风范和普通百姓代代相传的做人操守。与中小学联合实施青少年文化精品工程，以"小纽扣"行动计划为主线，积极策划生产和推介具有鲜明价值导向、符合青少年思想特点的家教家风系列文化宣讲产品。同时博物馆志愿服务站面向参与"小纽扣"行动计划的

家庭免费开放，培养优秀"小家风宣讲员""小历史讲解员""小志愿者"，助力家教家风建设从小抓起，让中华民族文化基因在广大青少年心中生根发芽。

### 四、深化"互联网+"线上家教家风教育

当前，我们已进入教育信息化的新时代。为加速家教家风互联网教育的创新发展，坚持"线下教育出品牌，线上教育出特色"的原则，充分利用官网、微信、微博等新媒体，积极探索"互联网+家教家风"的线上教育方式，实现宣传领域全覆盖。开设家教家风教育平台、"红色家风故事会"线上专题教育、家教家风微展览等线上活动与博物馆场馆教育形成互动，通过线上真人语音朗读古今名人家风故事、特色主题微展览、优秀家风的直播宣讲等互动式、开放式、多元式的教育形式，做好传承弘扬优良家风的全方位立体化宣传，实现线上线下互联，增强教育的感染力和实效性，扩大基地影响力，吹响新时代家教家风教育信息化新征程的奋进号角。

大沽口炮台遗址博物馆将始终以社会主义核心价值观为统领，拓展延伸家教家风创新实践基地内涵，结合爱国主义教育基地、发展党员教育培训示范基地、未成年人研学游学基地，进一步弘扬优良家教家风，为推动形成社会主义文明新风作出更加积极的贡献。

河北

# "我爱我家"主题实践活动

*省妇联家儿部*

近年来,在全国妇联和省委的正确领导下,河北省妇联认真贯彻习近平总书记关于家庭文明建设的一系列重要论述,以改革为动力,以家庭需求为导向,大力加强家庭文明建设,创新开展了"我爱我家"主题实践活动,引领广大家庭积极培育和弘扬社会主义核心价值观,在践行新时代家庭观中创造幸福生活。

## 一、广泛开展"我爱我家·德润燕赵"善美家风传承教育活动,引导家庭自觉涵养家风,传承美德

全省各级妇联着眼于传承中华民族传统家庭美德,大力推进家庭文明建设,推动形成爱国爱家、相亲相爱、向上向善、共建共享的社会主义家庭文明新风尚。一是持续开展寻找"最美家庭"活动。围绕夫妻和睦、尊老爱幼、科学教子、勤俭持家等方面,各级妇联通过组织家庭自荐、邻里互荐、社区和单位推荐等,三年来共评选揭晓"最美家庭"7.8万多户。二是不断拓展家庭典型寻找宣传活动。三年来,各级共选树"五好家庭""燕赵榜样母亲""燕赵励志儿童"以及"好婆婆""好儿媳""好妯娌"等各种典型1.7万多个,不断丰富家庭文明创建活动内涵。三是广泛组织"最美家庭"故事传递活动。各级妇联通过举办揭晓会、故事会、展示会、制作光荣榜等方式宣传"最美家庭"、五好家庭、文明家庭先

进事迹6000多次，弘扬传统美德，传承良好家风。省妇联编印《女子世界——家庭建设特刊》7000册、《古今名人家风家训集萃》5000册、《河北省最美家庭故事集萃（2017-2018年）》1.5万册，带动引导广大家庭学最美、做最美，努力推动以好的家风支撑起好的社会风气。

## 二、持续深化"我爱我家·伴随成长"家庭教育指导服务，引导家庭帮助孩子"扣好人生第一粒扣子"

各级妇联坚持以立德树人为原则，以培养时代新人为目标，大力加强家庭教育支持服务，着力推动构建覆盖城乡的家庭教育指导服务体系。一是加强组织领导，提高对家庭教育重视程度。2018年以来，省妇联不断强化家教工作组织领导，成立了落实家庭教育五年规划工作协调小组，并指导全省170余个县区建立了家庭教育支持、指导、服务等各类协调工作小组，逐步形成了政府主导、部门推进、社会协同、公众参与的社会化的家庭教育工作体系，有力推动了家庭教育五年规划的贯彻落实。二是创新平台和载体，借助媒体优势构建线上线下相结合的家庭教育指导服务工作新格局。省妇联持续开办《爸爸妈妈上学堂》栏目，创建"河北省妇联家庭教育指导服务咨询热线4001660112"，2020年省妇联创新载体，开办家庭教育云讲堂、家庭教育网络直播，借助新媒体优势，把先进家教理念送进更多家庭、送给家长。三是强化"妇联+社区（学校）+专家志愿者+家庭"的指导服务机制，深入开展"家庭教育指导服务社区行"活动。三年来，各级妇联共命名家庭教育专家志愿讲师1370多名，创建家庭教育指导服务示范基地265个，协调志愿讲师、社会机构等资源深入社区开展家庭教育指导服务活动1.5万场次，近50万家庭受益，全省家庭教育工作机制更加健全，支持服务力度不断加大。

## 三、大力推动"我爱我家·同悦书香"亲子阅读活动，引导家庭提升文明素养，更好奉献社会

各级妇联以引导创建"书香家庭"、推动建设学习型社会为导向，精心组织广大家庭开展亲子阅读活动。一是以特色主题活动为引领，引导广

大家庭崇尚读书学习、养成阅读习惯。部署开展"我爱我家·同悦书香"亲子阅读促进行动，各地纷纷举办晒晒我家书架、我家最爱读的一本书分享、阅读小达人评选以及亲子绘本、亲子阅读沙龙等主题活动，广泛吸引家庭参与并培养良好阅读习惯。二是创新开展"亲子朗读竞赛活动"，激发广大家庭参与阅读的热情和兴趣。省妇联创建"亲子朗读竞赛活动"载体，以"扬家风、传美德、正品行、共成长"为理念，推动城乡社区常态化组织亲子朗读竞赛活动，省妇联举办集中展示活动。通过示范引领，进一步提高家庭参与积极性，提升家庭亲子朗读竞赛活动质量，推动家庭文明素养持续提升。

## 四、积极倡导"我爱我家·绿色生活"新理念，引导家庭养成简约适度、低碳环保消费新方式

各地以"绿色生活·我家更美"为导向，以"绿色家庭"创建行动为动力，引导广大家庭为生态文明建设贡献智慧和力量。一是加强宣传教育。通过发出倡议书、宣传页等措施，号召并引导广大家庭自觉从美化绿化亮化家庭着手，从节水节电节粮点滴做起，树立绿色生活家庭先行的责任意识。省妇联发出创建"绿色家庭"活动倡议，在《爸爸妈妈上学堂》栏目播出专题，在人民网河北频道、河北新闻网等媒体宣传绿色家庭创建行动、创建标准等，引导广大家庭践行简约适度、绿色低碳的生活方式。二是加强示范带动。组织开展最美绿色家庭寻找宣传活动，寻找经得起评议、得到认可的群众身边最美绿色家庭，两年来，全省共培树绿色家庭3000余户，并组织宣传最美绿色家庭事迹和生活经验，从而引导广大家庭学最美、做最美，养成"我爱我家·绿色生活"自觉。

# "书香家庭 亲子共读"系列活动

### 沧州市图书馆

阅读是呵护童心的重要方式。近年来,全社会越来越认识到儿童阅读的重要性,认识到家庭是促进儿童阅读的关键环节。为了推动家庭亲子阅读,进一步营造书香城市氛围,扩大阅读覆盖面,让更多儿童加入到阅读队伍中来,沧州市图书馆利用自身优势,充分发挥河北省家教家风教育实践示范基地带头作用,同沧州市妇联合力打造了"遇书房"·妇女儿童城市分馆,依托基地精心策划开展了"书香家庭 亲子共读"系列形式多样的品牌少儿阅读推广活动,为家庭阅读提供了丰富的资源,吸引了众多小读者走进图书馆,激发了小读者们的读书热情,产生了良好的社会效益。

## 一、创新服务品牌,助推亲子阅读

为了进一步推广亲子阅读,提升家庭阅读水平,沧州图书馆整合社会资源,根据当前儿童及家长的阅读需求,推出了"尚书童"亲子悦读培养计划项目,专门为0~8岁孩子设计建造了"尚书童"绘本讲读馆,馆中汇集中外优秀绘本,每月定期举办"尚书童绘本故事坊"奖励活动,为了配合活动的顺利开展,沧州图书馆健全积分机制,家长为孩子在图书馆建立"绘本阅读档案",儿童通过借阅图书及参加图书馆举办的少儿活动积攒积分,换取制作精美的"尚书童绘本讲读馆悦读卡"作为入场券,"悦读卡"分为"缤纷果鲜蔬""五彩动物园""我爱学知识""环游世界""小梦想家""快乐阅读"六个主题,集齐六张卡的小读者就有机会参加六期不同主题风格的绘本讲读活动,该奖励活动形式新颖,增添了儿童在阅读中的神秘感,调动了孩子们的阅读积极性。该活动在2016年度河北省"图书馆服务创新奖"评选活动中获得一等奖。

## 二、构筑文化力量,打造经典品牌

为推进沧州市文化建设迈上新台阶,进一步营造创建"书香家庭"城市氛围,沧州图书馆打造了"诵读经典 照亮人生"系列少儿活动,该活动以"跟着名家读经典"21天打卡活动为抓手,组织和引导中小学生阅读和诵读中华经典名篇。沧州图书馆建立微信群,小读者根据专家推荐书目每天上传诵读视频,朗诵专业人士在群内进行一对一的点评指导,完成21天打卡的小读者经选拔可获得"小小朗读者"称号,参加沧州图书馆公益国学经典诵读班活动,并作为小主播参加沧州广播电台节目录制。该活动在2018沧州市"图书馆服务优秀创新创意"案例征集评选活动中获得三等奖。沧州图书馆通过少儿经典阅读推广活动,引导广大少年儿童学习中华传统文化知识,传承国学经典文化,感受汉语的无穷魅力,从而增强对我国优秀传统文化的认同和自信。

## 三、建立馆校互联,促进少儿阅读

为了全面提升少儿阅读水平,沧州图书馆积极探索,开拓实施"馆校联盟"新举措。从2017年起,沧州图书馆与全国34家图书馆强强联手,并参加了由深圳少年儿童图书馆发起的"我最喜爱的童书"阅读推广活动,与沧州数十所小学签署馆校合作协议,每年配送30强童书进校园,在学校或班级内设"我最喜爱的童书"阅读专架,同时开展了作家见面会、"我爱·读书会"、专题阅读课、图书漂流、阅读感想评比等阅读推广活动。几年来,在活动中,沧州多名小学生获得全国特等奖、全国幸运奖等奖项,沧州图书馆连续三年获得阅读推广贡献奖。

## 四、坚持服务大众，指导家庭阅读

沧州图书馆引进各幼儿园、小学以及社会机构的优秀讲师，成立专门的亲子阅读推广讲师团队。讲师团以亲子阅读作为纽带，根据不同家庭成员的需要，通过开展智慧父母沙龙、分级阅读、"尚书童"阅读大礼包赠送等活动，向家长们提供阅读书目和图书资源，对家长进行现场辅导，帮助家长了解、掌握儿童阅读的基本方法和技巧，更新家长的阅读理念，目前已逐渐形成了平台多样、形式灵活、覆盖面广的亲子阅读推广体系。

## 五、疫情期间闭馆不闭网，线上活动异彩纷呈

新冠肺炎疫情期间，沧州图书馆闭馆不闭网，利用展牌、遇书房阅读微空间、微信公众号和官网等平台提供丰富的线上阅读服务，开展线上少儿活动。"尚书童"绘本线上讲读活动、"防疫战士——康康"手工线上讲读活动，与广东中山纪念图书馆、中国少年儿童新闻出版总社、图书馆报共同发起"植物大战僵尸之防疫知识大闯关"活动，联手"贝贝国学"推出"妙趣手工坊""川远课堂之科普加油站"等线上教学与资源体验活动……沧州图书馆以安全、丰富的方式为读者提供了战"疫"时期的文化大餐。

山 西

# 特殊时期如何开展家庭教育工作

*阳泉市妇联*

学校教育、社会教育、家庭教育，是教育系统工程密不可分的三个组成部分。如果把教育比作一棵大树，那么家庭教育是树的根和干，学校教育是树的枝，社会教育是树的叶，可见家庭教育是三大教育体系的基础，它在塑造人的过程中起到很重要的作用。家庭作为孩子成长的最初场所，父母是孩子的第一任老师，对孩子的教育有着先天的优势，家庭教育也呈现了时间持久、影响深远、方式隐蔽、关系多元等特点。面对突如其来的新冠肺炎疫情，如何紧紧抓住家庭这个妇联传统工作领域开展家庭教育工作，阳泉市妇联做了一些有益的探索和实践。

## 一、产生背景

2020年春节，新冠肺炎疫情突如其来，封城、宅家、口罩、隔离成了热搜词。许多人大部分时间都停留在家中，看电视、刷手机、听广播成了重要消遣方式。特殊时期，如何让广大群众适应封闭的家庭生活，如何引导广大妇女发挥在家庭生活中的特殊作用，如何紧紧抓住家庭这个妇联工作阵地开展家庭教育工作，成了妇联工作探索和尝试的新领域。

## 二、主要做法及成效

### 1. 发挥队伍优势

针对突发疫情,市妇联第一时间从家庭教育辅导员中精选了具备心理服务资质、经验丰富、热心公益的20人组成心理辅导团队,通过阳泉妇女网公布咨询老师电话,通过"阳泉妇女"微信平台发布咨询信息,组建心理关爱服务群等方式,为全市广大妇女儿童及家庭提供了及时、便捷、免费的防疫抗疫心理咨询和关爱服务。疫情期间,针对学生、外乡务工人员不能按时返校、返岗,居家不能外出期间如何调整夫妻、亲子及婆媳关系,防疫一线的医护人员家属、社区干部、患者家属、困境家庭等各类人群,因疫情产生的焦虑、担忧、恐惧等心理应激情绪的妇女儿童及其家庭成员等提供心理关爱服务近700例,经电话和微信咨询后的人员,情绪明显好转、心情得到平静,有一名人员还报名参加了心理学相关的培训。

### 2. 用活新旧媒体

发挥媒体优势,引导广大妇女发挥在社会生活和家庭生活中的独特作用,让特殊时期家庭生活更有意义、更加丰富。市妇联联合电台,举办《宅在家里的不同人群心理调适》《疫情带给我们的危机》《家庭主妇如何调整心态应对疫情》《用四种鼓励方式,激发孩子内在的学习动力》《返岗职工如何调整心态做好自我防护》《疫情期间,蜗居在家如何沟通》等心理战"疫"空中课堂11期,医生说、工人说、农民说、老师说、快递员说、记者说……"他们说"26期,都市她生活——暖春热线5期;在"阳泉妇女"微信公众平台开设了"娘家人邀您一起来"、"同心抗疫法律微课堂"专题栏目,每天在200多个妇女微信读书群播报抗疫相关信息及知识;在抖音直播平台,与阳泉师专联合举办优秀家庭文化建设系列讲座,邀请阳泉市家庭教育辅导员、支援湖北医护人员、摄影师、有家国情怀的青年志愿者,推送爱国励志、家乡味道、最美妈妈瞬间等形式多样的家庭教育课程,并通过家庭教育社会机构为广大家庭定期推送100余期相关课程;国际家庭日之际,在全市范围内开展以"家国天下 最美妈妈"为主题的寻找活动,评选寻找最美妈妈30人,在微信平台进行宣传,并在阳泉新闻综合频道的《今日新闻汇》录制了专题宣传片。可以说，疫情期间阳泉家庭教育做到了电台、电视、网络、手机等新旧媒体无死角、全方位、立体式的全覆盖，得到了社会各界的广泛认可。

### 3.关注特殊群体

充分发挥"联"字优势，联系卫健委、农业农村局等职能部门，组建家政、心理关爱等巾帼志愿者服务队，整合移动公司、平定庆泉种植等社会各界热衷公益事业的爱心企业资源，开展了"白衣战士有大爱 我来帮您护小家"关爱支援湖北医护人员家庭系列活动，为阳泉市医护人员及家属提供了"爱心包、爱心菜、爱心话、爱心课""四爱"服务，让支援湖北一线医护人员感受到了"娘家人"的爱心、贴心、细心和真心，营造了全社会携手并肩、守望相助、向上向善、共抗疫情的良好氛围；联合城区妇联、城区妇幼、睿泽心理咨询服务公司，为"最美逆行者"，城乡社区工作者，公安、媒体、教育、司法等抗疫一线工作人员及家庭开展心理关爱服务，提供团体沙盘辅导50余次、减压课程10余次、电话微信咨询60余人次，服务共计近600人。

### 4.创新活动载体

以世界读书日为契机，由市妇联、市图书馆主办，悠贝亲子阅读中心承办的阳泉市第一届家庭亲子阅读短视频挑战赛启动，全市三区两县20余所幼儿园参与，共收集作品近400件，影响800组家庭开始亲子阅读，经过初赛、复赛，选拔出入围奖50名，9组家庭进入决赛，评选一等奖家庭1户、二等奖家庭3户、三等奖家庭5户；4月20日至6月20日，联合市委宣传部、市教育局、市新华书店，举办"新华书店杯"护苗行动"我见证，中国力量！——讲讲我身边的抗疫故事"主题诵读活动，在为期两个月的诵读活动中，共126家单位参加，93家单位产生作品，收到作品11840件，共30193人参与，总投票数达3915251票，访问量达190172人次，并评出一等奖3名、二等奖9名、三等奖18名、最佳人气奖30名和优秀组织奖10名。

针对疫情期间少外出、不聚集、多隔离的要求，市妇联采用"家庭教育与媒体融合"模式，把家教讲座、法律课堂、关爱服务、示范引领、亲子阅读等家庭教育指导服务实践活动，从线下到线上、从刻板到灵活、从单调到丰富，让广大儿童和家庭得到了获取方便、形式多样、内容丰富的家庭教育知识。

### 三、示范推广情况

为了让这种家庭教育模式更好地为广大家庭服务，有些基层县（区），在电台开设了家庭教育专题栏目，例如，平定县的弘姐说教育；有些家庭教育辅导开设了家庭教育抖音短视频和直播，例如，张君燕老师——兔老师和博士儿媳的课堂等；与93.1电台联合举办"萤火虫爱心计划——图书大漂移"活动，尝试与媒体深度合作；与阳泉师范专科学校、桃林沟家风馆签订"妇联+高校+公共文化机构"合作协议，探索组织牵线、高校出师、社会阵地各取所长的三方融合服务模式。

# 探索打造"妇联阵地+社区支持服务"托育新模式

## 临汾市妇联

近年来，临汾市各级妇联组织在市委、市政府的高度重视和大力支持下，在全国、省妇联的精心指导下，认真贯彻落实习近平总书记关于"三个注重"的重要讲话精神，围绕"幼有所育"主题，不断深化拓展全国妇联和联合国儿童基金会"贫困地区儿童早期综合发展"汾西县试点（IECD）项目。充分调动社会力量，整合社会资源，在全市城乡社区特别是10个贫困地区大力推广项目经验，探索打造"妇联阵地+社区支持服务"托育新模式，为50余万个婴幼儿家庭提供了优质的家庭教育早期启蒙指导服务，有效传播了科学育儿理念和方法，填补了临汾贫困地区儿童早期教育的空白，为婴幼儿照护服务、促进儿童早期发展，阻断贫困代际传递发挥了十分重要的作用，得到了当地群众热烈欢迎。

## 一、发挥妇联优势，牵头抓总，努力构建社区托育支持服务体系

市妇联牵头抓总，按照全国妇联"家家幸福安康工程"和《国务院办公厅关于促进3岁以下婴幼儿照护服务发展的指导意见》要求，充分发挥妇联组织网络健全的组织优势、家庭教育亲子阅读的阵地优势、宣传发动的职能优势，积极为社区托育服务发展提供组织、阵地、队伍、工作保障，创新打造"基地标准化、指导科学化、巡讲常态化、活动丰富化"为标准的社区托育支持服务新模式。

### 1.加强组织领导

积极争取各级党委、政府的高度重视和有关部门的密切配合，2018年9月1日，《山西省家庭教育促进条例》颁布实施后，牵头召开临汾市贯彻实施《山西省家庭教育促进条例》座谈会，明确了相关成员单位的职责，进一步完善了党政领导、妇联牵头抓总，多部门协同合作、社会多元共同参与的工作格局。

### 2.强化顶层设计

协同相关部门先后制定出台了《关于指导推进家庭教育的"十三五"规划》《关于开展"三个注重"系列宣传活动的通知》《关于深化拓展"相伴共读　书香润德"亲子阅读活动的实施意见》《关于在全市公共文化服务区设立家庭教育亲子阅读专区的通知》等相关文件，为推动托育指导服务奠定了重要基础。

### 3.培养打造示范基地

市妇联依托青少年活动中心、妇女之家、关爱留守流动儿童之家、儿童快乐家园、农家书屋、文化站、图书馆、社区综合型文化服务中心、书店、公益性儿童阅读机构等培养打造一批家庭教育亲子阅读示范基地，重

点打造了校园类、社区类、图书馆类、社会机构类、公益类、妇女小组类六类阅读示范基地，目前，全市已建成市级示范基地500个，县级基地近2000个。

**4.建强家教队伍**

与临汾师范大学合作共建临汾市妇联家庭教育指导服务中心，成立了集顾问、专家、讲师、亲子阅读推广大使、志愿者为一体的百人家庭教育亲子阅读指导队伍，先后举办了家庭教育亲子阅读骨干培训班、亲子阅读推进会、汾西观摩现场会、儿童早期教育发展骨干培训轮训及儿童早期发展项目国家级培训班等，多层次、多形式对市、县、乡、村（社区）亲子阅读骨干、师资进行培训，孵化培育家庭教育指导服务志愿者、亲子阅读推广大使等8000余人，为开展托育指导服务提供人才支撑。

**5.科学指导服务**

印发了《儿童早期发展社区家庭支持服务指导手册》《儿童家庭德育指导手册》《幼儿家庭行动计划家园互动手册》和《好家庭好家教好家风》《帮你做个好妈妈》《关注儿童 收获未来》《亲子阅读指导手册》等，让孩子行为有标准，家长育儿有准则。同时，围绕主题，抢抓时间节点，广泛开展线上线下各类家庭教育亲子阅读指导服务及志愿活动，积极向广大家长宣传科学育儿的理念、方法。

## 二、深化拓展IECD项目成果，统筹聚合社会力量，探索打造临汾"妇联阵地+社区支持服务"模式

临汾市是山西省贫困面积较大、贫困人口较多的地区之一，全市有5个国家级贫困县和5个省级贫困县。近年来，市妇联深化拓展联合国儿基会贫困地区儿童早期综合发展汾西项目经验，整合专业社会组织资源，因地制宜指导各县打造了各具特色的"妇联阵地+社区支持服务"新模式。例如，乡宁县妇联在昌宁镇社区打造的"第二书房"乡宁馆，占地800多平方米，藏书3万余册，2017年建成以来，共举办活动100余场，接待家长和学生5万余人次，被家长和孩子亲切地称为"四点半学校"；尧都区妇

联通过政府购买服务的方式，在复兴社区建立集家庭思想引领、绘本亲子阅读、父母亲子课堂、家风成果展示、家庭教育推广于一体的悠贝首家公益亲子阅读馆，定期开展故事会、绘本微剧场、亲子游戏、手工活动、父母专家讲座和父母课堂等公益活动，举办大型红色领读者训练营、4·23世界读书日和跨年阅享节等活动，服务复兴社区及西街办事处所辖3000户适龄儿童家庭，线下影响1万户家庭，线上影响5万户家庭，为推动社区托育指导服务奠定了坚实的基础。

### 三、突出立德树人，开设女性大课堂，助推"家家幸福安康工程"落地落实

临汾市各级妇联组织围绕立德树人根本任务，找准家庭教育与时代精神的结合点、与妇女和家庭的共鸣点、与家庭需求的契合点，因地制宜在城乡社区、博物馆、商场、茶室等建立"争做好母亲　争当好女性　争创好家庭"平阳女性示范大课堂，邀请各类专家学者、家教讲师把润物无声的思想品德教育融入课堂内容中，帮助家长用正确的行动、正确的思想、正确的方法教育孩子，培养孩子从小养成好思想、好品德、好习惯、好人格，使为国教子、立德树人的理念深入千家万户。中国儿童中心将临汾设为"德润童心"德育实践试点。市、县两级共开设大课堂上百个，目前开展活动300余场次。同时，"三争三好"优秀女性评选、讲好古今中外女性典范故事、开展身边"好母亲、好女性、好家庭"故事分享会、评选"我眼里的好母亲"优秀征文活动、举办"争做好母亲　争当好女性　争创好家庭"演讲活动等正如火如荼地开展，全社会重视支持家庭建设的氛围进一步浓厚。尧都区三元社区妇联在党群活动室设立"三争三好"平阳女性大课堂，面向社区家庭宣传家庭教育科学理念和知识，指导家长掌握言传身教、科学育儿、以德教子的方法，得到社区群众的好评和信赖。市交通银行"三争三好"大课堂在课余组建了基地志愿服务队，组织开展结对帮扶、亲子爱心志愿服务活动等，为家庭教育注入新的元素，为困境家庭提供有针对性的公益家庭教育指导服务。

# 创新实践基地　开展家庭家风建设

## 临汾市尧都区妇联

为传承中华优秀传统家风，弘扬崇德向善现代家风，培育和践行社会主义核心价值观，进一步推动家风建设常态化，尧都区妇联建立了"家教家风创新实践基地"，基地坚持公益性定位、市场化运作、品牌化发展，通过挖掘整理历史名人先贤大儒的家风家训家规，展示当代"最美家庭"的家风故事，弘扬中华传统家庭美德，推动形成社会主义文明新风尚。

## 一、产生背景

为深入贯彻落实习近平总书记关于"注重家庭、注重家教、注重家风"的重要指示精神和家风建设的重要论述，增强全社会生态文明意识，进一步推动家风建设常态化，近年来，尧都区妇联围绕加强未成年人思想道德建设，提高家庭文明水平，从家庭教育入手，亮旗帜，树品牌，项目化推进家庭教育支持行动创新发展。2020年，为纪念建党99周年，结合区级党群服务中心建设要求，区妇联从全区中心工作、重点任务和妇女儿童的需求出发，把区域优秀传统文化、"好家训好家风"与社会主义核心价值观三者有机融合，通过展示古今先辈和身边榜样朴实的家风家训，教育引导、实践养成，培育和践行社会主义核心价值观，引导广大党员干部做培养良好家风表率，打造尧都家庭建设工作亮丽名片。

## 二、主要做法

尧都区妇联围绕"一个中心、两条主线、三大主题、四项工作"的思路(坚持一个中心,即充分提升教育引导能力,积极营造传承中华民族传统美德的良好社会环境;遵循两条主线,即注重特色发展,优化活动管理;紧扣三大主题,即坚持公益课堂,打造品牌活动,促进家庭成长;确保四项工作,即强化内部管理,加强课程建设,树立品牌服务,扩大公益辐射),不断优化尧都区家教家风创新实践基地的服务、体验、互动、孵化四项功能,提升服务质量,扩大社会影响力,努力打造家教家风教育传承的第一品牌。

### 1.家风传承

通过墙体固定展板和电子视频形式展现。墙体版面为"家和万事兴——家教家风主题展",电子视频以全国妇联《幸福家庭》小视频、尧都区家教家风系列宣传片、《家和万事兴》视频解说、省级以上巾帼先进人物(集体)以及"最美家庭"为内容,通过展示古今人物的家庭故事、优良家风、家庭美德,动员社会各界广泛参与家庭文明建设,推动形成爱国爱家、相亲相爱、向上向善、共建共享的社会主义家庭文明新风尚。

### 2.家教体验

通过场馆设计和智能互动形式展现。场馆以"团圆"为主题,门及顶设计都是圆形隧道,寓意中华五千年的文明传承,中国传统文化和道德既是形成家风的基础,又是通过家风在每一个家庭中传承。智能互动以百家姓为题,通过百家姓氏的优秀家风家训引申到尧都百姓身边的"最美家庭",让家庭在了解先辈的传统文化的同时感受到身边"最美家庭"的传承力量,让身边人教育身边人,汲取榜样的力量。

### 3.家庭互动

通过"三争三好"平阳女性大课堂和主题展示。基地每季度一个主题,举办家教家风、优秀典型、环境保护、安全教育等展览活动,并辐射到全区21个"示范妇女之家"进行巡展;基地每周举办"三争三好"平阳女性大课堂,采取与群众点播互动的形式合理安排课程内容,内容涉及思想政治、法律法规、心理健康、传统文化、婚育新风、家庭教育指导、各类亲子活动，通过"争做好母亲　争当好女性　争创好家庭"系列活动，引导全区广大妇女及家庭建设良好家风，助力形成爱国爱家、相亲相爱、向上向善、共建共享的社会主义家庭文明新风。

## 三、基本成效

区妇联充分发挥家教家风创新实践基地的作用，聚合全社会之力开展家教家风建设，注重文化熏陶、渐积习染，通过"家和万事兴——家教家风主题展""父母成长计划""看见幸福　阅出梦想"亲子阅读、"三争三好""婚育新风"等形式多样的新时代家庭文明建设活动，把培育和弘扬社会主义核心价值观融入家庭文明建设和青少年思想道德建设中，转化为家庭成员的情感认同和行为习惯，推动全区广大家庭形成以德治家、以学兴家、文明立家、忠厚传家的良好风尚。

# 人人争入"最美"，家家共享幸福安康

## 运城市闻喜县妇联

近年来，为深入贯彻落实习近平总书记关于"三个注重"的重要指示，闻喜县妇联紧紧抓住县委、县政府高度重视家风家教文化的有利时机，以传承弘扬本土优秀裴氏传统文化为切入点，以寻找"最美系列"活动为载体，充分发挥妇联的"联"字优势，发挥妇女的两个独特作用，扎实有效地实施"家家幸福安康工程"，形成了"人人争入'最美系列'，家家共享幸福安康"的生动局面。

## 一、产生背景

闻喜县礼元镇裴柏村的裴氏家族,在历史上先后出过59个宰相、59个大将军,毛泽东主席曾赞誉"裴氏家族千年荣显"。该家族之所以声名显赫、经久不衰,主要有良好的家风家训,12条《家训》进行正面引导,是道德高线;10条《家戒》列出负面清单,是纪律底线。近年来,闻喜县委、县政府不断挖掘本土优秀传统裴氏文化,从2017年开始连续三年举办了中国(闻喜)家风家教文化节系列活动,让全社会充分感受到裴氏文化家风的道德力量。县妇联借势而为,积极参与,在广大妇女和家庭中深入开展了以"弘扬裴氏家风、创建最美系列"为主题的各类活动。

## 二、基本做法

### 1.寻找"最美家庭",倡树文明新风

深入开展"传承裴氏家风、创建最美家庭""五进"活动。一是"进校园"。联合县教科局把裴氏家风教育纳入中小学德育课堂,深入开展了以"好家风伴我成长""亲子阅读"等为主题的活动,寻找到"最美亲子家庭"320个、"最美书香家庭"80个。二是"进家庭"。联合县纪委监委组织科级领导干部家属和农村党支部书记家属开展廉政警示教育活动,举行"争当'廉内助'、倡树好家风"签名活动,发挥干部家属作用,选树"最美廉洁家庭"22个。三是"进社区"。举办"学裴氏家训、讲家风故事"讲座,邀请省级文明家庭讲述家风故事,邀请县裴氏研究会专家在"女性文化学堂"上宣讲裴氏优良家风,群众反响良好,推出"最美家风故事"20个。四是"进机关"。开展"读裴氏故事、传清廉家风"征文活动,广大女干部带头制定家规、悬挂家规家训,评比出"最美家规"130条。五是"进农村"。县妇联发出"弘扬新风正气,培育文明乡风"的号召,各村妇联积极响应,开展形式多样的德孝文化活动,寻找到"最美家庭"186个、"最美婆媳"30对,促进了乡风文明建设。

### 2.创建"最美庭院",服务乡村振兴

闻喜县委、县政府提出"三年环境卫生大整治",县妇联迅速行动,

联合县农业农村局开展创建"最美庭院"活动，发放倡议书5000余份，开展垃圾分类、卫生知识等宣传35场次，组织800人次巾帼志愿者参加环境卫生大整治，评选出"最美庭院"3959户，促进改善农村环境卫生。

### 3. 征集"最美家训"，助推风气好转

联合县文明办开展征集"最美家风家训故事"活动。引导广大群众寻找自家家风家训的来龙去脉、挖掘家风家训的内涵意义。南城社区妇联在居民中寻找"最美家风家训"200余条、寻找"最美家风故事"20个；侯村乡寺底村把寻找出的30余条最美家风家训以楹联的形式写出来、亮出来，供村民学习借鉴，助推风气好转。

### 4. 评选"最美摄影"，展示幸福瞬间

联合县摄影家协会举办了"最美是我家"摄影展活动。"亲子阅读"的时光最美、"孝敬父母"的时候最美、"整理庭院"的时候最美、"参加志愿服务"最美、"享受天伦之乐"最美等，一张张照片就是一个个幸福家庭的真实写照，就是家家幸福安康的生动展示。

## 三、工作成效

### 1. 掀起了人人参与寻找"最美系列"活动的新高潮

通过在广大农村社区开展寻找"最美"、评选"最美"活动，大家纷纷认为这是一种现代文明的新风尚，一种体现个人和家庭素质的好形式，一条教育子女的好途径，人人参与、主动参与的热情空前高涨，掀起家庭文明建设的新高潮。

### 2. 促进了社会主义核心价值观落细落小落实到家庭

通过弘扬中华优秀传统文化，开展"最美系列"评选活动，倡导尊老爱幼、男女平等、夫妻和睦、勤俭持家、邻里团结的家庭美德，让群众在参与中提升精神境界、增强自身素质，推动社会主义核心价值观建设成为一项全民行动。

### 3. 发挥了家庭家教家风在基层社会治理中的推动作用

通过传承裴氏优秀传统文化，讲好新时代家风故事，大家在传承优秀

传统文化的基础上涵养道德、润泽心灵、遵规守纪，为维护社会和谐安定作出了积极贡献。

### 四、示范推广

2019年，县妇联在太风东街社区创建了"家家幸福安康工程实践基地"；在侯村乡寺底村创建了"家教家风实践基地"；2020年，在闻喜县海天新教育幼儿园创建了"山西省家庭教育创新实践基地"，为基层妇联开展家庭文明建设提供了参考。

家家幸福安康，是检验妇联家庭工作的最高标准。闻喜县妇联将把做好家庭工作作为深入学习贯彻习近平新时代中国特色社会主义思想和习近平总书记关于家庭工作重要讲话精神的具体体现和实际行动，提高政治站位、强化责任担当、创新开展好家庭工作。

# 创新家校合作模式，形成家校育人合力

## 大同市云冈区和瑞街道妇联

习近平总书记在不同场合多次谈到，要"注重家庭、注重家教、注重家风"。家庭家教家风建设既是家事，也是国事，关系个人健康成长、社会和谐稳定和国家繁荣发展。加强家庭家教家风建设，不仅在人的成长过程中起着特殊作用，而且是社会和谐的重要基础，是社会主义精神文明建设的重要内容，对于提高公民思想道德素质和社会文明程度具有十分重要的意义。

为扎实推动家庭家教家风工作，和瑞街道妇联借鉴法制宣传"五进"工作方法，选准工作重点，建立试点走进和瑞二小，创新家校合作模式，探索家校互动新机制，形成家校育人合力。通过家庭教育带动社区面貌、社会风貌，为家家幸福安康工程尽绵薄之力，为和谐社会做一个小小的分子。具体的工作做法如下。

## 一、重视家庭教育工作，建立健全组织机制

健全的组织机制是创建家校共育的根本保障，指导学校成立了家校共育领导小组，制定规划，指导、协调、研究学校和班级的家庭教育工作。

## 二、落实家庭教育工作，完善家校联动机制

1. 注重家庭教育工作队伍建设，通过培训提高全体教师的家校沟通能力，通过信息化手段扩大家庭教育课程、专家讲座等资源的覆盖面。

2. 加强家庭家教家风工作的宣传，逐步提升学校的社会认可度。通过推进家长委员会制度、家长会议制度、创建家长学校，为全面促进家庭家教家风工作顺利开展。

家长委员会统筹管理、层层分级，成立年级家长委员会、班级微信群，实现了和家长零距离交流，指导家长教育学生。把家长反馈给学校的建议收集上来，随时汇总交流正确应对，发挥家校合力，收到了良好的教育效果。

另外，通过家长学校的各项工作抓早、抓细、抓落实，召开会议，具体部署工作，将具体责任落实到个人，并经过会议民主决策工作主题，着重家校合作共同携手，把重点放在培养学生形成良好的习惯上。

召开家长会，进行家庭教育讲座。每年9月，学校都会针对一年级新生召开两次家长会，邀请每位家长参加，也请家长代表进行讲话和互动，家校携手共同探讨家庭家教家风工作。

通过有针对性地开展各项活动、讲座，使广大家长明确了家长的责任，认识到孩子是可塑的，应该对孩子爱而不溺，学到了一些关于独生子女的家教方法。既加强了家校联系，又缩短了家长与孩子之间的距离，纠正了家教中的一些失误，取得了良好的效果。

## 三、总结家庭教育工作,建立奖励激励制度

建立激励制度,是家庭教育工作必不可少的一环,是检验工作成果的重要环节。评选优秀能起到榜样作用,宣扬家庭美德,提倡美好的家庭文化,更有助于家庭家教家风工作的推进。通过每年评选"优秀家长"并颁发荣誉证书,激励更多的家庭实现良好的家教家风伴成长工作。

修身齐家治国平天下,国家的繁荣稳定,离不开每个家庭的幸福安康。家是最小国,国是千万家。家庭建设是国家建设、社会建设的基础工程。随着家庭文明建设持续深入开展,良好家风必将推动良好社会风气的形成,不断提高国民素质和社会文明程度,为全国各族人民不断前进提供坚强的思想保证、强大的精神力量、丰润的道德滋养。

内蒙古

# 传播国学文化　传承优良家风

## 巴彦淖尔市乌拉特前旗乌拉山镇东风一社区

乌拉特前旗乌拉山镇东风一社区在传播中华传统文化，传递社会主义核心价值观方面做了不懈的努力。

社区现有居民3302户，志愿者队伍4支共535人（巾帼志愿者、大学生志愿者、党员志愿者、居民志愿者）。社区的情况是：一是下岗职工多，二是务工人员多，三是单亲家庭多。正是由于这"三多"特征，社区内需要帮助和服务的贫困家庭和儿童比较多，在这种情况下，2014年社区建立了"阳光托管班"，从第一期的3个小朋友发展到现在第十一期210余人，服务的种类从单一的作业辅导拓展到寒暑假书法班、绘画班、英语班等，招募到各类志愿者50多名。这些志愿者的帮助，提高了托管班的辅导质量，为社区打工家庭、单亲家庭、困难家庭解决了后顾之忧，受到广大居民的认可和支持，并从2019年5月以来扎实有效地开展传播国学经典活动。

为弘扬中华民族优秀传统文化，开发儿童各种潜能，使他们更多地了解中华民族的传统美德，社区以亲子阅读体验基地、"儿童之家"为平台，传授国学文化，传播社会主义核心价值观，传递家风家教新理念。

### 一、文化种类多，有高度

自开班以来，社区国学班共完成50多期，其中主要内容包括国学礼仪、经典诵读、剪纸、茶道、插画、书法等多项活动。在诵读活动中，孩子和家长们声情并茂地诵读了国学经典《论语》中的经典部分，在诵读过程中，感受国学的语言美、音韵美，体会国学的意境美、志趣美。同时，老师结合各种德育故事视频，把"感恩、孝道、仁德"等深刻的道理传授给小朋友和家长们，还讲述了许多关于"仁、义、礼、智、信"的国学故事，并倡导爸爸妈妈们要重视国学精髓的言传身教。

暑期社区还开展了各类特色课程，邀请非物质文化传承人王美凤老师为孩子们讲授剪纸课。非物质文化是各民族经历了长期的积淀和传承下来的文化，与人民群众生活密切相关。在剪纸活动中，能够让孩子在接受非物质文化的熏陶中，产生丰富的审美联想，激发孩子的审美创造力，能够给孩子提供足够的展示平台和活动空间，充分调动孩子动手动脑的主动性和积极性，使孩子的审美能力得到进一步提升。暑期邀请大学生志愿者为孩子们教授播音主持课。学习播音主持对孩子的普通话发音以及语言逻辑能力有显著的提升，让孩子变得更加开朗，主动交流，有强烈的意愿表达自己，展示自己。从小锻炼孩子的演讲、解说、辩论、主持等能力，可以增强孩子的自信心，提高孩子的心理素质，对孩子素质的提升有着积极的作用。这些活动别出心裁而又富于趣味性，满足了学生对于经典的好奇心，也让大家愿意分享交流自己对于经典的学习心得。

## 二、师资力量强，有深度

社区通过宣传以及开展丰富多彩的活动，吸引了许多志愿者和教师，有在职的刘瑞玲老师、职中非物质文化传承人王美凤老师，还有校外机构教师以及大学生志愿者等6人。为了让经典文化、红色文化真正浸润到孩子们的日常生活中，并内化为孩子们的日常行为，教师和大学生志愿者们通过丰富多样的活动来推进，有效启发学生学习国学和红色文化的热情，为孩子们形成良好的习惯、健全的人格起到了促进作用。

社区志愿者王蓉还是个在校大学生、退役军人，在她的带领和讲解下，家长跟小朋友们通过参观党史党建展厅，聆听乌拉特前旗的红色历史，深深地感受和体会到了先烈们的伟大贡献。让红色的火种从小就扎根在了小朋友的心里，孩子们立志传承红色基因，好好学习，报效祖国。

### 三、受教学生多，有广度

一年多来，国学班共有800多人次参与，可谓"桃李满天下"，受到家长和孩子的一致好评。国学班使学生阅读经典，学习传统文化，增强文化底蕴，获得智慧启迪，提升人文素养。举办了国学经典诵读、绘本阅读、户外阅读、手工坊等体验活动。在开展户外阅读的活动中，小朋友们在家长的陪同下，纷纷为大家分享自己读过的有趣的书、挑选自己喜爱的书籍与家长坐在一起阅读、讨论。孩子们边看边提出自己的疑问，家长耐心地解答，并对书中的内容进行分享，引导孩子学习书中的知识。社区还倡议家长们每天抽出半小时与孩子共同阅读，在亲子阅读中感受亲情，体会快乐，养成阅读习惯，体验阅读的魅力。同时，邀请知名讲师讲授家庭教育及育儿知识、妇女维权法律知识、传统文化等内容，活动参与人数众多，影响深远。

荡起一叶诵读的小舟，在经典的文化名湖里尽情畅游。通过普及和学习中华经典，优秀的民族精神在家长和孩子们的血脉中流淌，经典能滋润心田，好书能陪伴成长，下一步将继续让经典诗情画意的馨香溢满社区。

# 感恩成长动力训练课

### 通辽实验中学

### 一、产生背景

感恩是当前积极心理学的热点研究课题，感恩是指个体用感激情绪了解或回应因他人的恩惠或帮助而使自己获得积极经验或结果的一种人格特质，是一个人对他人、社会与自然所给予自己的恩惠和方便在心里产生认可并希望回馈的一种认识、情怀和行为。感恩是中华民族的传统美德，它普遍存在于人类社会的行为规范中，成为我国传统文化的基本道德。

现在的中学生感恩意识存在一定缺失，并已造成部分青少年道德和人格的缺陷。被爱对他们来说是理所当然的，已经成为习惯，亟须增加感恩教育的培养。

## 二、主要做法

1. 热身和暖场；
2. 回忆成长历程，发现与清理自己；
3. 亲子深度交流，拉近亲子关系；
4. 观看两段视频，激起蜕变的勇气；
5. 烛光里的感悟，感恩情感喷薄而出；
6. 感恩誓言，化感恩为动力；
7. 筷子兄弟MV《父亲》，唱出感恩情怀再掀高潮，结束课程。

## 三、实践与推广

通辽实验中学感恩课程经历了尝试探索、完善及推广三个阶段，由家长与学生共同参加，2007年至今已经开展60期，受益人数达到3万多人。2007年开始尝试探索期，每次进行两个班级的感恩主题课程，地点在艺术楼会议室；2013年开始完善阶段，每个年级选部分班级开展课程，持续推进三年；2016年进入推广阶段，新生每个班级全员在报告厅参加感恩课程，并且2018年科区教育局带领科区老师来校进行观摩学习，之后在科区开始推广本课程。

## 四、课题研究

自2010年以来学校申请成功并开始实施对中国教育学会《心理素质养

成教育》子课题"中学生感恩心理现状与对策研究"的研究,研究过程包含对学生的感恩研究、对家长的感恩活动以及对教师的感恩活动三个主体部分,历时五年,收到了预期的效果,在此期间学校被总课题组评为先进实验校,学校多名教师被评为先进实验教师,在总课题组组织的交流大会中,学校做出精彩汇报,得到参会领导和教师的一致好评,反响热烈。

### 五、基本成效

每次活动后,学校均会发放感恩成长训练课反馈表学生版和家长版,让他们分别写出自己的感受与感想。

2018级的高中学生在反馈中这样写道:"通过这次活动,获得了与父母更多的相处时间。通过主持人的演讲与开导,学到了一系列的人生哲理,获得了直视父母辛劳的机会,使我们感受到父母的艰辛与不易,在场者无不感动流泪。在未来的道路上,我们应该努力拼搏,摒弃懒惰,要像鹰一样,在遭受巨大的苦难之后方得重生。在努力学习的同时,还要搞好人际关系,注重亲情,懂得感恩,不过分索取,为社会的发展与自己的前途奉献最好的自己。""活动内容直抵学生内心,列举了父母多年来无微不至地照顾学生的举动,使一直未关心回报父母的学生后悔不已。活动让许多学生明白了父母的辛苦。多多关心父母,作为一名高中生应努力回报父母,作为一名住宿生经常打电话关怀父母,子女要关心父母、感恩父母。今后努力学习,考入理想的大学,不辜负父母这么多年来的照顾和关心,也不能辜负父母的期待,力争上游,在未来学习中更加勤奋努力,长大之后回报父母,回报母校,回报社会,力争做一个有理想有学问,懂得感恩的青年人。"

初中的同学反馈中这样写道:"父母含辛茹苦地把我们养大,也许没有富裕的家庭,但是父母一直都默默守护着我们,不放弃。生病的时候,是他们陪着我们疼痛,陪着我们流泪。长大了,该懂事了,该承担起我们自己的责任了。也许,在我们的内心深处、脑海里面,那些人,那些事,都很清晰。原谅父亲的严肃和沉默,因为他不善言辞,你的倔强和愤怒会让他措手不及;原谅母亲的唠叨和烦琐,因为她怕她忘记要提醒你做什么事,你的不耐烦会让她害怕。父亲母亲大于天!这回,该换我们来守护他们了。"类似的反馈数不胜数,足见感恩课程成功地激活了学生们的感恩心理。

## 六、结论

从课程现场的氛围和课程后期收回的反馈均可看出,活动产生了非同凡响的效果。从学生的层面来看,感恩课程激活了学生们的感恩心理,是他们成长路上具有特殊意义的一次心灵洗礼,增加了学生们的道德感,使学生们意识到小到照顾父母亲人,大到回报国家社会,都是青年一代的责任使命和未来担当。从学校层面来看,感恩教育拉近了师生之间的关系,是心理教育的一大突破、一大创新,对于学校学生健全人格的培养起着强有力的推动作用。学校的心理教育能够受到教育局的重视,受邀去给其他学校做培训,组织教师来我校观摩,体现了学校的心理教育独具特色,在社会产生一定的影响。

## 辽宁

# "联·益成长"儿童教育云课堂培训项目

沈阳市妇联

### 一、产生背景

2020年,沈阳市内共有困境儿童3705人(数据来源于民政局实名统计)。主要受家庭经济原因和家长的观念制约,困境儿童没有机会参加校外教育培训,在日益严峻的教育资源竞争中处于劣势。儿童是家庭的希望,困境儿童成长成才更有利于困境家庭早日摆脱困境。为困境儿童提供优质系统的校外教育培训,帮助孩子们提高学习能力、提升自信心,不但有助于儿童开阔视野、提高学习成绩,也有助于培养孩子们乐观向上、勇于拼搏的意志品质,提升他们的社会适应力。

2020年是脱贫攻坚战决胜之年,在疫情防控常态化形势下,市妇联聚焦精准扶贫、扶贫扶智,针对困境儿童采取网上教学、跟踪扶助的方式进行帮扶,既解决困境儿童课余时间参加线下培训的不便,也有利于督促困境儿童持续开展学习。

### 二、主要做法

2020年6月1日,市妇联启动"联·益成长"儿童教育云课堂培训项目,建立"妇联+教育机构+公益组织+协会"的扶贫扶智模式,联合沈阳新东方学校、市家庭教育研究会、沈阳市普助帮困服务中心,为沈阳市

100名小学、初中困境儿童提供6个月共540课时语、数、英和家庭教育专业培训，累计服务儿童及家长3000余人次。

一是协同配合，形成项目实施合力。在市妇联的统一领导下，各项目方切实发挥各自优势，密切配合，形成项目实施闭环运行。沈阳新东方学校负责提供免费公益课程；普助公益组织负责项目招募志愿者、对参加学习的困境儿童进行日常管理和课程答疑；沈阳市家庭教育研究会负责对项目开展情况进行评估。

二是精准帮扶，保证服务参与儿童符合项目条件。制作项目学员招募H5电子表单，通过区县妇联、公益机构等发布项目招募信息。困境儿童家庭填写表单并上传相关资质证件照片。经过公益组织审核，筛选出100名符合条件的困境儿童及家庭参加项目。参与学习的学生中有轻度脑瘫儿童、单亲儿童等。

三是专业辅导，为困境儿童提供全程服务。沈阳新东方学校根据实名制孩子的姓名和电话号在"新东方云平台"App开通100个免费账号，为困境儿童量身录制从小学一年级至初中二年级的语文、数学、英语辅导课，并做好系统调试，每次课前发放电子学习资料。通过云课堂，向困境儿童提供为期6个月的专业培训和指导，包括新东方云平台提供的各年级语文、数学、英语共432堂正课、72次外教课以及36次家庭教育公益课，每周语、数、英各一次正课，外教课每月2次，家庭教育公益课每月1次。市妇联委托普助公益组织按照学生年级建立微信学习群，组织30名大学生志愿者提供微信群内学员管理、课程辅导答疑、心理疏导等服务，每周2次。云课堂向困境儿童家长提供为期6个月的家庭教育指导服务，具体为教育讲座36堂，每月6堂。

四是奖励机制，鼓励学生坚持学习。为提高困境儿童参与的积极性，激发儿童学习兴趣，市妇联出资委托公益组织根据课程频次、学业考核情况，制定具体奖励方案，对学生课程参与度、学习效果进行综合评估，市妇联投入5万元经费，采购图书作为奖励，分阶段、分批次发给参加学习的困境儿童，鼓励儿童持续参加培训。对坚持参与全程学习的困境儿童，计划列入2021年度市妇联扶贫助学对象。

五是评估跟进,确保困境儿童切实得到成长提高。委托市家庭教育研究会根据项目要求和考核标准,对公益组织提供的服务事项进行全过程分阶段评估,对困境儿童学业水平进行分阶段评估,确保项目有序实施,并对困境儿童健康成长起到切实效果。

### 三、基本成效

项目实施3个月以来,各项目参与方相互配合,项目按照计划有序推进。通过学习平台统计和评估显示,参与项目的100名困境儿童能够按时足量完成学习任务,所有参与的学生反馈自己的学业知识点、书写水平、解题思路方法、归纳总结能力等均得到提高,学习的积极性、主动性、学习兴趣、学习效率等得到提升,自信心得到加强。

# "故事妈妈成长学院"带动亲子阅读推广

大连市妇联"故事妈妈成长学院"

近年来,大连市妇联认真贯彻落实习近平总书记关于"注重家庭、注重家教、注重家风"的重要指示精神,围绕"书香辽宁"建设,从学习型家庭抓起,从家庭亲子阅读入手,依托红月亮儿童图书馆成立市妇联"故事妈妈成长学院",组建亲子阅读推广志愿团队,大力推广亲子阅读活动。

### 一、产生背景

大连市妇联"故事妈妈成长学院"于2016年7月成立,依托红月亮故事家族,旨在开展全市范围内社区、楼院、村组、学校培养亲子阅读推广志愿者的公益培训。自2016年以来,故事妈妈成长学院已举办11期培训,

600多名经过系统培训的故事妈妈成为亲子阅读推广的骨干力量,为更多家庭开启亲子阅读之门,为书香家庭建设作出了贡献。她们以来自民间深入社区,"家长带动家长"的方式,支持更多家庭更加轻松愉快地开展亲子阅读,奋力将阅读延展至它可能到达的任何地方。

## 二、主要做法

一是系统培训,提升亲子阅读推广专业能力。为了切实提高故事妈妈的阅读推广能力,故事妈妈成长学院开设《用阅读给孩子养好中国根基》《故事妈妈的成长路线图》《绘本阅读的五个秘密》《怎样打开阅读推广的实践之路》等亲子阅读推广专业课程,截至目前,已有620名故事妈妈每人经过30余课时系统学习,完成到大连市各区、各图书馆进行阅读推广实践,并在最后课程结束后以绘本剧汇报演出的形式,汇报学习成果,获得由大连市妇联颁发的毕业证书。以她们为骨干,目前红月亮故事家族的故事妈妈们已经有线上线下15000多名成员。2020年因为疫情原因,第12期故事妈妈培训由线下改为线上,目前正在持续进行中,开启了故事妈妈成长学院新的里程碑。

二是深入城乡,全面开展亲子阅读推广活动。启动大连市亲子阅读推广月。全城征集书香家庭最美亲子阅读照片,近百个书香家庭在世界读书日"为爱朗读"活动中展示。举办儿童图书置换大集,7个区市县联动进行儿童图书置换。开展故事妈妈百人千场公益讲座活动。故事妈妈讲师团的讲师分别走进城乡100多所小学、幼儿园讲故事,在近5万个孩子心中种下了一颗乐于阅读的种子。她们还走进各级各类图书馆、社区等,举办亲子阅读沙龙、故事会等,每年千余场。

三是助力抗击疫情,举办"为你加油绘本故事会"。疫情期间,了解到一线医护人员走上前线后,最牵挂的是家里的孩子,而家中的孩子也因爸爸或妈妈不在身边而感到孤单,20余名故事妈妈火线成立"为你加油故事会"微信群,每天上下午两场故事会,给大连100多名驰援武汉的医护人员孩子在线讲绘本、说故事、做游戏,给一线医护人员孩子最温暖无私的陪伴,得到了一线医护人员及家属的高度肯定和赞誉。共举办129场绘本故事会，推送145个晚安故事，目前晚安故事每晚仍持续推送。2020年3月7日"三八节"前夕，省委常委、大连市委书记到访红月亮慰问故事妈妈并赞许道："你们的工作意义非凡，将对孩子的未来产生积极的影响，配得上'功德无量'这四个字。"

### 三、基本成效

在大连市妇联的指导下，故事妈妈成长学院以公益培训的模式，从最初的几个人发展到如今750余人庞大的群体，这个群体正用它源源不断的正能量和书香氛围感染着身边的人。陆续毕业的故事妈妈们不断走进幼儿园、学校、社区，每年开展百余场公益讲座。同时红月亮还成立了线上阅读推广群22个，先后举办了500余场线上阅读分享活动，线下开展百人以上大型专家讲座60余场，邀请业内知名教育专家给父母带来精神盛宴。更走进革命圣地西柏坡、四川、贵州、凌源等偏远地区，成为书香大连建设的重要推手及一道亮丽的风景线。为了深耕阅读领域课程，故事妈妈成长学院还自主研发了"绘本达人深度阅读课程"，目前，这一课程已经成为大连重点小学的校本课程。通过故事妈妈成长学院的学习，家长们深深地感受到了阅读带来的改变，感受到了与孩子共同成长的喜悦。

### 四、示范推广

为充分发挥"故事妈妈"的作用，总结近年来推广亲子阅读的经验，市妇联、市群团组织综合服务中心联动社会力量，以"绘本家教"为内容内核，"智慧阅读"为核心体验，结合故事妈妈们的专业阅读服务，启动"绘本大连"公益项目，尝试让亲子阅读推广更直接、更方便地走到群众身边，力求通过"一个孩子带动一个家庭，一群孩子影响一座城市"的方式，为书香大连助力加油。

# "营口有礼 书香润家"
# 践行家庭亲子阅读新风尚

营口市妇联

为广泛传播家庭亲子阅读理念,在全市形成亲子共读的和谐家庭氛围,践行家庭亲子阅读新风尚,营口市妇联以"营口有礼 书香润家"为主线,开展一系列家庭亲子阅读活动,取得良好成效。

## 一、发挥阵地作用,线下亲子阅读互动显活力

依托家庭亲子阅读体验基地、妇女儿童之家、家长学校等妇联阵地常态化开展丰富多彩的家庭亲子阅读活动。举办"营口有礼 书润万家"读书会、家庭亲子阅读分享会、百名儿童图书义卖、"营口有礼 书香润家 为爱朗读"志愿家庭揭晓暨喜马拉雅专栏上线仪式、"传承雷锋文化 践行营口有礼"青少年读者诚信阅读启动仪式、"小候鸟"图书角亲子阅读等线下亲子阅读活动100余场。为省、市共15个家庭亲子阅读体验基地每个基地提供2000元书籍用于开展活动。通过常态化开展线下亲子阅读体验活动,让家长和孩子们有机会聚集在一起互相交流,共同体验亲子阅读的乐趣。

## 二、整合部门资源,校园亲子阅读评选添动力

有机整合家庭领域的资源力量,让新时代家庭亲子阅读活动"升级"。联合市教育局、新闻传媒中心等相关部门,先后开展了征集"我家

的阅读故事"征文、"营口有礼　书香润家　为爱朗读"家庭亲子阅读音频征集等活动，得到全市广大家长和中小学生的积极响应，共吸引800余户家庭报名参加。邀请营口新闻传媒中心主持人泓颖在市亲子阅读体验基地——窝木书店为获奖家庭进行专业的朗读培训。联合市教育局、市公共文化服务中心举办第十一届家庭读书读报知识竞赛之"我和我的祖国"亲子知识竞赛活动。通过开展评选、竞赛等形式的亲子阅读互动活动，充分调动了广大家庭参与共同阅读的积极性。

### 三、创新宣传载体，线上亲子阅读分享见成效

创新宣传模式，借助主流媒体广泛展示亲子阅读成果。在喜马拉雅平台开设"营口有礼　书香润家　为爱朗读"亲子阅读专栏，招募50个在亲子阅读音频征集活动中脱颖而出的家庭成为喜马拉雅亲子阅读专栏的主播。在喜马拉雅平台上陆续录播了《蒲公英收购站》《护林员的春天》《鼠王日记》《中国神话故事》等丰富有趣的亲子阅读故事。截至目前，已在喜马拉雅App中上传朗读音频182期，收听1.96万人次。组织全市亲子阅读体验基地以"看见幸福　'阅'出梦想"为主题，开展形式多样的线上读书活动一起打卡4·23世界读书日。开展"晒晒我家阅空间·亲子阅读来打卡"线上征集活动，通过在微信公众平台展示优秀亲子阅读作品，向广大家庭发出"陪伴是最好的礼物，儿童节请送孩子一份'亲子阅读'时光"的倡议，形成家庭阅读良好氛围。

吉 林

# "幸福家庭360"公益大讲堂项目

长春市妇联

为深入贯彻落实习近平总书记关于"注重家庭、注重家教、注重家风"的重要指示精神,依据全国妇联《"家家幸福安康工程"实施方案》相关要求,2019年开始,长春市妇联实施"幸福家庭360"公益大讲堂项目,采取全方位、多角度、广覆盖的活动方式,传播优良家教家风,构建起"党委重视,妇联牵头,社会化参与,专业化服务,妇女儿童和家庭受益"的工作模式,截至目前,已完成线上线下公益活动1000场次,直接受益近5万人次。

## 一、三个公益课堂让家教家风走进千家万户

"幸福家庭360"公益大讲堂项目以创建幸福家庭为目标,以建设好家庭、涵养好家教、培育好家风为宗旨,采取"空中+网络+线下"融合形式,搭建公益讲堂"金三角",开展巡回讲座和公益活动,力求做到线上课堂立体覆盖偏远家庭,线下活动精准聚焦服务家庭。

### 1.100场空中公益课堂搭建起家长与专家交流的绿色通道

长春市妇联在长春交通之声广播电台推出"家庭教育360"大型公益广播专栏,邀请国家、省、市知名专家学者做客直播间,围绕教育、养育、心理等相关内容,为儿童家庭提供科学教子指导。广播专栏每周六上午9点至10点全城热线直播1小时,市场占有率达40.70%,每期听众达12.1万人。在2020年疫情防控期间,空中课堂指导家庭做好特殊时期的特别家

教，引领家长科学防疫守好家庭防线。随着广播专栏知名度和影响力的不断提升，成功跨越4000公里与海南三亚之声广播并机直播，实现了南北双向共同关注家教家风的创新突破。

**2.300场网络公益课堂带领家长与孩子共同成长**

长春市妇联利用网站、微信、微博、手机客户端等新媒体平台，制作音频视频、精品微课等内容，为城乡广大家庭构建起全方位、立体化的网络服务矩阵。设立网上学校，提供视频、音频课程，供家长和儿童自主学习；开通"家庭教育360"微信平台，分享教育方法、发布活动预告；组建"育儿有方"微信群，回应家长关注的热点和难点问题；开设"家事微课堂"，以案说法，同时在线提供家事纠纷调解。目前推出的300场网络公益课堂原创率为100%，总阅读量接近500万。

**3.600场线下公益课堂助推社会主义核心价值观在家庭落地生根**

聚焦家庭建设热点问题，通过公益志愿服务和购买服务相结合的方式，组建专家团队，深入开展"幸福家庭360"大型公益巡讲活动。吉林省暨长春市"携手新时代·树立好家风"首场事迹报告会在长春举行，为公益巡讲吹响了号角。专业机构走进社区村屯，开展亲子育乐、童蒙养正、亲子沟通等丰富多彩的公益活动，引导儿童养成好思想、好品格、好习惯，教会父母掌握系统科学的育儿理念和教子方法；专家团队走进党政机关、企业、学校、幼儿园、图书馆、乡镇、社区村屯城乡家庭，举办"巾帼建功新时代，涵养家风正能量""铸党性 守初心 树家风"等形式多样的家庭家教家风巡讲活动，引导更多家庭践行新时代家庭观。

## 二、三个加强确保"幸福家庭360"公益大讲堂项目科学运行

**1.加强组织领导**

市妇联党组高度重视公益大讲堂项目，专门召开党组（扩大）会议专题研究部署，成立了由主席任组长，主管主席任副组长，家儿部、权益部、发展部、家庭教育指导中心多部门组成的工作专班，为大讲堂活动提供组织保障。

### 2. 加强调研摸底

每年大讲堂启动前,都要对家教家风实践基地、授课服务组织等进行走访调研和全面摸底,确定巡讲基地,健全专家队伍,优选活动内容和主题,精准分类,满足不同群体的课程需求。

### 3. 加强督导总结

市妇联通过制作家庭反馈表,日常跟踪抽查大讲堂活动效果,年底及时总结评估,组织县(市)区妇联、承办单位代表、授课专家代表进行研讨,梳理经验,调整方向。

## 三、三个坚持提升更多家庭幸福感、获得感

### 1. 坚持党委主导、推动部门协作

市妇联主动站位,争取市委和政府的支持,公益大讲堂被纳入"幸福长春行动计划"重大民生工程之中,省委副书记高广滨、市委副书记徐晗也亲自出席大讲堂的活动。市妇联联合多个部门共同组织开展,其中与市直机关党工委联合承办全国妇联"梦想启航——好家庭好家风巡讲"走进长春专场活动,引导机关党员干部做家风建设的表率,联合长春市检察院,举办"树清廉家风"主题实践活动。

### 2. 坚持公益普惠、推动均衡发展

统筹各县(市)区、开发区经济状况、人口数量、居住特点进行工作布局,依托妇联横向到边、纵向到底的组织网络,将公益大讲堂项目由城市向偏远乡村延伸,覆盖全市80多个街道乡镇,辐射80%以上的社区村屯,最远服务半径达到180公里,服务总里程相当于1000个全程马拉松。

### 3. 坚持上下联动、推动社会参与

长春市,县(市)区、开发区,街道乡镇、社区村屯四级妇联组织上下联动,同步推进。市妇联也积极培育社会组织,组织10余名清华和北大学子的家长组成了"清北妈妈团",组织有能力、有意愿的家长成立"慧宝家长志愿者协会"等群众性组织积极参与到家教家风的宣讲队伍之中。

# 寻找"最美家庭" 打造"礼仪延边"

延边州妇联

2018年，州委、州政府将"礼仪延边"建设纳入全州重点工作。州妇联充分发挥在家庭领域的传统工作优势，以家庭礼仪为切入点，在全州上下广泛开展寻找"家庭礼仪之星"活动，引导广大家庭学习家庭礼仪、传承家庭美德、树立良好家风，掀起千家万户打造"礼仪延边"，建设最具礼仪模范自治州的热潮。寻找"家庭礼仪之星"活动已成为全州各级妇联组织开展创建"最美家庭"活动的有力抓手。

## 一、抓家长教育，让家长带动家庭成员争创"礼仪延边"最美家庭

家庭是人生的第一个课堂，父母是孩子的第一任老师。为了帮助孩子扣好人生的第一粒扣子，我们利用城乡妇女发展专项资金设立"智慧父母家长汇"项目，组建延边州家庭教育讲师团，积极协调体制内外家庭教育资源，在各级党校主体班次开展家风家训讲座，线上线下创新开展"家庭礼仪沙龙""家庭教育大讲堂乡村行""母亲教育微课堂"等活动，为家长提供公益性的家庭教育指导服务，引导广大家长树立新时代家庭观，倡扬新时代延边家庭文明、家庭礼仪新风尚。"三八"国际妇女节期间，举办"延边振兴·巾帼力量"新时代巾帼大讲堂，特邀国务院参事、国家汉办主任、孔子学院总部总干事许琳做了题为"浅谈孔子学院与中国教育"的专题讲座，在全社会弘扬倡导中华传统礼仪。积极争取省妇联100

万元专项资金，建成州暨龙井市海兰江家庭主题公园，把延边州各民族家风家训家庭礼仪融入公园环境，让市民潜移默化接受熏陶。积极协调教育部门合力推进"延边州关于指导推进家庭教育的五年规划（2016—2020年）"，将朝鲜族民族文化教育作为地方课程纳入延边州朝鲜族中小学必修课程。利用各级"妇女之家""儿童之家""家长学校""妇女儿童活动中心"开办家庭礼仪课堂，对广大家长和家庭成员进行民俗礼仪教育，引导和带动更多家长特别是年轻家长注重家庭礼仪教育，家家争做"最美家庭"，人人参与"礼仪延边"建设的理念在延边大地蔚然成风。

## 二、抓亲子教育，用"书香润德"亲子阅读活动助推"礼仪延边"建设

我们重点扶持金达莱女子书院、敦化市亲子阅读基地、各级各类同悦书香"她空间"等公益性儿童阅读机构，因地制宜地开展了"灵魂的芳香读书分享会""我与伟人交朋友——阅读比赛""名书进校园""最美朗读者""家庭教育V课堂"等形式各异的阅读活动。在亲子共读的过程中，教育孩子成为家庭成员践行家庭美德、孝道文化的小倡议者、小监督员、小带头人，带动父母、兄弟姐妹、隔代长辈共同学习家庭和美、代际和顺、邻里和睦、诚实守信等家庭礼仪知识，学习州各民族优秀传统文化和民族传统礼仪礼节，促进家庭和谐幸福。据不完全统计，2016年至2018年，全州各级妇联共开展亲子阅读实践活动1.9万场，34389万人次家长儿童直接参与。培树省级亲子阅读示范基地7个，省、州级同悦书香"她空间"44个。州妇联开展的"书香润德"亲子阅读活动成为连续13届延边州读书节的品牌项目。

## 三、抓家庭礼仪的代际传递，让代代相传的好家风好家训成为"礼仪延边"的最美名片

家庭是社会的基本细胞，代代相传的家庭礼仪、家风家训，是国家和民族兴旺繁盛、振兴发展的文明基因。延边州作为全国唯一的朝鲜族自治州和最大的朝鲜族聚居地，在民间蕴藏着丰富的、富有民族特色的家风家

训资源。我们以议家风、晒家训、征格言、传美德为主要形式，立足全州1226个村和社区，依托遍布全州的1452个"妇女之家"，常态化开展最美家庭故事会、文明家风交流会、家训家规评议会等"好家风好家训"征集宣传活动。敞开大门，不设门槛，从邻里乡亲中，从基层"草根"里寻找"家庭礼仪之星"。尤其在广大农村大力宣传移风易俗，倡扬社会主义核心价值观和新时代文明婚恋观、文化观，积极引领广大妇女带动千万家庭建设好家庭、涵养好家教、培育好家风、争学好礼仪，共创文明乡风，助力乡村振兴。全州参与家庭43628个、群众165471名。州妇联组建"最美家庭"巡讲团，优选全国、省、州级"五好家庭""最美家庭"代表，深入基层开展"携手新时代·弘扬好家风"巡讲活动。通过清风金达莱、《延边日报》等主流媒体发出"树清廉家风·创和美家庭"倡议，开展"新时代家庭观大家谈"主题宣传活动。举办"好家风好家训"征文、摄影、绘画比赛，寻找"家庭最美瞬间"网络评选等活动，征集家风家训10168条、图片7243幅、家风故事43个，开展"最美家庭"图片巡展，创编《好家风好家训汇编》《最美家庭画册》。寻找"家庭礼仪之星"活动已成为延边城乡各地一项公众参与度高、覆盖面广、社会影响力大的家庭文明创建载体活动。

# 让志愿者在家庭家教家风工作中发挥作用

## 松原市前郭县前郭镇荷芽社区

为深入贯彻落实习近平总书记关于"注重家庭、注重家教、注重家风"的重要指示精神，创新开展家庭家教家风工作，根据省市县相关要求，荷芽社区以志愿服务活动为有力抓手，以社区"儿童之家"等为阵地，发挥家庭教育引领作用，宣传好家风好家训，集中展示中华民族传统家庭美德和传承优良家风的时代内涵，让社会主义核心价值观在赩荷芽社区更好地落地生根、开花结果。

## 一、家风家教宣传活动

社区共组织100余场宣传活动，宣讲内容包括党的政策法规、好家风好家训、家庭教育知识、科普知识及社区群众如何树立正确的价值观、民族观等，同时以剪纸、文艺会演等形式进行民风民俗等方面的宣传。通过宣讲，推动民族语言文化普及，激励社区群众向上向善、孝老爱亲，推进社会公德、职业道德、家庭美德及个人品德建设。

## 二、文化艺术培训活动

招募中小学骨干教师志愿者，开设蒙汉双语，软、硬笔书法，马头琴，四胡，民族舞蹈，音乐，民俗历史，蒙古筝，珠算，布艺，剪纸等教学课程，为辖区内各民族居民免费授课。培训自开班以来共招募热心公益的教师志愿者23名，累计培训200余期，14000余节课，受益人数超过15万人次，除周六全天授课外，还开办寒、暑假假期培训班，并以汇报演出的形式在社区内和广场进行展演，以弘扬和传承民族文化为宗旨打造纯公益的培训。

## 三、孤寡老人关爱活动

社区志愿者们常年坚持深入孤寡、空巢老人家中，开展精神慰藉、家政服务、陪同就医、保健指导、娱乐活动，用爱心和行动温暖老人生活，给他们带去欢笑和快乐。坚持每周一到社区6户空巢老人家中为老人打扫卫生、擦玻璃、检查身体、理发；连续四年在春节期间为空巢老人、孤寡老人、困难老人组织联欢会、饺子宴，让老人们欢欢喜喜地过节，使老年人孤独的心灵得到了安慰。

## 四、清理环境卫生活动

为维护社区环境，志愿者们对辖区内的野广告、白色垃圾、野草、卫生死角进行整治清理，在冬季清理辖区弃管楼区积雪10余次，并在辖区内宣传带动居民养成良好卫生习惯，共同保护环境。

### 五、科普、普法宣传教育活动

利用节假日组织志愿者们在辖区广场、宣传栏及人员密集地区开展多种形式的法制教育、安全教育、科普教育等讲座及义诊活动40余次，为社区居民普及包括法律、健康、安全、民俗等内容的知识，提高居民安全防范意识及健康意识。组织志愿者们对社区青少年进行关心、教育、心理辅导20余次，在关心和保护青少年身心健康和人身安全的同时，全面提高青少年自身素质。

### 六、困难家庭结对帮扶活动

志愿者们与生活困难家庭互帮互助，开展一对一结对帮扶活动。定期对困难家庭实行走访慰问，和他们聊天、谈心，询问他们的生活情况，帮助他们解决困难问题，为他们送去了温暖。近年来，累计慰问贫困居民70余次，捐款捐物6万余元。

### 七、关爱残疾人活动

志愿者们始终以耐心、热情的态度服务残疾人，组织残疾人进行象棋、围棋、五子棋、扑克比赛等关爱活动6次，为他们开展心理咨询、职业指导、就业培训和日常生活照料，拉近了居民之间的距离，用爱心帮助他们感受社区的关心，享受生活的美好。

创新开展家庭家教家风工作需要社会各方面的共同努力，需要各族群众的积极参与。接下来，薄荷芽社区会继续深入开展家庭家教家风工作，积极拓展新方式，进一步凝聚民心、凝聚力量，带动和引导社区居民弘扬中华民族优良传统，建设和谐幸福美满家庭，让志愿者服务队在家庭家教家风工作中发挥更大的作用。

黑龙江

# 示范基地书香浓　浸润龙江好家风

省妇联

一个家庭的书香韵味和文化气息最能够浸润童心、启迪智慧、孕育美德。为引领更多家庭以亲子阅读传家教、育家风，黑龙江省妇联将亲子阅读指导服务工作纳入全省家庭教育五年规划公共文化服务指标内容，纳入"家家幸福安康工程"实施方案，纳入"书香中国·龙江读书月"工作安排，以培育社会主义核心价值观进家庭为根本，以打造一批亲子阅读示范基地为抓手，引带各地妇联上下联动，开展丰富多彩的阅读活动，营造亲子阅读浓厚氛围，促进家庭亲子阅读生根基层、走进家庭、浸润家风，为家庭文明建设注入了生机与活力。

## 一、坚持规划先行，实现百个县区全覆盖

按照"应建尽建、择优先建、县区覆盖"目标，科学谋划亲子阅读示范基地建设工作。制订基地建设规划。2018年以来，组织分批次在省本级和县（市）区培育示范家庭亲子阅读体验基地，在具备一定工作基础的妇女儿童活动中心、社区服务中心、儿童之家、图书馆、书店、学校、幼儿园、阅读机构中，择优培育备选基地。经组织申报，分三批次共命名121家单位作为省级家庭亲子阅读体验基地。加强基地扶持管理。通过省妇女工作专项经费家庭建设项目，为每个基地配备价值1万元适合家长儿童共读的优秀读物，丰富基地阅读活动用书。依托各地妇联加强对各基地的联

系管理，从购置管理图书，到活动策划跟进，再到促进基地提档升级，合力将基地打造成为当地家庭亲子阅读指导服务优质资源。

## 二、坚持上下联动，引带万千家庭齐参与

探索"示范带动、基地联动、家庭行动"办法，让亲子阅读活动走进家庭。组织百个亲子阅读基地联动。发挥省图书馆、省妇女儿童发展中心省级基地龙头作用，抓住每年"世界读书日""龙江读书月"时间节点，开展"相伴共读、书香润德""书香飘万家、共抒家国情"等主题活动，组织家庭代表发倡议、诵读绘本、表演亲子绘本剧。各基地以亲子阅读指导讲座、书海游学夏令营、与爸妈同读古诗、打卡阅读等线上线下主题实践活动凝聚家庭正能量、倡导家庭阅读新风尚。组织百场亲子共读共绘活动。以庆祝新中国成立七十周年为契机，依托专业团队，深入基地送上7场次亲子阅读示范活动课，发动各基地同步活动112场，组织万余名家长和儿童品读红色书籍、同唱爱国歌曲、参与演讲交流、与国旗合影留念，教育激励家庭成员特别是儿童激扬家国情怀，唱响爱党、爱国、爱社会主义的主旋律。

## 三、坚持深化拓展，注重多点着力强服务

打通"资源共享、线上互动、关爱助力"关节，提升亲子阅读指导服务质效。提供权威指导课程。邀请全国亲子阅读专家做亲子阅读专题讲座，发动全省各地5.8万余家长收听收看全国专家在线解读指导，组织省内专家录制《亲子阅读指导》《读书即教育》专题讲座示范课程、编写专题讲义，破解基层特别是社区、村及各级留守儿童关爱服务基地指导服务资源不足的难题。拓展网上宣教服务。制播亲子阅读微视频公益广告，依托省妇联微信发布家庭亲子云享课、展播各地典型家庭阅读瞬间和亲子阅读基地风采，在省网上家长学校网站常设"同悦书香"专页，发布家庭亲子阅读指导内容，为广大家长线上学习特别是疫情期间的居家生活提供便利指导资源。开展爱心助读活动。联合省妇女儿童基金会、协调省新华书店为留守流动儿童集中的阅读基地送上图书、书柜。各地妇联通过开展线上线下关爱活动、捐建图书室图书角、组织爱心妈妈伴读等方式为当地特

殊困难儿童家庭提供指导服务。

几年来,在各级妇联组织的合力推进下,在百余家基地的示范引领下,全省各地共开展讲座赏析、领读朗读、绘本剧场、好书分享会等家庭亲子阅读活动3800余场次,30万余家长和儿童参与其中。7个基地入选全国家庭亲子阅读体验基地,40个家庭(儿童)获得全国妇联活动奖项。省全民阅读领导小组办公室对省妇联家庭亲子阅读工作给予充分肯定,多个官方微信平台刊载省妇联亲子阅读工作情况,党组书记、主席齐秀娟接受媒体专访。《黑龙江日报》、《黑龙江经济报》、中国网、人民网、中新网、东北网等新闻媒体对省妇联家庭亲子阅读活动进行了广泛宣传报道。

# "4+4"宣传模式让垃圾分类知识进家庭

## 哈尔滨市妇联

为深入贯彻习近平生态文明思想,团结动员广大家庭积极投身生态文明建设,哈尔滨市妇联聚力"四个入手",下足"四个功夫",深入开展垃圾分类进社区、进家庭宣传活动,带领广大妇女和家庭积极投身垃圾分类实践,为推动绿色发展、建设美丽哈尔滨贡献智慧和力量。

### 一、抓住"家里的人",从观念上入手,定位投放的主体,在强化生态环保意识上下功夫

家庭是生活垃圾产生的源头,是实施生活垃圾分类的最基础单元,家庭成员尤其是家庭主妇的重视程度至关重要。全市各级妇联以强化生活垃圾分类生态环保意识为目标,靶向定位家庭主妇投放主群体,努力让广大妇女认识到生活垃圾分类的重要性和必要性,进而主动培养好习惯。聘

请专业人员编制《家庭生活垃圾分类指导手册》，制作节能减排环保垃圾袋，依托妇女之家、家长学校等阵地张贴《垃圾分类从家庭做起》知识宣传画，进家入户发放宣讲倡议书，用生动的语言、醒目的图片宣传讲述生活垃圾分类的重要意义和分类知识。将垃圾分类内容纳入家风家教宣讲，举办环保家庭、绿色家庭专题讲座，增强家庭成员绿色发展意识和理念，使大家的认知从"知道要分类"转变为"知道怎么分类"，从"知道很重要"转变为"自己要参与"。

## 二、创建"移动的馆"，从参与上入手，打造体验的载体，在普及知识上下功夫

生活垃圾分类实现的关键是从掌握分类知识到亲身动手参与。为切实帮助广大家庭成员提高垃圾分类的鉴别率和投放准确率，市妇联打破常规，创新打造一批群众乐于接受、主动参与的教育实践窗口基地，形象生动地教授传播生活垃圾分类知识和理念。联手市公交集团建成全省首家家庭生活垃圾分类移动体验馆，该馆由一辆有路权报废公交车精心改装设计而成，内设宣传教育、知识普及、模拟分类、互动体验、实物操作5个功能展示区，融科普、趣味、互动性体验于一体，既有知识展示，又可参与互动实践，大大提升了场馆参观体验效果。参观者通过实物操作、智力闯关、模拟体验等方式，与垃圾分类"亲密接触"，在玩中学，在学中悟，形象、直观地掌握了"四分法"垃圾分类操作要领。居民说，走进体验馆一看就懂、一练就会，这样的学习参观方式更新颖直观、更容易接受。自体验馆建成以来，已深入到全市150余个社区、学校、广场、企事业单位展览，9万余市民进馆体验，如今，这个"长腿"的体验馆已经成为省内外有名的网红馆，每天都能接到10余个预约电话，30余家各级媒体相继报道。

## 三、推广"管用的招"，从实践上入手，破解习惯养成的难题，在简便易行上下功夫

让家庭成员养成生活垃圾分类习惯还需持续发力、久久为功。为了巩固家庭成员参与体验成果，从一次两次的新鲜，到一周两周的体验，再

到一月两月的坚持，最终养成生活习惯，全市各级妇联从鲜活的案例入手，大力推广生活垃圾分类实践中的妙招、实招、管用的招，使更多家庭的生活垃圾分类简便易行、取得实效。针对众多家庭主妇感到头疼的厨房无处安放四色垃圾桶的普遍难题、生活垃圾无法做到一次分类一次投放的麻烦事，市妇联通过讲、晒、展、秀等多种方式，将家庭生活垃圾分类DIY小制作分享出去，使家庭生活垃圾分类不再成为令人挠头的负担，而是变成家庭成员齐动手、奇思妙想大比拼的温馨实践，各种节俭环保的好办法纷纷涌现出来。市妇联以"哈小丫"教你生活垃圾分类为主题，制作家庭生活垃圾分类和环保小妙招现场教学视频，编制《生活垃圾分类投放示意图》，普及生活垃圾分类、垃圾减量科学方法。南岗、松北等区妇联举办"小手拉大手"儿童环保作品展，做到"教育一个孩子，带动一个家庭"。道里区妇联在"抖音"推出变废为宝环保达人，教家庭成员如何将厨余垃圾制作成环保酵素和生活用具，培养垃圾分类好习惯。香坊区妇联开展"主妇当家　垃圾分家"——高手在民间　废物再利用环保作品展示活动，家家都有的快递包装箱绘制成了四色垃圾桶，闲置不用的牛仔服裤兜衣兜缝制成了有害垃圾投放袋，废旧扑克牌制作的收纳盒等，匠心独具的巧手制作让废品变成了工艺品，把垃圾从敌人变成了朋友。

## 四、点赞"最美的家"，从氛围上入手，营造舆论的话题，在示范带动上下功夫

"垃圾分类工作就是新时尚"。全市各级妇联以营造家家参与的良好氛围为目标，线上线下广泛宣传垃圾分类知识，打造多维度、立体化和全方位的宣传格局，助推家庭生活垃圾分类成为市民生活"新时尚"。市妇联利用自媒体"冰城女性"公众号平台，定期发布相关知识和活动信息，受到了社会的广泛关注。注重收集家庭生活垃圾分类工作好典型好经验好做法，在人民网、新华网、央广网、东北网、搜狐网、腾讯网、头条、自驾龙江等网络平台和省市广播、电视、报刊等传统媒体广泛宣传。走进直播间，与市电台972爱家频道联合开办家庭生活垃圾分类专题直播，进一步扩大社会知晓率和支持率。开发制作"哈小丫"垃圾分类过关小游戏，

深入社区举办家庭趣味性生活垃圾分类知识竞赛和运动会,极大地带动了全社会形成向环保最美家庭学习的氛围。

# "家育工程"助"强国一代"健康成长

大庆市妇联

为深入贯彻落实习近平总书记"帮助孩子扣好人生的第一粒扣子,迈好人生的第一个台阶"重要指示精神,推进"家家幸福安康工程"落地落细落实,大庆市妇联全面启动"家育工程",转思路、拓领域、创品牌,通过多形式、多层面的家庭教育活动为家长释疑解惑、为孩子成长助力。

## 一、借势蓄力,顶层设计转思路

市妇联不断在家庭教育实践中探索规律、转换思路,注重思想引领和顶层设计,借势蓄力启动"家育工程",促进家庭教育工作从传统的妇联组织唱"独角戏"向社会参与奏"交响曲"转变。一是借阵地。瞄准公办民办教育资源,联合市妇女儿童活动发展中心、市民办教育协会、迈沃思教育中心等教育机构,充分利用外部阵地和力量"打捆"抓家庭教育。二是聚师资。整合全市家庭教育人力资源,招募近百名家庭教育讲师,东北石油大学教授苑璞,教师进修学院温玉卓、于传忠,机关二小王秀芳,市妇儿中心崔天凌,四叶花开保全、延龙等一大批家教领域的专家组团发力。三是拓思路。"家育工程"打破传统家庭教育局限,开设婚恋观教育、准妈妈教育、亲子教育、特殊儿童关爱等不同子工程,以及迷你厨房、模拟小法庭、微公益小天使、巾帼巧手好妈妈等实训项目,内容新颖、形式灵活,趣味性、实践性有效融合。

## 二、端口前移，服务覆盖全龄段

市妇联不断拓宽家庭教育服务领域，将未婚、准婚人群纳入家庭教育范畴，家庭教育服务对象从传统的"父母儿童"向"全龄段"人群转变。一是从婚恋源头抓家庭教育。针对未婚女性，在城市，将情感公益课送进黑龙江省八一农垦大学、东北石油大学等大学校园，促进婚恋观教育纳入大学新生入学教育第一课，引导他们树立正确的择偶观、婚恋观；在农村，开展"抵制高价彩礼、倡导婚嫁新风"主题巡讲9场，并通过发放宣传画、宣传标语、主题微视频播放等倡扬"三荣三耻"婚恋新风。二是从家庭建立之初抓家庭教育。协调市民政局在婚姻登记处组织6名志愿者开展婚姻指导服务，帮助结婚夫妇在登记之时铭记家庭责任和使命；为新婚夫妇发放《新婚寄语》《牵手幸福——经营家庭智慧》，通过"美德立家、良训治家、勤俭兴家、文化传家、慈善乐家"5个篇章10个"最美家庭"故事，引导准夫妇学有榜样、做有规范、赶有目标。三是从准父母开始抓家庭教育。依托全国百名家庭教育公益人物崔天凌老师，开设"准妈妈公益讲堂"，在女性备孕和孕期，为准妈妈提供孕前备孕指导和孕期科学孕育知识普及，共开展2400多期公益讲堂，受益的准妈妈超过16万人。在妇联推动下，妈妈也需要"持证上岗"的理念已深入人心。

## 三、载体创新，打造亮点新品牌

市妇联不断探索"线上+线下"融合式、"理论+实践"一体式工作新模式，创新活动载体，家庭教育工作从传统的"输出式"向"浸入式"转变。一是打造"家庭教育巾帼公益大讲堂"，让家教知识飞入寻常百姓家。市妇联积极向上争取，以政府购买服务的方式，采取"送课"与"点课"相结合的方式，面向群众征集需求，根据群众需求订单派送，课前利用媒体公布课表，课后依据学员反馈及时调整教学内容，通过现实授课和网络微课两种方式，走村入屯进家庭，满足不同群体、不同层次妇女群众的需求。12万元的专项经费投入，400余场的公益巡讲，5万余人次的群众覆盖，大讲堂以"点单"方式赢得妇女群众的真心"点赞"。二是打造

"衣食住行直播频道",让儿童劳动教育分享在云端、体验在指尖。在疫情常态化防控的特殊时期,市妇联顺势而为,启动"家育工程"衣食住行直播频道,依托网络直播平台,以亲子互动的形式,从"衣食住行"生活点滴入手,通过巧手创作、迷你厨房等不同板块,让儿童自主选择劳动教育形式。"六一"迷你厨房"相忆童年"、端午节"浓情过端午、巧手小当家"活动吸引3.5万名家长、儿童参与直播互动,近千户家庭线下、云上隔空集结,孩子们在玩中学、学中思、思中创,使家庭教育知识生活化、课堂社会化、品德教育日常化。

"家育工程"是大庆市妇联家庭教育工作中的一个创新实践。下一步,我们将依托全国、市级家庭教育创新实践基地,全市各级妇女儿童之家,社区、村家长学校等活动阵地,充实丰富"家育工程"内容,通过不定期、不同主题的家庭教育实践活动,不断提升家庭家长科学教子能力,努力培养"行为规范、品德高尚、心态阳光"的新时代好少年。

# 注重家庭家教家风,为千家万户打造幸福港湾

## 鹤岗市萝北县妇联

为深入贯彻落实习近平总书记关于"注重家庭、注重家教、注重家风"的重要指示精神,推进"家家幸福安康工程"落实落细落地,萝北县妇联围绕"家庭、家教、家风"内容,持续探索"基地+典型+创新"家教工作模式,开展"家教家风促成长"系列活动,激发更多家庭努力向善、争做最美、传扬家风。

## 一、依托基地创新实践，激发家庭正能量

发挥县家庭教育创新实践基地和亲子阅读体验基地示范引导作用，促进形成家庭文明新风尚。打造凤翔镇永泰社区孔子学堂教育创新实践基地，邀请县内十几位退休教师担任讲师，每周三天义务授课，讲授涉及儿童智育、习惯培养、心理健康、亲子沟通、和谐家庭、阳光家庭构建等方面的知识，截至目前，学堂举办各类讲座近400场，受益家长和学生达1.5万余人次。打造团结镇家庭亲子阅读基地，开展"好读书"图书室对外开放活动，面向有需求的农村家庭提供书籍借阅，覆盖全镇700余名幼儿家庭；适时开展"小手牵大手""亲子绘本剧表演""为家长找好书，为好书找伙伴"等亲子阅读品牌活动。依托基地发展巾帼志愿服务队"萝北爱阅团"，组织儿童开展户外故事会5期、亲子嘉年华运动会3届、"东北味儿""骨头先生"和"悦读彩虹堂"系列亲子故事会13期，1300余名家长和儿童参与活动。

## 二、携手各方联育共建，拓宽家庭教育面

通过家校联育共建进一步完善"家庭、学校、社会"三结合网络，使家庭教育工作从原来比较分散的自发阶段进入一个由家庭教育领导小组负责、妇联和教育部门具体组织实施、有关部门协调配合齐抓共管的新阶段。依托县、乡、村（社区）家长学校，成立"萝北县家庭教育指导中心"，聘请公检法司等方面专家组建"家庭教育讲师团"；开通"董老师幸福驿站"微信公众平台定期发布家庭教育知识、推广家庭教育先进经验。各家长学校因地制宜开展活动，组织感恩教育、读书征文、讲故事、演讲比赛等，设立"家庭专线""校长信箱"、家长开放日，组织留守儿童与家长通电话等。将家风家教宣传延伸到机关党员干部家庭，在微信平台发布《"传承好家风，建设好家庭"廉洁齐家倡议书》，开展领导干部家属和基层妇联干部家风家训参观活动2次，召开"传承好家风，建设好家庭"廉洁齐家座谈会，领导干部家属签订《家庭助廉承诺书》1000多份。鹤北镇妇联开展"培育善美家风、践行初心使命"主题座谈会，组织

与会人员分享自己优秀的家风家训、家教故事，充分发挥家庭在强化党员干部宗旨意识和廉洁意识中的独特作用，构筑起家庭拒腐防变的牢固防线。

### 三、活化载体广泛传播，倡导育人新观念

组织基层开展"好爸好妈好家风""我的家庭教育故事"主题征文、家规家训征集等活动，以身边人、身边事对广大家长进行生动的教育激励，引导家长注重自身修养。与教育联合开展"幸福，是陪你慢慢成长"家庭教育讲座，指导家长如何正确地教育孩子，提升家长的教育理念，促进学生健康成长。建立县"女童保护"基地，开展以"守护童年　呵护花蕾""关爱女童　关注成长"等为主题的"女童保护"，提升未成年人自我保护能力。通过"请进来"和"派出去"相结合的方式，邀请国际学习组织协会专家学者来萝北开展家庭教育公益讲座3场（次），邀请全球故事屋创办第一人、台湾地区最会讲故事达人张大光来萝北举办专场故事会，选派骨干力量赴北京、上海、长春等地学习国内外先进的教育理念、育儿知识和儿童情感教育等课程，开展"父母读书会"17期，开展"人民有信仰，民族有希望，国家有力量——父母课堂"进学校、进农村2场（次），参与家长达600人次。开展"好家风好家教"巡讲活动30多期，培训家长5000多人，通过巡讲活动进学校、进乡镇，在全县掀起了好家风、好家训的学习热潮。

### 四、培树典型示范带动，构建文明新风尚

深入开展寻找"最美家庭"活动，把寻找"最美家庭"活动作为家风建设重中之重，在基层广泛寻找夫妻和睦、尊老爱幼、科学教子、勤俭节约、邻里互助"最美家庭"。充分利用"三八"节、国际家庭日等重大节日，与县电视台联合开设"时代新女性"专题栏目，对"最美家庭""和谐家庭"等各类优秀家庭进行事迹展播。利用妇联微信公众号开辟"家风"专栏，播放家庭文明宣传微视频，通过线上开设最美和谐"家庭故事会"，宣传李月红、毕延华等获得全国、全省"最美家庭"的典型事迹，放大示范效应，让越来越多的群众从"听故事"到"学美德"，从

"看别人"到"做典型",将家庭美德故事不断传播和升华,带动全社会形成优良家风。

家是最小国,国是最大家,家庭是孩子生长的基本环境,它是人一生中最先接受教化的地方。下一步,萝北县妇联将继续把家庭作为培育和践行社会主义核心价值观的前沿阵地,突出家庭这个社会最小细胞的建设,以强化家庭教育为抓手,寻找"最美家庭"为载体,关爱服务为支撑,美丽庭院创建为重点,开展丰富多彩的家庭文化建设活动,推进家庭工作高质量发展,形成良好社会风气。

上 海

# "家中心"建设的基本经验

市妇联

为拓展和谐社区、和谐家庭的服务载体,落实和推进社区网格化建设,促进未成年人思想道德建设,为妇女、儿童和家庭办实事、做好事,2004年,上海第一家社区家庭文明建设指导中心(以下简称"家中心")在上海市长宁区华阳社区挂牌成立。2006年,市妇联会同市文明办、市民政局等联合下发《关于推进社区家庭文明建设指导中心的实施意见》,要求各街镇探索"党委领导,政府支持,文明办、民政指导,妇联主管,社工承办,社会参与"的运作模式,更好地发挥"家中心"服务社区家庭的积极作用。

2020年,为进一步深入贯彻习近平总书记关于"注重家庭、注重家教、注重家风"(以下简称"三个注重")重要指示精神和"人民城市人民建,人民城市为人民"的重要理念,认真落实十九届四中全会提出的"注重发挥家庭家教家风在基层社会治理中的重要作用"要求,不断深化家庭文明建设,统筹和创新家庭工作,助力家庭发展和社会治理,制定下发了《关于进一步加强社区家庭文明建设指导中心建设管理的指导意见》。

16年来,上海市妇联始终围绕中心、服务大局,按照群团改革的要求,以"家中心"为服务阵地和资源平台,加强与服务对象的沟通互动,不断创新服务形式和管理模式,为推动形成"家家幸福安康"生动局面发挥了积极的作用。

## 一、"家中心"的主要职能

### 1. 深化家庭文明建设

常态长效开展寻找"最美家庭"活动，以群众自荐、互相学习、彼此借鉴、共同分享为主要形式，组织群众晒家庭幸福生活、议良好家风家训、讲家庭和谐故事、展家庭文明风采、秀家庭未来梦想。面向各行业各领域广泛开展书香家庭、绿色家庭、廉洁家庭、平安家庭、学习型家庭等各具特色的家庭文明创建活动，引导广大家庭弘扬"尊老爱幼、男女平等、夫妻和睦、勤俭持家、邻里团结"的家庭美德。在5·15国际家庭日、家庭文化节等节庆期间，组织开展寓教于乐的群众性文化活动，丰富家庭精神文化生活。

### 2. 开展家庭教育指导

以"立德树人"为目标，以提升家长素质为核心，开展家庭教育指导活动，引导家长树立正确的育儿观、成才观，帮助孩子"扣好人生第一粒扣子"。加强家庭教育指导阵地建设，构建线上线下相结合的家庭教育指导服务网络，开展父母成长计划、祖辈家长课堂、亲子阅读指导等项目，普及先进的家庭教育理念，传播科学育儿的知识与技能。

### 3. 提供婚姻家庭服务

依托各级妇女儿童维权服务力量和12338妇女维权服务热线，提供专业化的家庭暴力投诉受理、心理健康咨询、婚姻家庭矛盾调处等服务，为妇女儿童表达诉求、寻求帮助提供优质贴心的服务。提供家庭建设指导服务，促进家庭成员相互理解、相互支持、共同进步。通过培育或委托专业组织承接婚姻家庭矛盾纠纷调处、心理疏导等项目，提升服务的专业化、规范化。

### 4. 开展困难家庭帮扶

充分整合社会资源，为残疾妇女儿童、留守流动妇女儿童、特殊困难家庭等，开展"姐妹情""助学、助医、助成长""自强队员""邻家妈妈"等帮困救助品牌项目，并通过提高标准、增加内涵、优化服务，逐步扩大受益面。

**5. 完善家庭服务项目**

积极参与0~3岁托育、学前儿童及小学生晚托、暑（寒）托等与家庭有关的公共服务，坚持儿童优先原则，参与儿童友好型社区建设。动员整合社会力量提供家政等服务，解除家庭后顾之忧。发挥"家中心"在社区民生服务中的积极作用，完善面向家庭的公益项目，动员家庭参与社会治理。

## 二、"家中心"的运营方式

**1. 项目化推进**

以设计、参与项目招投标，申请公募基金、公益创投项目等途径，自主提供或凝聚社会组织提供专业服务。承接上级组织项目，提供服务配送，实现资源下沉，不断健全项目化运作模式。

**2. 社会化运作**

立足社区、面向家庭，发挥"凝聚妇女，带动家庭，联动社区"的资源整合、承上启下作用，体现枢纽功能。争取各级政府部门、企事业单位、社会力量的资源优势，发挥妇联执委作用，实现优势叠加、合作共赢。

**3. 品牌化建设**

创设有妇联特色、家庭受益、妇女儿童欢迎的家庭服务项目。完善、提升效果好、口碑好、运作好的特色项目并进行宣传推广，不断扩大项目知晓度，提高项目参与率，逐步形成"一中心一（多）品牌"特色服务，逐步做大做强。

**4. 信息化管理**

运用信息化技术，努力实现"家中心"服务内容菜单化、时间安排人性化、交流互动有效化、人员管理规范化、工作经费公开化。借助网上社区、微博、微信等新媒体手段，实现线上线下相结合的服务配送模式，满足不同家庭需要。

## 三、"家中心"的工作保障

### 1. 思想认识到位

充分认识"家中心"在家庭建设中的重要意义,主动提高工作站位、转变工作理念、创新工作方式。市妇联发挥牵头作用,由家庭儿童部具体负责,各相关部门配合推进。各区妇联把"家中心"建设作为重点工作,由主席亲自抓、重点推、全程督。各级家庭文明建设协调小组成员单位形成工作合力,为"家中心"建设提供政策扶持、项目来源。

### 2. 管理网络完善

市妇女儿童服务指导中心(巾帼园)完善和提高对各区妇女儿童活动中心建设的服务和指导工作。各区妇女儿童中心充分发挥阵地优势,在区妇联领导下,指导本区街镇"家中心"开展工作。街镇"家中心"负责各类项目、服务落地,并配送有关资源至居村"妇女之家"。街镇"家中心"不断提高品牌效应和社会知晓率。

### 3. 工作保障夯实

每个"家中心"至少配备1~2名专职工作人员,负责日常管理工作。通过项目引入社会组织、社工参与,加强日常培训和指导。培育壮大家庭志愿者队伍,为其发挥专长、服务社会创造平台。善于用好社区文化活动中心、志愿服务中心、党群服务中心、青少年活动中心等公共服务阵地,共享场地、活动、服务等资源。

### 4. 考评机制规范

将"家中心"建设纳入妇联系统重点工作范畴,纳入新时代文明实践中心建设,纳入精神文明创建工作。"家中心"定期开展自查,服务项目主动接受社会和妇女群众的监督评价,定期开展满意度测评,及时总结成功经验及特色成果。

# 实事项目助推政策完善
# 公共托幼缓解家庭压力

市妇联

2017年起,上海市妇联连续3年牵头实施"新建社区幼儿托管点(托育点)"市政府实事项目。在实事项目的实施过程中,研究、探索建立社区幼儿托管点的相关政策、标准,推动市政府下发《上海市社区幼儿托管点设置基本标准(试用)》《上海市社区幼儿托管点工作规程(试用)》和《上海市社区幼儿托管点管理办法(试用)》,填补了政策的空白,缓解"全面二孩"背景下的家庭养育压力。

## 一、产生背景:现状调研,深入了解托幼供需矛盾

2016年,上海市妇联根据妇女需求调研月收集到的妇女需求,在市政府决策咨询课题平台上立项《公共托育政策瓶颈及对策研究》。研究结果显示,0~2岁组户籍人口总量增加,生育高峰叠加生育政策的调整,托育服务的需求量也大大增加。据上海市发展改革委统计数据显示,截至2015年12月底,本市托育机构(含幼儿园托班)招收的幼儿不到2万名,而有托管服务需求的2~3岁本市户籍幼儿约10万,幼儿托管服务供应总体不足,正规机构托育照料比重不足5%。同时,市妇联委托复旦大学课题组开展"上海市户籍0~3岁婴幼儿托管需求调查",回收问卷7422份,其中沪籍幼儿家庭6686份。有88.15%的家庭需要婴幼儿托管服务,73%的父母希望把托管点放在小区内,幼托需求在上海的中心城区表现更集中,且

83.04%的家庭希望每月收费在3000元以下。2018年年底，上海市妇联再次组织对5个区15个街镇开展入户精准化需求调查，收到有效问卷9504份，结果显示：每年"刚需"入托需求的孩子约占总量的三成；托育需求更集中于中心城区；托幼一体化模式是托育机构发展的主要方向，最受老百姓青睐，社区幼儿托管点等多种形式可作为托育一体化的必要补充；家庭普遍能接受的托育费用为每月3000元以下。

## 二、主要做法：努力争取，接续实施政府实事项目

通过努力，2017~2018年"新建20个社区幼儿托管点"被连续两年列入上海市政府实事项目，由上海市妇联会同市教委、市卫计委、市民政局等部门共同牵头实施。实事项目根据适龄人口分布，中心城区每区应建2个以上幼托点，郊区每区应建1个以上幼托点。各社区挖掘内部资源建立面积不少于200平方米的社区托育点。在模式上主要采用公建民营、民建公助等形式，为2~3岁幼儿提供全日制、半日制和计时制等就近就便、灵活多样的托管服务，全天托管的收费标准控制在每月3000元以下。在两年具体实践及2018年入户精准调研的基础上，2019年上海市教委、市妇联再次申报了"新增50个托育点"市政府实事项目，明确在托幼一体为主模式下，充分整合资源，为本市2~3岁儿童提供普惠性托育服务。2017年至2019年，三年累计新增普惠性托育机构101个，共新增托额3178个，目前已经开班的入托幼儿数有2518人。2020年计划新增50个托育点，托额1467个，目前已完成选址46个点位。

## 三、基本成效：探索尝试，推动出台托幼公共政策

建设托育点没有现成的规范和标准，主要参照2005版的《上海市普通幼儿园建设标准》和2006年《上海市民办早期教养服务机构管理规定》，根据这些标准在社区很难找到符合条件的场地。定位为小规模、社区化的幼儿托管点，必然要有别于托儿所或幼儿园的建设标准。为此在项目推进过程中，上海市妇联会同市教委委托专业机构研制《上海市社区幼儿托管点建设导则（试用）》，内容包括选址、设计、采购、成本、验收5个方

面；向市住建部门申报了《社区幼儿托管点工程技术标准》编制项目，力求固化既有成果；委托专业机构研制了《工作规程》《管理办法》和《机构设置基本标准》，并形成了传染病防治规范、食品服务规范、安全保障方案等工作规范。这些内容都为2018年4月上海市政府出台的《关于促进和加强本市3岁以下幼儿托育服务工作的指导意见》《上海市3岁以下幼儿托育机构管理暂行办法》《上海市3岁以下幼儿托育机构设置标准（试行）》（以下简称"1+2"文件）奠定了基础。"1+2"文件加强了上海托幼工作的顶层设计，填补了关于社区幼儿托管的政策空白。明确由市政府制定托育服务规划，组织协调各职能部门制定相关标准、管理办法等，共同推进托育服务工作。建立由16个单位组成的上海市托幼工作联席会议，定期商议解决本市托育服务管理工作中的重大问题。成立市托育服务管理机构，负责指导和管理各区托育服务管理机构开展托育服务工作，调查研究托育服务工作情况，组建专业巡查队伍，保障本市托育服务工作质量。托幼工作联席会议下设办公室，办公室设在市教委。其中，市教委牵头管理托育服务工作，会同各相关职能部门执行市政府和市托幼工作联席会议的相关决策，制订工作实施计划；妇联协同推进社区托育机构的设点布局，参与为家庭提供科学育儿指导服务，加强对女性从业人员的职业道德宣传和维权服务。

# "快乐志愿吧"参与基层社会治理创新

静安区妇联

## 一、基本情况

2013年，"快乐志愿吧"——静安区妇联家庭志愿者工作室成立。"快乐志愿吧"，既是一个口号，又是一个俱乐部（CLUB）的名称，旨在搭建一个公益孵化平台，意在体现国际静安精神。通过对招募的家庭志愿者进行科学分类、系统培训，让他们能够更精准地开展公益志愿服务。目前已有260余名志愿者，其中注册志愿者（骨干志愿者）60名。同时积极整合社会资源，将优秀的志愿服务品牌化，提高社会影响力，带动更多志愿服务，以助老、关爱、低碳环保为公益目标，开展培训拓展、志愿服务等活动。截至2019年年底，项目累计辐射达2.5万人次。

## 二、主要做法

自成立开始，"快乐志愿吧"为本区域有需求的困难人群和社区家庭提供志愿服务及公益主题系列宣传活动，先后开展了关爱农民工姐妹、关爱困难儿童、废旧药品回收兑换宣传等志愿服务活动。2016年起，项目重点探索助老志愿服务，有60多名骨干志愿者参与，志愿者们每月走进乐宁老年福利院、蝴蝶湾敬老院、和养临汾养老院、东风芷江养老院、南西社区长者照护之家5所敬老院开展助老志愿服务，以孤老和子女无法常来照看的老人为重点，通过开展爱心陪聊、游戏互动、戏曲表演等服务，为老人送上关爱和服务。2017年起，根据实际需求，在乐宁、蝴蝶湾两所敬老院新增对轻度失智老人的音乐干预治疗项目，项目每年集中干预治疗2个月，每周3次，每次15～20名轻度失智老人参加。通过培训的志愿者利用简单的益智拓展游戏与专业的音乐老师进一步对轻度失智老人进行游戏互动、音乐治疗促进老人身心健康，取得一定效果。2017年起，还在东风芷江养老院开展对护工医护人员音乐减压活动，受到欢迎。2016～2019年这4年来，共为敬老院老人服务4000多人次，为失智老人服务750人次。

## 三、基本成效

"快乐志愿吧"项目的开展，从志愿者成长、服务对象反馈、执行项目团队成长和社会效应四个方面取得了较显著的成效。

第一，在志愿者成长方面，通过志愿者能力培训、志愿服务，他们在团队合作精神、服务意识和与老人及成员之间的沟通上有很大提升，志愿者队伍人员稳定，积极配合各项活动的开展。

第二，在服务对象反馈方面，从服务对象在服务后填写的反馈调查中，100%对服务感到满意及非常满意，比较满意、不满意和很不满意的反馈为0，同时服务对象仍然希望在下一年度的项目计划中，能继续实施此类项目活动。

第三，在执行项目团队成长方面，2017年起又新拓展了失智老人的音乐治疗服务和医护人员音乐减压活动，让执行团队在整个项目中的内容有了创新和细化，更有了针对性，也使得项目团队在以后的工作中累积经验，精准地对接不同人群的需求，提供更好的服务。

第四，在社会效应方面，项目开展的活动获得了上海社会组织公共服务公众号、上海市妇联网站等媒体的报道。2018年静安区妇联家庭志愿者工作室"快乐志愿吧"项目荣获第三届"静安最美志愿服务项目"，2019年"快乐志愿吧"——静安区妇联家庭志愿者工作室被评为"2018—2019年度上海市志愿服务先进集体"。

# 家庭社工为家庭提供专业服务的实践

浦东新区妇联

## 一、背景

当下，浦东妇女、儿童以及家庭都呈现出差异化和多元化趋势，社会转型期婚姻家庭问题也随之增多。自2015年起，浦东新区妇联以习近平新时代中国特色社会主义思想为指导，深入贯彻"注重家庭、注重家教、注重家风"的重要指示，围绕《关于深化上海市家庭文明建设的意见》《上海市"十三五"家庭文明建设指导计划》总体要求，开展家庭社工专业服务试点，尝试探索"妇联牵头、社会参与、社工服务、家庭受益"的运作模式,运用三级妇联协同保障、专业社工分类服务等策略,面向基层、服务家庭,聚焦家门口服务体系建设,夯实"家庭文明建设指导服务中心"职能,并推进了社区家庭参与基层社区治理的实践创新。

## 二、做法和成效

### 1.摸清底数,三级妇联协同蹲点开展调研

家庭社工专业服务基于社区开展家庭综合服务,其核心是对社区各类家庭功能评估与服务匹配。首先,认真开展"家庭大摸排",区、街镇、居村三级妇联联合开展蹲点式调研,并发挥基层知心大嫂、专业家庭社会工作者作用,探索"妇工、社工、义工"协同联动,了解家庭基本情况,找准风险点,主动发现有潜在需求处于弱势的家庭,及时探访和干预。其次,在全面观察和收集关于服务对象的情绪、行为、心理、认知、能力等信息后,将个体表现与所在家庭功能状态结合做出预估,判定家庭功能缺失的方面,从而预计有效的介入和逐步的调整,对所有走访家庭建立一户一档,对需要重点关爱帮扶的家庭提供"一对一"专业服务。目前,家庭社工专业服务已全面覆盖至36个街镇。

### 2.分类施策,专业服务主动关爱干预家庭

家庭社工专业服务重点关注沉默少数,服务弱势家庭,做实于细微处、进家门、见真情、有温度的服务,通过开展挂牌服务、开通"家庭社工信箱与热线"、设立"家庭社工接待日"等,免费向社区家庭提供婚姻家庭等方面的咨询和指导。一是针对社区危机家庭开展及时转介。围绕家庭能力建设,建立妇工、社工、义工三方联动的"一站式"危机转介平台,对于一些面临家暴、家庭纠纷等危机的家庭实时转介,提供专业服务,及时干预,提高其处理家庭危机的能力,增强家庭安全系数,完善家庭功能。以政社合作、专业服务的介入方式,实现"精准"服务。二是针对社区信访家庭开展介入服务。凝聚了一批具有法律、心理、家庭教育、社会工作等方面经验的专业团队,参与到妇女维权和婚姻家庭矛盾调处的项目服务中,以服务为手段,以专业为支撑,联合化解信访突出矛盾,多维度关心帮

助服务对象，帮助信访家庭修复家庭功能，回归理性诉求，助力维稳服务。三是针对社区困境家庭，开展日常关爱。通过开设幸福家庭训练营、搭建"雏鹰助飞"自助互助平台等，围绕家庭生活管理、亲子关系、夫妻关系等主题开展家庭综合服务，传播幸福家庭建设理念，教授相关技巧，提升家庭应对问题的能力，对困境家庭开展持续性、常态化的帮扶。2019年，共计走访家庭5670户次，其中包括家暴等危机家庭109户、信访家庭30户、重症家庭680户、困境家庭899户等；持续跟踪的个案服务家庭近300户。

### 3. 提升能力，培育队伍积极参与社会治理

家庭社工专业服务把专业家庭社会工作理念引入各级妇联组织。第一，扎实开展三级妇联干部增能培训，提高妇女工作者服务社区家庭的能力。第二，积极培育社区自治力量，已培育"爱义妈妈团""花样阿姐""多彩丽人"等自助互助团队27支，从助人自助到自助助人，让社区自治动起来、活起来。同时，在"缤纷社区"和"美丽庭院"建设中，发挥"巾帼督导团"等自组织力量开展各类主题实践活动，带动广大家庭积极投身浦东美丽家园建设，参与社区治理，促进社区共融。2019年，开展79场街镇妇工增能培训，432场社区家庭活动，参与活动人次达2万以上。在扎根社区、推进服务中，家庭社工进一步做实了"妇工、社工、义工"三工联动的家庭服务工作机制，推动了家庭治理与社区融合发展的有效实现。

## 三、启示

### 1. 做好家庭社会工作，要始终强化政治担当

家庭工作关联着党和政府工作大局，也关联着社区家庭的幸福生活；既是妇联工作的传统阵地和优势领域，也肩负着引导女性发挥在社会和家庭中"两个独特作用"的新时代使命。妇联组织要主动将对家庭的服务纳入重点工作范畴，通过覆盖、凝聚、服务，带动更多的女性和家庭，把党和政府的关心、温暖传递到基层。

### 2. 做好家庭社会工作，要注重坚持问题导向

家庭工作是党交给妇联的一项重要任务，妇联组织要认真研究家庭领

域出现的新情况新问题，积极回应人民群众对家庭建设的新需求新期盼。通过家庭社会工作专业服务化解家庭危机，同时维护社会和谐，彰显妇联的政治性、先进性和群众性，为如何更加及时、更加有效、更加科学地回应家庭问题、参与社会治理提供有益借鉴。

### 3.做好家庭社会工作，要积极动员社会参与

在社区家庭日趋多样多变多维的形势下，妇联组织必须积极动员社会力量多做统一思想、凝聚人心、化解矛盾、增进感情的工作。家庭社会工作专业服务需不断加强专业工作者队伍建设，链接更多社会资源，促进多方协同联动，以更好服务社区家庭。

# 全力打造城市"家庭会客厅"

## 浦东新区妇联

2019年以来，浦东新区认真贯彻习近平总书记关于"注重家庭、注重家教、注重家风"的重要指示精神，积极践行"人民城市人民建，人民城市为人民"重要理念，扎实推进新时代文明实践中心建设，围绕全国妇联"家家幸福安康工程"和上海市儿童友好社区创建试点工作要求，区妇联在市妇联的直接关心，区文明办的悉心指导，浦江办、潍坊新村街道党工委、哈哈炫动卫视等的大力支持下，于2019年底揭幕了位于黄浦江东岸滨江8号望江驿的"和美·家庭会客厅"（以下简称"家庭会客厅"）。家庭会客厅的打造坚持"三个突出"：突出共建共享、突出价值引领、突出开门聚力，努力使这一空间成为对外展示浦东妇女儿童家庭时代风采、探索创新公共空间的家庭工作、创建有影响力的儿童友好社区示范点的特色阵地，成为市民群众共建共享美好空间的打卡点。

## 一、主要做法

**1. 突出共建共享——我的会客厅，我来当主人**

8号望江驿在主题确定过程中召开了多次征询会，听取各方意见，最终明确了"家庭会客厅"的主题，并取名"和美"，寓意家庭和睦美满，家家幸福安康。家庭会客厅的建设，社区家庭体现出了前所未有的参与热情，空间中的"驿鹿阅读角""童心童绘墙""共建图书架"等，都是来自社区家庭、区域单位的共建共享。为了让全区更多的家庭分享家庭成长喜悦，贡献社区自治经验，共建属于人民自己的世界级会客厅，"我的会客厅，我来当主人"公益志愿家庭招募活动同步开启，邀请全区有志家庭来到望江驿8号，共谱浦东好家风。2020年以来，已有来自全国"最美家庭"、"故事妈妈"家庭、孔子后裔家庭的"不一样的生日会""二宝甜蜜故事分享""遇上儒风好时光"等活动陆续开展……家庭会客厅正在成为全区家庭共建共享共治的公共活动空间。

**2. 突出价值引领——倡扬好家风，培树家国情**

积极发挥家庭会客厅的宣传阵地的作用，讲好"最美家庭"故事，进一步弘扬和践行社会主义核心价值观。会客厅主展示区是各级各类"最美家庭"的风采展，扫一扫照片中的二维码，家庭故事就会跃然屏幕。春节前夕，上海最美家书展览进驻家庭会客厅，向往来游客讲述家书背后的温情故事，展示字里行间的浓浓情谊，为春节增添文化味。2020年6月，望江驿重新开放以来，多封抗疫家书全新亮相，一封封家书，记下了疫情期间，一个个家庭最真实的抗疫故事，为上海最美家书展增添了新的吸引力，也让大家深深感受到小家大爱的抗疫情怀。

围绕浦东开发开放30周年，区妇联和区文明办共同推出"家在浦东"主题实践活动，家庭会客厅作为活动的平台，导入家庭城市微旅行的概念，邀请孩子们和父辈一起用脚步丈量浦东，一路走进浦东开发陈列馆、傅雷图书馆、张闻天故居等，探寻浦东开发开放的历史脉络，让"爱浦东、爱我家"的理念深入每个家庭，培育和树立良好的时代好家风。同时，积极开展"红色家庭日 家庭学四史"活动，探索以家庭为对象的基层"四史"学习教育新模式,通过设立"四史"主题阅读区、推出"四史"小剧场、开展主持人"四史"绘本导读、开设情景微党课等,引入名人名家进家庭会客厅,与社区家庭互动,一起重温历史、展望未来,让"四史"教育走进千家万户,用历史精神感召人、陶冶人、教育人。

**3. 突出开门聚力——做大朋友圈,服务送进来**

每月,家庭会客厅活动排片表中,有社区群众自发的阅读指导、有最美家庭的公益服务、有中外家庭的社区活动、有媒体的电视节目录制……可以说家庭会客厅既是服务于社区家庭的共享客厅,也是居民们感受家庭温暖的打卡点。自揭幕以来,区妇联吸纳各方优质资源,在家庭会客厅的平台上还推出了"幸福在线"维权服务、"护航少年联盟""百万家庭文明行"主题实践活动、区域化共建单位的社区微党课等,开门打造属于老百姓自己家门口的公共服务客厅。

家庭会客厅的日常运营也得到了社区居民区、"两新"组织、辖区单位、机关事业单位等的大力支持。仅2020年上半年,已累计有300多名志愿者参与服务,日常全天候不间断地来做家庭会客厅的志愿者,为家庭会客厅的正常运行做好保障服务。在微博上,志愿者开通了"蒋奶奶在家庭会客厅"的账号,记录着在家庭会客厅发生的点滴故事,也见证了这座城市的温馨与美好……

## 二、工作启示

**1. 家庭会客厅建设要始终坚持服务大局、统筹发展**

要深刻把握浦东发展要求和时代潮流,把家庭会客厅建设放在推进新时代文明实践中心建设、特大城市的特大城区治理体系和治理能力现代化的大格局下谋划思考,加强与"家门口"服务体系、"城市大脑"等社会治理、城市治理平台功能复合、协同联动、优势互补,与各项改革措施和具体工作相互融合嵌入,确保系统设计、科学谋划、一体推进。

**2. 家庭会客厅建设要始终强化党建引领、凝聚人心**

坚持把党建引领作为一根红线贯穿家庭会客厅建设始终。坚持问题导向,聚焦群众所思所想所盼,在解决问题和服务群众中教育引导群众。坚持需求导向,精准把握不同地域、不同群体的实际需要,满足人民日益增长的精神文化生活需求。坚持效果导向,创新工作理念和方式方法,发挥家庭会客厅统一思想、凝聚人心、增进情感、激发动力的作用。

**3. 家庭会客厅建设要始终突出社会协同、开门聚力**

在社区家庭日趋多样多变多维的形势下,家庭会客厅必须积极动员社会力量参与,创新服务模式,多渠道、多方式地为需要帮助的家庭提供支持服务,链接更多社会资源,促进多方协同联动,保障家庭服务的可持续性,做好事、解难事、办实事,以更好服务社区家庭,推进共建共治共享的社会治理新格局。

下一步,浦东新区妇联将持续推进家庭会客厅建设,进一步加强系统性规划,发挥家庭文明建设的基础性、引领性作用,增强政治意识,激发精神动力,提升文明水平,全力推进浦东家庭文明建设再上一个新的台阶,引领广大家庭在践行新时代家庭观中创造更加幸福的生活。

# 打造"爱·陪伴"亲子阅读生态系统

*杨浦区妇联*

## 一、活动背景

亲子阅读在家庭教育中有着深远意义,根据全国妇联、上海市妇联"家家幸福安康工程"对家庭教育的工作要求,上海市杨浦区妇联在致力于打造"爱·陪伴"社区家庭教育工作品牌的过程中,高度重视杨浦区"爱·陪伴"亲子阅读生态系统的建设与完善。如今,经过多年上下一心的共同努力，"爱·陪伴"亲子阅读生态系统已经成为培养孩子良好的阅读习惯、构建融洽的亲子关系、为孩子扣好人生第一粒扣子的重要载体，发挥着指导和促进家庭教育的积极作用，惠及全区乃至全市的数万亲子家庭。

杨浦区"爱·陪伴"亲子阅读生态系统是杨浦区妇联、区妇女儿童活动中心充分发挥其"4+1"核心优势，以亲子家庭为核心人群，为充分满足其亲子阅读的需求而量身打造的生态化服务体系。杨浦区妇联、区妇儿中心充分整合社会资源大平台和市、区、街道、居委四级妇联组织四级网络优势，打造了"阵地打造→社区自治→专业团队→绘本资源→线上服务→公益赋能→活动载体"核心服务链，从建立社区绘本馆、培育故事妈妈队伍、筛选绘本书单、设计推广亲子阅读指导课程、开展绘本漂流募集、开设亲子阅读专栏、成立亲子阅读联盟，到举办亲子阅读大赛、亲子嘉年华等一系列项目，让杨浦区的亲子阅读服务形成有效闭环，多样化、立体化地丰富了亲子阅读服务平台建设，以高质量的服务、愉悦的阅读体验吸引了广大杨浦群众的参与。

杨浦区"爱·陪伴"亲子阅读生态系统辐射全区各基层妇女之家、睦邻中心、园区、商区等，形成政府、企业、社会组织、社会公众多方合作的亲子家庭阅读服务创新平台。据不完全统计，自2018年至今线下杨浦区"爱·陪伴"亲子阅读生态系统直接服务4万多人次，线上服务近22万人次。

## 二、主要做法

### 1.精心打造阵地，让阅读成为"悦读"

2018年6月，杨浦区启动"爱·陪伴"家庭亲子阅读项目，以杨浦区妇女儿童活动中心为核心的首批6个社区绘本馆试点开馆，2019年扩展至29家，为广大社区家庭就近提供优质的绘本阅读场所。区妇儿中心指导各社区开展亲子阅读服务，定期投放优质的绘本读物及绘本课程，并将父母学堂、亲子阅读、亲子创意美术、亲子运动等受社区家庭欢迎的家庭教育服务送到基层，让亲子家庭可以在社区绘本馆里体验阅读的快乐，也可以通过相关延伸活动了解更多亲子阅读、科学育儿的知识。

**2. 发挥社区自治能量，故事妈妈聚人气**

区妇儿中心积极发挥公益妈妈力量，成立故事妈妈队伍，仅区级层面已培育50多名故事妈妈，推出"小故事，大道理"亲子阅读课程，凝聚社区中热心公益、对亲子绘本阅读有心得的妈妈们，为社区亲子绘本馆提供公益课程。大力开展亲子社群建设，并在已建立的亲子阅读群里线上开展家长培训、提供亲子服务信息，做到精准服务。

**3. 创新借力，联手专业团队提升父母育儿理念**

区妇儿中心与宝宝树、壹家绘本馆等第三方专业服务机构合作开发设计亲子阅读指导课程送入绘本馆和社区，近百场课程从认知能力、习惯养成、社会情感、逻辑思维等方面系统培养父母在亲子伴读中应该掌握的技巧和能力。同时，区妇儿中心为各社区绘本馆配置的每一本绘本都是由国内知名专家学者结合心理学、教育学、图书馆学、童书翻译、语言学等学科理论与实践，历时半年从6000本图书中层层严选而来，最终呈现在小读者的面前，供亲子共读。

**4. 凝聚社会力量，丰富绘本资源**

实践发现社区绘本馆中最缺的就是绘本，为了解决这一难题，中心一是积极发挥社会力量募集优质绘本，区妇儿中心与区少儿图书馆合作，将下架绘本充实进社区绘本馆，目前已有1300本图书送到社区；二是发动杨浦区女企协、区内企业以及区妇联界别政协委员等企业、个人和组织向杨浦区社区绘本馆捐赠了价值48300元的绘本和3000多册图书送到社区；三是联手杨浦区融媒体中心、达达集团等打造"爱陪伴——童绘杨浦绘本漂流公益项目"，形成政府、企业、社会组织、社会公众多方合作募集绘本的亲子家庭阅读服务创新平台。

**5. 公益赋能，亲子阅读联盟增强辐射力**

2019年6月1日成立了杨浦区亲子阅读联盟，集合个人、亲子家庭、社会组织、企业等社会力量，不断扩大杨浦区亲子阅读项目的影响力和覆盖面，助力"全民阅读"活动。一年间，区妇企业家协会、爱绿教育集团、海芽家庭教育服务中心、缘聚青年社工师事务所等各方力量联盟为社会、为家庭提供了许多资源。2020年杨浦区政协妇联界别委员、区建设银行杨浦支行、区控江幼儿园、启迪之星、极橙儿童齿科等力量又加入到亲子阅读联盟中，继续挥洒公益的热情与社会关爱，进一步扩大杨浦区亲子阅读项目的影响力和覆盖面，为公益事业贡献力量。其中，推动中国建设银行杨浦支行在网点建设了爱陪伴亲子阅读角，作为社区绘本馆的扩充，服务周边群众。

**6.创新线上服务，打造虚拟书屋**

与亲子阅读大赛获奖家庭小牛筋妈妈合作在杨浦区妇联微信公众平台上开启"智'绘'陪伴"家庭教育专栏，并与亲子阅读项目合作方联手每周推出采访家庭亲子阅读、家庭教育专栏推文。

**7.亲子阅读大赛，让孩子收获成就感与自信**

自2018年起，杨浦区妇联、区妇儿中心举办的亲子嘉年华&亲子阅读大赛成为杨浦每年传统亲子家庭大型活动，让亲子阅读有了更大的展示平台。2019年3~6月，举办"智绘陪伴·让爱不凡"第一届亲子阅读大赛，近500户家庭报名。其间开展四天商业中心快闪店招募，7场免费线上线下参赛家庭亲子阅读培训，在四个社区点位举办预选赛，并于"六一"期间在长阳创谷举办亲子嘉年华&大赛决赛，吸引500多组家庭2000多人观摩。活动在《新闻晨报》、《青年报》、《新民晚报》、新浪、东方网、网易、腾讯、凤凰网等各大媒体报道，总曝光量达1217万次。2020年2~6月，举办"智绘陪伴·为爱守护"第二届亲子阅读大赛。大赛主题为"智慧陪伴·为爱守护"——我们都是战"疫"守护者，鼓励亲子家庭阅读以"爱"为主题的绘本，让孩子从小学会感恩，学会守护，学会关爱他人。一百多个视频作品上传，活动总访问次数近20万，达到了广泛宣传亲子阅读的效果。创新地将整个6月定义为"亲子陪伴月"，开展了亲子阅读大赛复赛、晒晒我的小书房、绘本"换"新、梦想许愿树等线上线下活动，并于端午期间，在上海时尚中心举办亲子嘉年华&大赛决赛，现场吸引了3万多人次。活动在《中国妇女报》、《文汇报》、《青年报》、《新民晚报》、爱奇艺、网易、优酷等各大媒体报道，总访问量超1331万。

### 三、工作成效

一是社区受众多。杨浦区妇儿中心"爱·陪伴"亲子阅读服务吸引了大量社区年轻家长和祖辈家长，推动了科学育儿理念和知识的传播。据不完全统计，2018年至今，线上活动总访问次数近22万次，线下活动吸引4万余人次参与。

二是服务收效好。"爱·陪伴"家庭教育服务品牌为社区广大家庭提供了全面、科学的亲子阅读、家庭教育服务，深受社区家庭欢迎，让孩子从小爱上阅读，让杨浦亲子家庭的阅读活动有了很大提升。活动多采用微信抢票形式开展，很多活动都是一票难求。

三是公益力量强。"爱·陪伴"亲子阅读生态系统创新打造政府、企业、社会组织、社会公众多方合作的公益平台，汇聚了杨浦区融媒体中心、女企协、妇联界别政协委员、宝宝树、达达集团、建设银行杨浦支行、爱绿教育集团、控江幼儿园教育集团等几十家公益力量，并培育了大批社区公益妈妈。

四是社会关注度高。中国新闻网、《中国妇女报》、《中国妇运》、《新民晚报》、《文汇报》、《青年报》、东方网、爱奇艺、优酷、杨浦有线、《杨浦时报》等全国、市级、区级媒体对各类活动做了报道，传播面广。

# "邻家母亲"助力困境儿童健康成长

### 浦东新区川沙新镇妇联

为贯彻落实习近平总书记关于"三个注重"重要指示精神，推进实施"家家幸福安康工程"，川沙新镇妇联积极联动社会力量，引导推进家庭家教家风工作。在做好普惠型服务的同时，聚焦困境儿童家庭需求做好家庭建设指导工作，将家庭家教家风工作落细落小落实。

## 一、产生背景

川沙新镇妇联自2013年5月启动实施"邻家母亲"项目，历时7年，持续服务辖区内缺失母爱的困境儿童。因在走访过程中发现不少孩子因为母亲病故、犯罪服刑、离异等原因缺失母爱，发动妇女干部与辖区内的92名失母孩子一对一结对，为孩子们弥补缺失的母爱，给予生活关心、精神陪伴、思想引领等关爱，帮助他们健康成长。

和普通家庭相比，项目中结对的这些困境家庭的社会支持系统普遍较弱，由爷爷奶奶承担日常照护责任的占了大多数，更迫切需要外部支持。不少妇女干部反映，孩子家庭的生活习惯和家庭成员的沟通模式存在不少问题，长此以往，在孩子青春期阶段表现得尤为明显。因此，指导帮助这些家庭建立正确的教育理念，让家庭回复本该有的教化功能，是"邻家母亲"项目近几年着力的方向。

## 二、主要做法

结合日常走访和项目末期结项评估，开展服务满意度和需求调研，为更好地回应需求，围绕家庭文明建设指导探索实施三大措施。

### 1. 多方力量联动，夯实家庭"第一课堂"功能

第一，针对结对妇女干部的增能问题，开设"邻家母亲下午茶"沙龙。根据孩子年龄段划分推出主题沙龙，帮助"邻家母亲"志愿者更好地了解沟通技巧，以便提供精准服务；围绕现实难题展开头脑风暴，或寻求个性化指导服务。在专业社工师的引导下，新结对的孩子与"邻家母亲"亲密互动，建立情感联结。

第二，针对隔代教养问题，持续推出"幸福+"家庭教育沙龙。镇妇联与上海幸福家庭服务中心合作，通过送教到"家门口"婚姻家庭关护站点和社区家长学校的方式，指导帮助孩子的监护人建立正确的教育理念和沟通模式，摈弃错误的育儿观念，引导孩子和家人真诚对话。

第三，针对孩子行为偏差矫正等个体需求，提供"幸福家"营造方案。为缓解和化解因家庭观念、家庭结构新变化带来的家庭矛盾突出问题，镇妇联与浦东新区女律师联谊会、上海乐群社工服务社等组织合作，提供法律支持、家庭社工介入等个性化服务。如在处理"米米"（化名）逃学的案例中，结对的妇女干部和家庭社工做个案走访不下20次，承担起与孩子平等沟通的"知心姐姐"的角色、与家庭成员深度交流的"引导员"的角色，在平衡优化孩子与家人的关系、促进家校协作中发挥桥梁纽带作用。

### 2. 立足社区实践，引领价值认同

第一，"小义工"走出家门，捧起爱的接力棒。每年结合端午、重阳等传统节日，在村居妇联干部的组织陪同下，让孩子们更多地参与慰问社区孤老等社区公益活动，让他们感受到助人带来的满足感和成就感。

第二，着眼正向引导，积极链接共建联建资源，提升价值引领。在区法院和区女律师联谊会的支持下，"小小法官体验营"顺利开展，引导孩子们敬重生命、敬畏法律；在上海海事大学的支持下，即将年满18周岁的结对孩子在船舶专业的职业体验中完成"成年礼"，寓意扬帆起航。在"邻家母亲"陪伴下，让孩子们融入日常活动，与其他社区家庭一起学习和体验。如开展"庭院四季如春"社区自然教育，在春耕、秋收中懂得感恩。以"为家庭谋幸福、为他人送温暖、为社会作贡献"为目标，为孩子们打好思想道德和人格基础。

### 3. 共建共享家庭文明新风尚，培树良好家风

第一，川沙新镇是有着450多年筑城史的古镇，有着内史第、古城墙公园等多处传颂名人家训家教故事的爱国主义教育基地，结合儿童友好社区创建，将古镇红色资源串联起"儿童红色研学路线"，引导孩子们崇德向善、见贤思齐。每年的传统节庆日，邀请书画、摄影名家将墨香雅韵送入社区家庭，举办"红色家庭日"艺术家进社区、"最美家庭"故事分享会等主题活动，推动形成传统文化感染人、家教家风激励人的文明新风尚。

第二，助推美丽庭院建设中，积极引导包括这些困境儿童家庭在内的家庭户，从美化环境、传承家风文化入手，自觉行动，不断深化家文化建

设的精神内涵。

### 三、基本成效

从队伍建设而言，作为"邻家母亲"的妇女干部从最初出于完成工作任务，到变为一种习惯，发自内心地自愿投身其中，影响和带动自己的孩子去关怀身边需要帮助的群体，在这个过程中和孩子们实现了共成长。

从慈善公益导向而言，促进了社区家庭参与，弘扬了大爱。在社会爱心人士的帮助下，孩子小飞（化名）的卧室得到了改造；突发大病的小宇（化名），在众人接力下很快筹得了医疗款，得到了有效救治。尤其令人感动的是，受助家庭的反哺意识进一步增强。在2020年抗疫期间，结对孩子的家人参与服务基层防疫第一线，结对的孩子小毕主动拿出零花钱向市儿基会定向捐赠，以回馈政府和社会的关爱。

从项目的外部效应而言，"邻家母亲"项目曾获"2016年度浦东新区十佳志愿服务项目"荣誉称号，2019年经市妇联推广，在全市实施"邻家母亲"项目。

# "道德评议台"评出好家风，引领好风尚

*黄浦区南京东路街道*

### 一、背景

党的十九届四中全会《决定》提出："注重发挥家庭家教家风在基层社会治理中的重要作用。"家庭是社会的细胞，是国家发展、民族进步、社会和谐的重要基石，也是基层社会治理的重要基础。多年来，南京

东路街道以家庭家教家风为抓手,紧密结合培育和弘扬社会主义核心价值观,以社区"道德评议台"为载体,将个人品德、家庭美德和社会公德等融入社区具体工作中,营造了弘扬家庭美德、树立优良家风、汇聚文明风尚的良好氛围,推动了"自治、共治、德治、法治"的社区治理创新探索和实践。

## 二、主要做法

自2000年黄浦区南京东路街道江阴居民区探索创设"道德评议台"起,20年来,南京东路街道坚持在各个居民区中推广此做法,通过"建立一个宣传阵地、组建一支评议队伍、树立一批先进典型",以"身边事"教育"身边人",以"评他人"促"省自身"的方式,使社区居民在潜移默化中实现自我教育和监督,传承向上向善的家庭美德、弘扬新时代文明风尚,引导居民发挥社区主人翁的作用,积极参与基层社区治理。

从"评他人"到"省自身"。"道德评议台"的建立,让居民厚德修身、家庭崇德向善、社区和谐稳定建设,有了生活化场景和具体化载体,为社区培育和践行社会主义核心价值观奠定了主旋律。居民群众通过对社区出现的家庭不和谐、行为不文明等问题展开讨论、评议,在个案中接受教育。在一次以"发扬尊老爱幼的中华传统美德"主题板报上,登出了一对父子因家庭琐事发生肢体冲突后导致父亲受伤的事件,此板报引发了小区居民热烈的讨论。在调解矛盾的过程中,相互评论、相互监督的舆论声音,不仅让当事人受到了教育,许多居民也对自己、对家庭教育问题进行了深刻反思,起到了有则改之无则加勉的作用。

从"居委干"到"群众做"。"道德评议台"从一开始居委会干部主导推动,到越来越多的居民担当起"观察员"的职责,针对小区居民关注的难点、亮点问题,收集汇总素材、挖掘社区好人好事,慢慢地从选材、编辑、审稿、定稿到最后刊登,全部由居民群众独立完成。这支"道德观察员"队伍不断壮大,不仅吸引了小区居民参加,辖区社区单位也加入了进来,把传统家庭美德、社会文明风尚宣传延伸到社区更多的领域。在家长的带动下,很多小朋友也加入其中,成立了"小小道德观察员"队伍,小朋友通过自己的眼睛去观察、用自己的耳朵去倾听社区里每天发生的大事小事，这不仅成为小朋友学习成长的过程，更是来自社区教育实践的生动课堂，真正推动形成了从个人到家庭，共同参与社区事务，从而实现自我教育、自我管理的自治氛围。

从"树榜样"到"做榜样"。为了树立榜样形象，传递社区里的正能量，"道德评议台"开设"每月一星"栏目，针对社区居民身边的好人好事进行宣传报道。久而久之，社区内的居民们常会主动向居委会、道德观察员们提供好人好事的事例，推荐自己心中的"星人物"，对待他人不再吝啬自己的赞美和夸奖，小区邻里氛围不断融洽。"道德评议台"通过以点带面，讲好新时代的家风故事，用良好的家教家风涵育道德品行，涌现出了一大批尊老爱幼、男女平等、夫妻和睦、勤俭持家、邻里团结的"最美家庭"。他们有的敬老爱老、传承孝道；有的热心公益、积极助人；有的自觉践行绿色生活方式；有的在言传身教中传递向善向上的道德风尚；有的在潜移默化中涵养朴实无华的良好家风。

### 三、基本成效

"道德评议台"从居民对身边事的看法和反响着手，鼓励居民积极参与评论、参与管理社区事务。"道德评议台"既是褒扬先进的"闪光台"，也是小区不文明、不和谐行为的"曝光台"，更是强化家庭德育，弘扬文明新风尚，推动基层社会治理的"大舞台"。通过对家庭矛盾、邻里纠纷、日常行为等举一反三的宣传教育，引导居民自我教育、自我升华，自觉执行文明公约和道德规范的同时，带动身边人、影响周边人。

"道德评议台"将个人、家庭和社会有机联系起来，有效推动了新时代家庭家教家风工作。居民从旁观者到参与评论、到愿意向身边人讲述家庭的故事，是与社区建立信任、深入参与社区的一大步，体现了小区居民对"道德评议台"的认可，畅通了社会正能量在个人、家庭和社会之间的传递通道。居民提升自我道德修养、培育正气家风，积极参与弘扬社会新风行动的意愿不断增强，形成了良性循环的社区氛围。

"道德评议台"紧密结合培育和弘扬社会主义核心价值观，以好的家风支撑起好的社会风气。通过家庭良好的家风家训，引领广大家庭成员树立夫妻和睦、尊老爱幼、科学教子、勤俭持家、邻里互助的文明理念，弘扬文明新风尚，培育和践行社会主义核心价值观，"道德评议台"以小家庭的和谐共建大社会的和谐为主线，凝聚了居民群众对家庭文明建设的新需求新期盼。

良好的家风、家教、家训既是培育和传承中华传统美德最直接的方式，也是弘扬和践行社会主义核心价值观最重要的手段，在加强和创新基层社会治理中发挥了涵养道德、厚植文化、润泽心灵的德治作用。"道德评议台"这一载体顺应了居民群众参与基层民主自治的意愿，让新时代家庭家教家风建设在社区有了可视化的推动平台，为基层社会治理开辟了新路径。

# "复刻幸福家庭基因"项目参与社会治理创新

## 静安区芷江西路街道妇联

上海市静安区芷江西路街道是一个变化、发展、前进中的老城区，淳朴的民风、家风孕育出了许多"最美家庭"，这些优秀家庭犹如一面面引领社会文明风尚的"鲜红旗帜"，引领芷江西人崇德守法、向上向善，为推进社区发展提供丰富的道德滋养。

为了引导广大社区家庭学习"最美家庭"、争做"最美家庭"，涵养好家教、培育好家风，积极推动社会主义核心价值观在家庭生根，推动形成社会主义家庭文明新风尚。芷江西路街道妇联创新开展了"复刻幸福家庭基因"项目，动员社区家庭力量参与社区治理创新，着力推广家庭幸福的答案。

## 一、深入探访、家风挖掘，奠定复刻幸福家庭项目的基石

*深入社区，了解家庭*。在各居民区的协助下，"复刻幸福家庭基因"项目通过两个月的时间走访社区内100余户"最美家庭"，了解家庭的家风、家训，为"复刻幸福家庭基因"项目的开展奠定了基础。

*多元活动，传承家风*。以传承好家风为出发点，开展"幸福家庭故事分享会""亲子家庭主题墙绘""绘制最美家庭漫画故事""最美家庭擂台赛"等主题活动，推动形成爱国爱家、相亲相爱、向上向善、共建共享的社会主义家庭文明新风尚。

*深入研究，雏形初现*。如何宣传家庭的优良家风？家庭最有发言权。社区许多家庭在传承家风中都有一套好的做法，同时也乐于总结和分享他们的家风故事。如何进一步发挥他们的主观能动性，借政府之手撬动社会力量，在家风家训总结和传承中发挥力量，"幸福家庭研究会"应运而生。

## 二、挖掘故事、总结规律，寻求家风家训良好基因

*全方位挖掘"最美家庭"*。幸福家庭研究会成员和项目组成员一起，深入居民区和社区家庭，了解社区家庭情况，配合妇联开展"最美家庭"擂台赛，使"最美家庭"的"挖掘"活动根植社区、影响家庭，走出了一条家庭自荐、群众发现、群众推荐、家庭展示、群众宣传的"最美家庭"创建之路。

*深层次总结幸福规律*。作为介于街道和居民区之间的"草根"组织，幸福家庭研究会成为"复刻幸福家庭基因"项目的中坚力量。这些热心社区事务的"最美家庭"成员，在项目组的指导下，逐步成为一个规范化运作的民间组织。他们有着完善的工作计划、运作规章，配合街道、居委、社会组织，不断挖掘社区内的幸福家庭，并分析这些家庭的幸福基因。发生在一个个"最美家庭"里的温暖故事，积淀着丰富的文化内涵和道德力量。在分析研究了大量的社区家庭的家风家训故事后，研究会成员为不同类型的家庭总结家风规律：夫妻要互相欣赏、彼此成就；亲子要尊重差

异、平等互动等,这些总结出来的幸福家庭基因也在一次次的社区宣讲中让社区居民入耳、入心。

**多形式宣传幸福基因。**每月举办一次幸福家庭故事分享会,每年拍摄一部最美家庭宣传片,由幸福家庭研究会成员协助家庭整理家训,汇编家风家训小册子,并将特色家庭的家训制作成卷轴,送给家庭悬挂收藏。幸福家庭研究会成员协助项目工作人员挖掘、归纳、整理汇编"最美家庭"故事集,一个词,一句话,一个故事,一段记忆,都是家风、家训的载体和表现形式。通过"最美家庭"故事集的发放,在社区掀起弘扬家庭传统美德的热潮,进一步引领更多家庭传承好家风好家训。为了更好地宣传"最美家庭"的故事,项目组还精选了部分家庭故事,制作成小人儿书,以简单有趣的形式,激发大家争创"最美家庭"、学习"最美家庭"的浓厚氛围。

### 三、塑造家风、传承家教,探索家庭融入社区治理新模式

为了更好地让幸福家庭的基因传递到社区更多的家庭,"复刻幸福家庭基因"探索开展了"幸福家庭故事分享会""我的传家宝主题微访谈""亲子家庭自制墙绘"等主题活动。许多家庭从听别人的故事到分享自己的故事,从分享自己的故事到帮助他人解决家庭矛盾,项目经历了"了解—分享—服务"三个阶段,从宣传推广家风家训到引领家庭参与社区治理的新模式也正在被探索着。

"复刻幸福家庭基因"项目以"家文化"为特色,大力抓好"家文化进家庭"活动,围绕"家文化",围绕"传递爱、表达爱"主题,召开晒家规家训幸福家庭座谈会、幸福家庭故事分享会。在街道旧区改造等重点工作中,将幸福家庭故事分享会搬到了旧改基地,邀请成功签约的家庭为大家讲述他们的亲情故事,激发未签约居民以亲情为重,先签约后化解矛盾,有效推进了旧改征收工作的有序开展。举办"我家的传家宝"微访谈活动,收集社区居民的传家宝,向大家分享了社区居民的传家宝故事以及由此引发的家风家训的时代传承。依托《芷江西社区报》开辟芷江人家专栏,每期刊登一个"最美家庭"的故事,让"最美家庭"的故事家喻户晓,让更多的群众感悟家庭幸福,传递最美真谛。开展幸福家庭绘芷江的

活动，通过亲子家庭共同创作好家风墙绘活动，让家庭参与扮靓社区。通过开展各类亲子活动，吸引亲子家庭走出家庭，融入社区，共同参与低碳环保、美丽家园建设、文明劝导等志愿服务活动，倡导科学、文明、健康的生活方式。引导家庭成员从自己做起、从家庭做起，携手共建美丽新芷江。

"复刻幸福家庭基因"项目的开展，让芷江西社区家庭在活动中晒家庭幸福生活，议良好家风家教，讲家庭和谐故事，展家庭文明风采，秀家庭未来梦想。在项目的引领下，社区家庭在关爱家人中融洽亲情，在守望邻里中传递友善，在奉献社会中收获快乐。

江 苏

# 专业、精准开展社区家庭教育支持行动

南京市江宁区妇联

## 一、产生背景

为贯彻落实《江苏省家庭教育促进条例》，落细落实"家家幸福安康工程"，省妇联试点开展社区家庭教育支持行动，探索构建"社区全域、父母全程、家庭全类型"的三全家庭教育指导工作模式，为基层治理注入一股强劲鲜活的"家"力量。无论是将专业色彩寓于丰富活动，推动家社校一体共育，还是结合社会力量，有针对性地开展志愿服务，在扎实调研后精准施策，将教育送到家家户户门口，南京市江宁区三个试点街道充分结合自身特点，通过建立完善家庭档案、打造特色活动、提升工作队伍专业素养，营造"推门可见、社区可感、家家参与"的社区生活化家庭教育氛围，交出自己的特色答卷。

## 二、主要做法

### 1.麒麟街道——趣味与专业并进

被确立为全省社区家庭教育支持行动试点街道后，麒麟街道组织开展了一系列精彩活动，家庭教育领读计划——"动听的故事，甜蜜的晚安"睡前故事比赛便是其中一个亮点。街道从86个睡前故事中，评选出42个入围，并在街道微信公众号推送。"六一"期间，鼓励孩子们用线条与色彩勾勒出自己对国与家的热爱，最终从收集到的近200幅画作中选出获奖作品18幅，在区红十字会现场会上举行了画展和颁奖，通过这次比赛不仅让孩子们的才能得到发挥，也加强了亲子间的情感联系。

为了让家庭教育支持行动更加科学化、专业化，一方面，麒麟街道妇联组织各村（社区）妇联干部观摩学习；另一方面，通过购买社会服务的形式与专业的家庭教育指导机构"亲范学堂"合作，提升志愿者们的服务技能。街道妇联还与学校对接，鼓励老师们以志愿者的身份，发挥所长，加入到家庭教育指导者队伍中来，推动家校社一体共育，给孩子健康成长全方位的保障。随着志愿者队伍充实、壮大，志愿者服务技能精进、提升，麒麟街道开展社区家庭教育支持行动也愈发专业与成熟，同时显示出了从线上落地线下的可持续性。

### 2.东山街道——扎实调研，因人施策

"保安伯伯很辛苦，请向他们问声好！""我多干点儿活儿，让妈妈休息一会儿"……东山街道武夷水岸小区里，对应的景地上都张贴着相关家庭教育宣传标语，推出充满童真的家庭教育微言微语，这是东山街道通过开展动态环境教育，营造社区家庭教育氛围的一项暖心举措。

为了更科学地推进家教普及，东山街道开展了充分的调研工作。调研结束后，街道妇联立即组建起一支专业队伍，成立街道部门、社区组成的领导小组外，还通过社区教育中心邀请市、区教育局专家前来指导，联合诚明书院、春晖、爱之旅、蒲公英等12家社会组织，发挥各自所长，对单亲、儿童、老年、残疾群体实现了服务全覆盖。针对儿童，充分发挥阵地作用，在铂悦秦淮小区打造室外和室内妇儿活动空间，室内设置图书阅览区、0~3岁儿童活动区、手工制作区等；小区中心花园则设置了儿童健身路径和儿童好行为飞行棋，让孩子们爱上户外活动。针对家长，不仅定期组织读书漂流等活动，还提供了特别的"吾伊TALK"和"吾伊+"服务。针对部分失业妈妈，更贴心地推荐她们到宁姐月嫂等机构进行专业培训，方便其再就业。对不同群体做针对性的服务指导，是东山街道妇联开展支持行动的一项重要原则，分门别类方能有的放矢，最终使家庭教育服务真正落到实处。

**3. 湖熟街道——把服务送到家门口**

"孩子父母很自卑，认为自己从小学习成绩就不好，也不要求孩子能怎么样了""家长只要孩子学习成绩好，不会让孩子参加劳动"……这是湖熟街道妇联与当地名师工作室联合开展河北社区家庭教育入户调研活动后，大家汇总出的部分问题。确定调研计划后，志愿者们分为5个小组，在河北社区13个自然村进行了全区域家庭教育现状调研，入户走访300余户家庭，生成259个有效信息数据，为后续工作找准了方向。

河北社区因特殊的地理位置和人口结构，老人带孩子的情况较为普遍，平时缺乏主动带孩子出门参加教育活动的意识。湖熟街道妇联因地制宜，将流动的家长学校送到了村口，送到了村民茶余饭后休闲娱乐的广场，并将社区家庭教育环境课程营造到了村里的家风家训长廊边，让居民随时能够享受到家庭教育公益服务，也给了家长们一个互动、交流的机会。对需要专家介入的疑难问题，湖熟街道妇联召开了指导讲座。考虑到家长来参加活动，孩子没人带，又同时准备了面向7~12岁孩子的趣味活动。

## 三、基本成效

通过完善小区动态环境教育改造，与社区教育中心共同研发入户课程，以微话题、小妙招的分享方式为社区家庭教育志愿者搭建服务平台，开展系列亲子活动，吸引更多家长参与到家庭教育行动中来，提升了家长尤其是祖父母的主动教育意识，切实加强了家长与孩子的情感联系、亲子关系，挖掘出一批乐于从事家庭教育服务的志愿者，改善了农村型社区家庭教育工作较为薄弱的现状，有效实现家庭家教家风建设的日常化、具体化、生活化和系统化。

# 开展"和谐进万家 幸福你我她"系列活动

**南通市海安市曲塘镇妇联**

## 一、产生背景

近年来,校园欺凌时有发生,青少年犯罪不容忽视,深究那些青少年犯罪的原因,父母离异、单亲家庭、缺乏良好的家庭教育等,每一个个体行为的变异,几乎都能从原生家庭中找到根源。近年来,南通市海安市曲塘镇妇联深入推进"家家幸福安康工程",建立"1+3+N"家文化建设工作新格局,即组建一支"百灵鸟"家庭家教家风宣讲队伍,打造"镇、村、家"三级家风建设教育基地,开展新时代家庭家教家风系列活动,以小家庭的和睦推动社会大家庭的和谐稳定。

## 二、主要做法

### 1."家文化"阵地建设逐步推进

一是坚持多域布点。从全局出发,对基层家文化阵地建设进行科学规划,统筹安排,利用休闲广场、公园、农民书屋等场所,积极建设家主题公园、家文化广场,打造家文化一条街、长廊、文化墙等家文化教育阵地。二是坚持重心向下。发挥退休老教师、老党员、老干部的余热作用,着力打造群众身边的家教诊所式"家长学吧",并将导航地图在南通市妇联微信平台首批上线，实现服务群众"一键通"。三是坚持载体联动。依托全镇54个"妇儿之家""姐妹微家"及644个新时代文明实践点，开展家风文化宣传推广、家风故事征集等活动，推进社会公德、职业道德、家庭美德、个人品德建设，倡导以德治家、文明立家、忠厚传家，弘扬清风正气、抵制歪风邪气。

**2.家庭文明创建活动有序开展**

一是抓实"最美家庭"活动载体。常态化开展"最美家庭"寻访活动，共寻访出"最美家庭"100余户，其中全国"最美家庭"1户、全国"书香家庭"1户，南通市"最美家庭"4户。二是抓活"美丽庭院"创建工作。积极参加海安市妇联组织的"美丽庭院（阳台）百村万户示范创建"和网络展示活动，积极倡导绿色低碳、简约适度、文明和谐的生产生活方式，引导更多妇女带领家庭成员动起来、赛起来，让庭院更美丽、村庄更整洁、家庭文明建设更有成效。三是抓好家风家教主题活动。充分发挥"百灵鸟"家风家教宣讲队伍的作用，让家风家教理念等党的创新理论飞入寻常百姓家。利用"5·15国际家庭日""六一"等时间节点，开展"弘扬好家风、礼赞新中国""草根上讲堂、你我话家风""致敬模范、德耀曲塘"等群众性活动，向全镇"五好文明家庭""最美家庭"颁发道德礼遇卡，让有"德"者有"得"，讲好家风故事，展示家庭风采，培育新时代家庭观。四是市县联动开展家庭文明活动。积极参与南通市县镇村联动开展的"家庭教育进学校、进社区、进企业"活动，合力推进"南通市家庭教育大讲坛"流动课堂进村入户，每年受益近万人。积极宣传南通市妇联独家推出的"家庭教育"微信表情专辑，生动传播科学家教理念。大力推广南通市妇联开通的"81000515"南通家庭教育公益服务热线，为广大家长提供专业的家庭教育指导咨询服务，帮助家长与孩子快乐和谐共成长。

**3.基层社会治理工作持续推动**

一是扩容延伸，打通服务妇女儿童"最后一米"。率先试点"双员双联双助"行动，建立"网格妇女骨干"工作模式，以"双员"促"双联"达"双助"。优选有精力、有情怀的党员骨干、"两代表一委员"、退职村干部、村（居）民小组长、妇联执委、巾帼志愿者、"姐妹微家"负责人、"家长学吧"负责人等基层女性工作骨干担任巾帼网格员、妇情信息员，广泛联系妇女儿童和家庭、联系社会力量，畅通了基层妇联到达妇女群众的"最后一米"。二是访议调治，推进妇女议事模式落细落实。面对家庭暴力现象，实施"访、议、调、治"四字工作法，强力推进南通妇联"1+3+N"妇女议事会"家家访月月谈"工作机制落细落地落实。每月20日前，"双员"、妇女议事会成员围绕必谈妇女儿童权益保障这一重点议题，必谈婚姻家事纠纷、家庭暴力现象、性侵未成年人案件线索三大重点议题，选议妇女儿童家庭关注的其他涉及民生议题，深入妇女儿童和家庭走访排查，对收集到的信息线索进行议事研判，精准联动律师、心理咨询师、"老舅妈"调解员等社会力量开展纠纷调处工作。对性侵未成年人案件线索和家暴强制报告事项及时向公安机关报告，性侵未成年人案件线索同时直报上级妇联。三是联合联动，激活基层社会治理"末梢神经"。积极贯彻南通市《关于在坚持和完善"大数据+网格化+铁脚板"治理机制中加强妇女儿童权益保护工作的意见》，将婚姻家庭纠纷发现报告纳入村居网格员重要工作职责，走访摸排婚姻家庭纠纷、侵犯妇女儿童合法权益案件线索等信息，对涉及妇女儿童家庭的矛盾纠纷、隐患线索实时分层分级化解处理，实现对婚姻家庭矛盾纠纷、侵犯妇女儿童合法权益案件等问题的及时发现、快速响应，推动妇女儿童维权工作与网格化社会治理深度融合。

## 三、基本成效

通过"和谐进万家　幸福你我她"新时代家庭家教家风系列活动的开展，越来越多的家庭积极参与寻找"最美家庭"活动、"五好家庭"创建，越来越多的家长重视科学家教，越来越多的志愿者参与到家庭家教家风的传播行列，社会风气得到较大的改善，家庭幸福和睦，社会和谐稳定。

# 从"邻"开始，为基层社会治理注入"家"力量

泰兴市济川街道

## 一、产生背景

济川街道地处泰兴市主城区，辖区内人口近40万人，共有村22个、社区21个。近年来，随着城市化进程明显加快，新居民不断迁入，出现大量"半熟人"，甚至"陌生人"，即居民彼此之间不认识、不熟识，社会互动较少，缺乏社区共同意识。针对新情况、新变化、新要求，济川街道妇联坚持"党建带妇建，妇建促党建"，落细落实"家家幸福安康工程"，充分发挥家庭、家教、家风在基层社会治理中的重要作用，以家庭服务为基础，以家庭教育为突破、以家风传承为引领，营造社区安居、优居、乐居好环境，为推进基层社会治理发挥了积极作用。

## 二、主要做法

### 1.以家庭服务为基础，构建"安居济川"

针对城市社区建设实际，把脉家庭需求，推动治理重心下移，变"管理"为"服务"。一是建设"和谐邻里"。设立"邻窗茶语"工作室，挖掘辖区调解骨干、乡贤、能人、在职党员等，聘请"邻里法官"参与邻里矛盾调解。结合市民学校、家长学校、道德讲堂等，"线上+线下"开展

维权宣讲,以例释案、以案释法,促进矛盾源头预防。二是打造"便民邻里"。立足居民日常"小、微"需求,借鉴传统"赶集"交易形式,开办"邻里集市",缝补维修、物品置换等传统服务随叫随到,群众收获的不仅是一次次满意的交易,更是邻里间满满的温情。三是创新"智慧邻里"。完善语音点、线上约、远程办"5880智慧服务"体系,居民足不出户"掌"上解难题,打通了便民服务最后一米。短短几年,城市社区从"邻"开始,建成为一个百姓安居、有温度的"邻里"家园。

### 2.以家庭教育为突破,构建"优居济川"

家庭教育是源头教育,家教好,源头就清澈,社会教育、社会治理的压力就会减轻。开放各类公益性设施,建设妇女儿童之家、睦邻书吧、睦邻广场等共享阵地,在开展家庭教育指导和服务中优化社区治理。广泛传播家教理念。组织学习《江苏省家庭教育促进条例》,强化居民履行家庭教育的主体责任。定期邀请教育专家开展"父母爱子七不责""不要随便摸我"等针对不同年龄段、不同主题的家教指导"栀子花讲堂"。指导优化家教实践。组织"21天亲子阅读打卡"行动,举办亲子共享读书沙龙,开展"亲子红色行""低碳骑行""想见你"亲子运动会等丰富多彩的家庭教育实践活动,在潜移默化中引导家长提升家教能力。提供家教服务支持。依托"爱之家"志愿者协会,实施乐学、乐读、乐享、乐行、乐健"五乐"举措,切实关爱社区留守、流动、贫困家庭儿童,不仅给他们物质上的帮扶,更及时弥补他们家庭教育的缺失,让孩子们在健康、快乐、优质的环境中成长。"'五乐'举措关爱'三童'行动"项目在第三届泰州市"泰苏馨"妇女儿童家庭慈善公益项目创投大赛中获得二等奖。

### 3.以家风传承为引领,构建"乐居济川"

良好家风是家庭和谐发展的内在动力,也是基层社会治理创新的重要推力。选树典型,积极开展寻找"最美家庭"活动和"书香家庭""五好家庭""美丽庭院"选拔推荐,社区居民参与积极性高,获选家庭得到居民广泛认可。做优品牌,挖掘群众认可度高的典型家庭的优良家风家训,加以提炼分类,打造济川"五彩家风"特色品牌。其中三营社区梳理出来自革命家庭"忠厚传家久、诗书继世长"的红色家风,来自美丽庭院家庭"一枝独放不是春,万紫千红春满园"的绿色家风,来自抗疫"最美家庭""我是党员,我先上"的青色家风,来自环保家庭"不因善小而不为"的蓝色家风,来自孝老爱亲家庭"老吾老以及人之老,幼吾幼以及人之幼"的橙色家风。示范引领,开展"五彩家风"典型家庭巡回宣讲,通过道德讲堂、"共济川"公众号、抖音直播等平台进行典型宣传,让典型家庭的"美丽"绽放在居民身边,可观、可感,可学习、可模仿,引领了社区、社会风气向善、向好。

## 三、基本成效

济川街道妇联从"邻"开始,探索家庭家教家风推进基层社会治理模式,目前全街道已打造了200多个睦邻点,通过"家门口"活动,拉近了社区与居民、居民与居民间的距离,提高了大家互帮互助的主动性,增强了辖区群众对社区组织的认同感和归属感,有效提升了居民群众的幸福感、获得感,并在各个层面取得了广泛认可与肯定,实实在在体现出"温度"。

浙江

# 平台一体化 服务协同化
# 浙江构建家庭建设综合平台成效显著

省妇联

浙江省妇联认真学习领会习近平总书记关于家庭工作的重要论述，贯彻落实全国妇联"家家幸福安康工程"的具体部署，把妇联的各项工作综合统筹落实到家庭领域，构建家庭建设综合平台，有力推动了新时期妇联家庭工作的高质量发展。

## 一、产生背景

改革开放特别是党的十八大以来，家庭领域出现了许多新情况和新变化，对妇联组织开展家庭工作提出了新的课题。在实践中，妇联的主要业务部室都从不同角度开展家庭建设工作，由于各部室间的工作相对独立，统筹协调不够，造成家庭工作资源比较分散，整合度、融合度不高，存在零敲碎打多、系统发力少的问题，难以满足现代家庭的多元性需求。2017年，省妇联主要领导带着问题亲自带队调研、亲自思考谋划、亲自统筹协调，提出向基层发力、向家庭发力、向网络发力的工作思路；2019年在先行试点的基础上，推进妇联家庭工作由单一模式向综合模式发展，制定下发了《浙江省家庭建设综合平台行动计划暨"家家幸福安康工程"实施方案》，在全省范围内正式开启家庭建设综合平台行动。

## 二、主要做法

**1. 聚焦问题、回应需求，搭好家庭建设"连心桥"**

坚持需求导向和问题导向，以"五大行动"搭起家庭建设与家庭需求的"连心桥"。

第一，实施家庭文明创建行动，重在突出政治引领，创新开展特色家庭创建活动，打造家风建设活动品牌，凸显家庭正向激励实效；第二，实施家庭教育推进行动，重在突出立德树人的根本任务，宣传贯彻实施《浙江省家庭教育促进条例》，全面构建家庭教育指导服务网络；第三，实施家庭平安保障行动，重在突出参与社会治理，深化"平安家庭"建设，坚持和发展新时代"枫桥经验"，稳固社会平安基础；第四，实施家庭发展共促行动，重在突出"美丽品牌"打造，开展"美丽民宿"推介活动、"美丽味道"比拼活动，发展"美丽经济"；第五，实施家庭服务提升行动，重在围绕养老、育幼等家庭需求，优化巾帼家政服务，实施家庭公益服务项目，满足妇女和家庭对美好生活的需求。

**2. 顶层发力、综合施策，打好狠抓落实"组合拳"**

一分部署，九分落实。监督推动，持续发力，打好狠抓落实的"组合拳"。

一是周密部署持续推进。出台《实施方案》《推进方案》《重点工作部署》《家庭建设工作月实施方案》等方案举措，为各级妇联有序推进平台工作提供明晰的途径与指导。截至目前，平台建设已在全省11个市、90个县（市、区）全面铺开、全线运行。二是健全制度强力护航。建立内部统筹机制，组建由省妇联主席挂帅、家儿部牵头、各部室参与的妇联工作专班；建立上下联动机制，通过钉钉、微信工作群实时统筹工作进度任务；建立宣传互动机制，开设"家庭建设综合平台工作巡展"，截至8月底，共开设"家的力量·携手抗疫""家庭文明·家风分享""家庭教育·相伴童行"等10余个特色专栏。三是集中推进巩固提升。2020年8月，全省五级妇联同步启动"浙里有爱·共筑幸福好家庭"家庭建设工作月行动，创新推出"美好生活体验进家庭""健康风尚培育进家庭""科学家教巡讲进家庭""民法典宣传进家庭""创业就业服务进家庭""代理妈妈关爱进家庭""万千执委走亲进家庭"七项举措,切实服务广大家庭精神需求、发展需求和生活需求。

**3.立足基层、注重实效,推进家庭服务"全覆盖"**

全省各级妇联上下联动,因地制宜,积极推动顶层设计在基层落地落实,实现家庭服务"全覆盖"。

第一,夯实思想引领的家庭责任,常态化寻找"最美家庭",全省涌现各级"最美家庭"63.5万户;"千村万户亮家风""乐享邻里幸福家"带动家庭成员树立良好家风;"好家庭信用贷"已发放信贷资金4.6亿元,推动"礼遇好家庭"蔚然成风。第二,丰厚立德树人的家庭土壤,打造"相伴童行"家庭教育多元服务品牌,开展"家庭家教家风"大讲堂基层巡讲、"亲子共读·书香润浙"家庭亲子阅读、"益启成长""亲情家书"等活动;制作播出"家庭教育圆桌会"栏目,开设"家庭教育百日谈"专栏,推送家庭教育"微课堂"235个,在线访问量达600万次。第三,筑牢平安浙江建设的家庭防线,坚持和发展新时代"枫桥经验",涌现了"东海渔嫂""德清嫂""嵊州村嫂""平安大姐"等一批专事家庭平安服务的巾帼志愿队伍。第四,唱响助力乡村振兴的家庭旋律,举办"妈妈的味道·民间美食巧女秀"活动,挖掘选树浙江"最美民宿女主人",创建"美丽庭院"示范户28.3万户。第五,写好共享幸福的家庭文章,出台《全省儿童之家建设三年行动计划(2020—2022年)》,省财政3年安排专项经费1.5亿元推进儿童之家建设;成立省巾帼家政服务联盟,实施"木兰计划""圆梦助学""焕新乐园"等家庭公益项目,帮扶贫困妇女家庭、低保儿童家庭等近10万人次。

## 三、基本成效

**1.服务大局、服务家庭的功能更加凸显**

家庭是妇联工作的主阵地,也是参与基层社会治理的切入点和着力点。家庭建设综合平台的"五大行动""七进家庭"活动高度契合了妇女群众和家庭成员对富足、平安、健康、绿色生活的向往和需求,有效提升了妇女和家庭的获得感幸福感。与此同时,家庭和睦、家教严正、家风淳朴,也为基层有效治理和社会和谐稳定打牢基础、提供保障。

### 2.系统集成、综合发力的优势更加突出

家庭建设工作打通职能界限,不再是"零敲碎打""分散作战",而是部室协同,职能互通,上下联动,一体谋划,各项举措兼顾了家庭中不同年龄段成员及经济、教育、健康、平安、情感等不同层次的需求,聚合倍增效应充分显现。

### 3.注重家庭、建设家庭的氛围更加浓厚

通过打造家庭建设综合平台,家庭成员的家庭意识明显增强;各级妇联干部谋划家庭工作的能力明显提升;全社会注重家庭、注重家教、注重家风的氛围更加浓厚。

# "甬尚童悦"亲子阅读联盟助推家庭教育工作新发展

*宁波市妇联*

## 一、产生背景

亲子阅读是家庭教育的有效载体。宁波市妇联认真贯彻习近平总书记关于"注重家庭、注重家教、注重家风"的重要指示精神,从2012年起积极培育志愿团队、整合社会力量,深入探索亲子阅读与家庭教育、家庭文明建设相结合的有效路径。经过多年实践推进,宁波亲子阅读工作呈现

全域铺开、一县一品的良好发展态势。在此基础上,为更好地整合社会资源、汇聚工作合力、提升品牌能级,宁波市妇联创新打造"甬尚童悦"亲子阅读联盟品牌,推动家庭教育工作新发展。

## 二、主要做法

### 1.试点先行,团队阵地建设全域化

宁波市妇联采取先试点后铺开的方式,以点带面培育亲子阅读志愿者和亲子阅读推广基地。2012年,通过深入调研,选定具有亲子阅读需求和绘本馆的北仑区率先开展试点,运用社会化招募、集中化培训、项目化运作方式,大力培育亲子阅读志愿者,两年内培育亲子阅读志愿者百余人,在社区、幼儿园、医院等地发展6个亲子阅读推广基地。之后,市妇联与相关部门适时联合举办亲子阅读现状调研座谈会、现场推进会,推动"小星星""小海狸""小种子"等一批亲子阅读团队活跃在甬城大地,深入社区、村开展阅读推广活动,亲子阅读工作在全市全面推进。截至2020年8月,10个区县(市)均已建成亲子阅读推广志愿者团队,总人数达3500余人,在社区、村、幼儿园、商圈等领域建成亲子阅读体验基地250余个,每个月举办公益性质的阅读推广活动200余场。全市先后有4家单位(机构)被评为"全国家庭亲子阅读体验基地",占全省现有总数的50%,另有1家亲子阅读社会组织荣膺"全国最佳志愿服务组织"。

### 2.集聚合力,主办单位参与多元化

宁波市妇联用心做好"联"字文章,汇聚相关部门和单位合力,共同组织各类亲子阅读活动,持续扩大亲子阅读工作影响力。市妇联与市文广旅游局联合主办"甬上书香——宁波读书节"童蒙篇活动,包括绘本原创大赛、绘本故事亲子讲读大赛和绘本剧创意表演大赛3项赛事,全市共有几万户家庭参加;开展寻访"十佳阅读家庭""十佳阅读推广人"和"最美阅读空间"等活动;两家单位每年联合举办一届大规模的亲子阅读推广系列赛事。2017年至今,市妇联联合文明办、文广旅游局,共同组织"亲子共读 书香润甬"系列活动,每两年评选市级书香家庭和亲子阅读体验

### 3. 夯实基础，志愿团队培育规范化

宁波市妇联始终注重加强对志愿团队培育和亲子阅读推广活动的工作指导。通过推动各区县市妇联按照招募—培训—实践—评优的流程，持续发展壮大亲子阅读志愿者团队，培育出"好爸好妈故事团""柚子妈妈"等亲子阅读志愿团队250余个、亲子阅读推广志愿者2900余人，形成"童声悦读""书海冲浪""爱与成长"等区域影响力较强的品牌活动。2016年，市妇联与市教育局主办宁波市亲子阅读推广人（志愿者）培训班，带动区县（市）开展相应培训，累计培训1500余人次。组建百人队伍的"小星星故事家族"，之后坚持每月在5个场地举办示范性公益阅读活动。2016年至2019年，市妇联以向社会组织购买服务的方式，先后投入80万元面向全市举办亲子阅读示范课、交流研讨会等500余场，发放阅读指导用书上千册和一批绘本借阅卡。

### 4. 注重实效，联盟运行品牌化

为更好推进家庭教育工作，在市妇联牵头开展亲子阅读组织、亲子阅读志愿者调查摸排工作基础上，市妇联、市文明办、市文广旅游局、市教育局整合全市亲子阅读公益组织和志愿者力量，于2019年11月牵头成立"甬尚童悦"宁波亲子阅读联盟。通过统一品牌实现统一力量、统一行动。联盟为成员单位和阅读推广志愿者提供多方位培训学习、研讨交流、项目支持帮助，聘请相关专家学者及知名阅读推广人为亲子阅读组织提供专业阅读指导、家庭教育授课服务；同时，依托遍布城乡的基层社区（村）和各类亲子阅读公益组织常态化开展亲子阅读活动，实现活动共办、资源共享、品牌共创。

## 三、取得成效

"甬尚童悦"宁波亲子阅读联盟的成立，标志着宁波市全民阅读推广和家庭教育提升进入"快车道"。联盟成立以来，市妇联通过组建联盟微信群，搭建亲子阅读组织学习交流平台；注重发挥"甬尚童悦"亲子阅

读联盟作用，依托联盟成员中的基层社区（村）和各类亲子阅读公益组织线上线下齐发力，开展疫情防控期间线上"亲子绘本云阅读"、复工复学后线下亲子阅读推广等活动；联合市文广旅游局开展"看见+"儿童创意绘本大赛，还将举办宁波市绘本剧展演大赛、宁波儿童阅读论坛等活动。通过打造"甬尚童悦"宁波亲子阅读联盟并充分发挥其作用，宁波市妇联进一步紧密了亲子阅读志愿团队之间的相互联系，丰富了家庭教育活动形式内容，做大做强了亲子阅读品牌，推动了全市亲子阅读工作持续健康发展，持续提升了宁波家庭教育工作水平。

# 激活家庭动力　汇聚家庭建设新风尚

温州市妇联

## 一、产生背景

中国特色社会主义进入新时代，中国家庭的思想观念、社会功能、生活需求都在发生巨大变化，家庭美好生活的需求是什么？妇联组织围绕家庭工作做什么，怎么做？温州市妇联以社会主义核心价值观为指引，探索家庭建设领域激励新路径，激活家家幸福安康新动能，重构妇联家庭工作新格局，以"家庭文明建设"传承新时代精神文明建设精髓。

## 二、主要做法

### 1.大数据起底，让家庭需求"涌"上来

家庭想什么、盼什么、缺什么，我们让大数据"说话"。一方面，点对点吸纳家庭建设大数据。建立"温州女人E家"线上家庭工作服务平

台,突出集成化服务理念,撬动妇联各领域工作载体资源集聚家庭工作范畴,设立"创业、家教、维权、关爱、榜样、服务、公益、地图"8类菜单,市县乡村四级妇联干部根据权限可以随时查看家庭用户使用平台后留下的数据痕迹,精准收集用户需求大数据清单。另一方面,面对面倾听家庭的心声。以打造线下"家庭建设综合体"为目标,建立温州市家庭文明实践中心。依托中心密切联系家庭、服务家庭优势,组织召开温州市深化拓展寻找"最美家庭"座谈会、温州市"最美家庭"双联盟双服务推进会等会议,邀请全国、省、市、县四级最美家庭参加座谈,广泛听取并征求最美家庭代表意见,针对如何发挥家庭在政治引领、社会治理、乡村振兴中的独特作用,0~3岁托育、"三留"人员关爱等家庭操心事烦心事的解决对策、迫切需求领域进行面对面的沟通解疑。

**2. 聚焦激励,让家庭服务"活"起来**

一是抓住"关键少数"。"最美家庭"是我国亿万家庭中优秀传承中华民族家庭美德的杰出代表。极致聚焦才能重拳发力,抓住各级"最美家庭"这些"关键少数"寻找突破口。二是释放"榜样的力量"。成立各级"最美家庭"联盟,鼓励"最美家庭"以家庭为单位,走进党群服务中心、社区妇女之家发起或参与家庭帮扶、家教指导、家风宣讲等公益服务项目,通过朋友圈、亲情网吸引带领身边更多的家庭汲取"榜样的力量"加入他们的公益服务行动,逐步引导广大家庭从"照着做"向"我要做"主动转变,以实际行动为培育和践行社会主义核心价值观贡献力量,让家庭文明之花在全社会竞相绽放。三是礼遇"让有德者有得"。寻访招募礼遇"最美家庭"爱心单位成立联盟,实现"最美家庭"反哺社会和爱心单位礼遇"最美家庭"双向服务行动。以浙江省"好家风信用贷"为起点,集结全市各类爱心单位为各级"最美家庭"提供教育、旅游、金融等礼遇服务81项。更深层次推进打造"社会+社区"礼遇服务圈,创新15分钟礼遇圈、"一站式"礼遇集市、联盟亲子研学等服务形式,进一步推动"最美家庭"激励机制常态化落地实践。

### 3.拓展领域，让家庭建设网络"密"起来

从"幸福驻万家"家庭建设五大行动入手，织密"家"字号工作网链。一是构建"家家健康"家庭守护计划。落实习近平总书记关于青少年儿童视力健康重要批示精神，建立全国首家在综合培训基地开设的眼健康科普馆，定制"明眸皓齿"标准化家庭课程，组建220名妈妈志愿团"进万家"宣讲，全力构建儿童健康成长家庭守护矩阵。二是构建"家家优教"家庭教育指导服务体系。推动建立覆盖城乡的家庭教育指导服务体系，联合高校启动家庭教育协同创新机制，联动部门发布"新婚家庭"和"0~3岁婴幼儿家庭"家庭教育通识课程，将家庭教育纳入全市便民"一件事"改革，开通"女校长、女园长、女名师"家庭教育专家热线，家庭共上"最好的教育是一起成长"主题班会，激发更多家庭把新时代"好家风"建设与激扬温州人精神的责任感和使命感深度融合。三是构建"家家平安"社会治理工作格局。实施"家事基层微化解"改革，构建闭环式婚姻家庭危机干预服务体系，创新"一站式"服务、"五色家庭工作法"，打造"平安妈妈"12345服务品牌，实施"温州市婚姻家庭辅导员专项能力培训三年行动计划"，计划培育7400名婚姻家庭辅导员，让更多的家庭有获得感、幸福感、安全感。四是构建"家家致富"社会发展工作模式。温州是民营经济的发祥地，强化开放带动功能，以家庭发展能力为重点，启动巾帼云创行动，引领妇女抢抓机遇在"云端经济"领域创业创新。深度推进美丽味道、美丽庭院、美丽手作等美丽产业品牌，推出美丽家庭集市，开拓家庭致富新路子。同时，激活家庭消费新动能，发布33条家庭游推荐线路，开展温州家庭旅游月活动，持续拉动8万余户家庭出游。

## 三、基本成效

以"线上+线下"家庭工作服务平台为抓手，全网式摸排、绘制自下而上的家庭建设需求大数据地图，让家庭工作导向性更加明确，让妇联干部深入家庭工作更加有的放矢，打通服务妇女和家庭"最后一纳米"。通过探索推进家庭激励机制建设，突出"家庭"主体地位，从服务、制度、环境等多方面优化社会氛围，让身边的家庭榜样更立体，让社会崇尚美好

家风的行动更具象，真正实现"家家幸福安康"的新时代社会愿景。目前，全市12个县（市、区）已实现家庭工作综合平台、"最美家庭"联盟和礼遇联盟建立全覆盖。

# "城乡一体化"家庭教育指导服务体系建设

### 湖州市安吉县

安吉于2020年4月被命名为"全国家庭教育创新实践基地"，近几年，安吉在实践中创新，在创新中守正，逐渐走出了一条独有的家庭教育指导服务新路子。

## 一、产生背景

安吉是"绿水青山就是金山银山"理念的诞生地。"绿水青山就是金山银山"理念是尊重客观规律、关注整体与局部、关注系统生态的可持续发展观，对安吉家庭教育指导工作的发展同样具有重大意义。安吉于2016年11月成立"县家庭教育指导中心"，中心由县妇联日常管理，教育局出专业师资，目前有3名专职人员，中心整合各部门资源，统筹创新开展工作，形成"全县一盘棋，城乡一体化推动家庭教育指导工作"的工作特色。

"县域城乡一体化"是安吉总体布局家庭教育指导工作的创新思路，即发展规划一体化、管理机制一体化、平台建设一体化、师资队伍一体化、课程建设一体化、评估标准一体化，各个部分有机结合、互相影响；通过"六个一体化"构建安吉可持续发展的家庭教育指导服务体系。

## 二、主要做法

**1. 发展规划一体化，明晰全县家庭教育指导工作的发展方向**

基于地方特点，开展顶层设计，将家庭教育指导工作纳入地方经济发展整体规划，县政协专题调研家庭教育指导工作，做家庭教育专题提案，县人大开展调研，县府办出台文件《关于进一步加强家庭教育工作的实施意见》，成立县家庭教育工作领导小组，明确各部门工作职责。

**2. 管理机制一体化，保障全县家庭教育指导工作可持续发展**

构建了"县家庭教育工作领导小组—县家庭教育指导中心—乡镇（街道）家庭教育指导服务中心—村级家庭教育指导站、社区（学校）家长学校—家长"的"五位一体"管理机制。县府办发文，召开全县家庭教育工作推进大会，明确各部门职责，进一步形成政府支持，妇联、教育局分工合作，部门配合，各乡镇（街道）、学校、村（社区）实施的家庭教育工作格局。

**3. 平台建设一体化，引领全县家长提升家庭教育水平**

开展家长学校、村级家庭教育指导站全覆盖建设，常态化运行，家庭教育指导平台真正落到基层；建立县家庭教育讲师团、志愿服务团、心理咨询师团队，建立"安且吉 家学乐"家长讲堂、"安且吉 爱互通"家庭教育咨询热线平台和心理咨询室，服务全县家长；建设全县家庭教育网络学习平台，实现线上有课可看，线下有课可学，实现超越时空、城乡一体化学习平台；建立家长学校"家长学分制"试点平台。在城区及周边40所学校开启"家长学分制"实践，通过建立家长学籍，开展线下培训，定期网上学习，完成一学年48学分的系统学习，颁发毕业证书，进入高一学段家长学校分6个步骤来完成，让父母和孩子同学习，共成长。

**4. 师资队伍一体化，探索本土专业家庭教育指导者培养模式**

率先让"家庭教育指导培训"进入教师继续教育选课平台，每年培训教师400余人。与北师大儿童家庭教育研究中心开展合作，重点实施"安老师"家庭教育指导者种子培训工程，通过一年的"送出去培训—返回来实践—沉下心带徒"的闭环式磨炼，让"安老师"成为服务于各村级家庭教育指导站/学校（社区）家长学校的专业力量。

**5.课程建设一体化，构建全县线上线下互补学习机制**

注重系统化课程的构建，形成安吉本土+家庭教育课程。政府购买服务构建"家长慕课"系列课程：形成18个年段，每个年段20节符合孩子身心特点的家庭教育课，让更多的家长进入线上学习。每年开展全县教师家庭教育微课大赛并录制课程，充实学习内容。"安老师"家庭教育指导者专业团队倾力打造的系列课程："安老师"浓缩线下课程为15分钟的线上微课，线下课程菜单全部上线供学校、村（社区）自主选择，线上微课则提供给家长在线观看学习。

**6.评估标准一体化，促进全县家庭教育指导工作规范化**

县妇联从组织保障、家庭教育指导站（家长学校）工作开展情况、家庭教育活动开展情况、创新工作（成效）四个维度20条进行考核评估，并将考核评估的结果纳入县妇联对乡镇（街道）妇联的考核中去。县教育局下发《安吉县关于进一步加强和改进家长学校的意见》，并同时下发《安吉县关于示范性家长学校申报的通知》，强化家长学校的规范性和示范性。县妇联出台《关于村级家庭教育指导站建设的三年行动》，明确每一年的建设任务和标准，有的放矢，县财政每年给予50万元专项经费补助，推动了工作的常态化开展。

## 三、基本成效

安吉真正建立起全域家庭教育指导服务体系，累计服务家长达30万人次；构建了安吉特有的"本土专业的家庭教育指导者"培养模式。通过北师大专家的实地指导和授课指导，参加普适培训的教师达到500多人，提高性培训的33人，"安老师"在百场家庭教育讲座中成长着，通过"安老师在行动"系列活动，不断地实践，探索出了一条"培训—实践—辐射—再培训—再实践—星星之火燎原"安吉县专业家庭教育指导者成长路径，服务全县家长；构建了以家长学分制为基点的安吉家长长效持续的学习机制。参与学校40所，参与家长达一万余人，积累形成了安吉"本土+"的家庭教育系统性课程体系。实现了家庭教育指导工作"机制、课程、师资"三驾马车并驾齐驱的发展态势。更重要的是唤醒了无数的家长重视家庭教育，改善教养方式，自动自发成长自己，成就家庭。

# 打造"一镇一特"儿童之家

*嘉兴市平湖市妇联*

## 一、项目背景

儿童是祖国的花朵，是未来的希望，需要格外地细心呵护。浙江省平湖市坚持儿童优先原则，基于儿童视角，因地制宜，切实加强以村（社区）儿童之家为基础的儿童保护服务体系建设，悉心打造"一镇一特"儿童之家，并由此畅通了村（社区）为儿童服务的"最后一公里"。

## 二、主要做法

### 1.精心设计，以"规范"建家

2018年7月，平湖市下发了《关于开展平湖市儿童之家建设的通知》。2019年7月，平湖市启动"一镇一特"儿童之家样板点建设项目，同时根据国务院妇女儿童工作委员会办公室编制的《儿童之家工作指南》，结合本土实际，制定了儿童之家五大制度：安全管理制度、工作制度、活动制度、工作人员管理制度、档案管理制度，同时细化了三张表格（年度工作计划表、登记表、活动记录表）和一封家长责任告知书，为村（社区）儿童之家的建设和运行提供了具体而可操作的范本。

### 2. 匠心雕琢，以"特色"筑家

儿童之家的核心功能是为辖区内的儿童及其家庭提供综合性、补缺性、公益性的服务，以满足不同年龄阶段儿童的发展需求，保障儿童特别是特殊儿童权利的实现。平湖市共有8个镇（街道），根据地域、产业、文化等不同情况，已分别建立了梦想中心儿童之家、少数民族儿童之家、友邻善治儿童之家、花卉产业儿童之家、非遗传承儿童之家、红色主题儿童之家、书香浸润儿童之家、书画艺术儿童之家等"一镇一特"儿童之家样板点，通过特色化的活动，为辖区内的儿童提供多元化、个性化的服务。

### 3. 悉心呵护，以"服务"暖家

儿童之家根据不同年龄阶段儿童的特点和需求，借助和整合社会资源，组织开展各类关爱儿童暖心服务活动。通过广泛链接学校、社会组织等资源，同时发挥辖区内家庭教育志愿者作用，开展家庭教育讲座、沙龙、咨询、亲子活动等，普及家庭教育知识，守护少年儿童健康成长。同时将服务触角延伸到基层最小单元，在小区楼道内开辟微型儿童之家，开设儿童阅读角、儿童游乐区、儿童教育区等主题区域，开展儿童关爱、亲子互动、家庭教育讲座等活动。

## 三、主要成效

平湖市"一镇一特"儿童之家样板点项目自实施以来，全市8个镇（街道）至今已打造9个儿童之家样板点，总投入90余万元，各样板点投入使用以来，共开展活动230余场，服务5600余人次，形成了特色化、常态化、规范化的儿童之家运行模式，为更好地服务全市少年儿童提供了家门口的优质资源和平台。

童年梦想的加油站

儿童之家在农村——林埭镇龙乡公益坊梦想中心儿童之家位于镇党群服务中心，内有儿童体验中心、儿童阅读中心、儿童活动中心三大区块。该儿童之家引入社会组织开展服务，推出公益项目——"梦想学堂",于每周六上午在公益坊儿童之家——儿童梦想中心定期开展活动,内容主要包括手工制作、非遗文化体验、亲子阅读、科技体验、户外运动等,为农村儿童提供课堂以外的活动支持,丰富假期生活,助力阳光成长。

### 快乐成长的补给站

儿童之家在城郊——钟埭街道白马堰社区地处城郊接合部,辖区内的居民来自23个少数民族。基于民族团结一家亲的理念,社区开展了少数民族特色儿童之家样板点的建设,打造了涵盖少数民族体验馆、儿童主题馆、亲子绘本馆三大区域的儿童之家,为社区儿童提供特色化服务。活动内容包括"暑期安全知识""禁毒宣传勇争先""国学课程 礼仪传承""民族团结一家亲 科学实验心连心""家庭教育进社区——'绘'制幸福 '阅'出梦想"等,和风细雨,潜移默化,提升了新居民子女对"第二故乡"的认同感和归属感,营造了民族团结一家亲的和谐氛围。

### 友邻善治的能量站

儿童之家在城市——当湖街道启元社区儿童之家,占地面积约200平方米,配备儿童玩具20余种,书籍500余册,内设亲子阅览室、亲子空间、多功能活动室、科普室等。以挖掘儿童潜能为主旨,联合辖区单位、社会组织通过儿童议事会、儿童嘉年华等社区特色活动,将儿童友好的理念深入社区,带动亲子家庭主动参与到社区治理之中,真正实现儿童、家庭、社区共建。尤其是儿童议事会,为社区儿童提供了参与社区治理的平台和渠道,使之以儿童的视角进入社区治理,增强儿童参与公共事务的责任与担当意识,让儿童与社区共同进步,一起成长。

### 幸福家庭的蓄电站

儿童之家在楼道——当湖街道南市社区龙湫湾小区充分利用小

区住宅架空层，建起了楼道儿童之家，设置儿童游乐区、墨香学堂、图书角等功能区，打造"零距离"儿童之家。通过挖掘和发挥辖区内具有教育、心理健康、法律、卫生保健等专业技能的志愿者的作用，建起小区家庭教育微信群，通过打卡等方式，帮助居民提升家庭教育能力。通过开展"美化家园，从我做起""传统孝文化课堂""走进土布的世界系列课程""公勺公筷，从我做起"等活动，夯实社会主义核心价值观，培育新时代幸福家庭。

上下齐心，多方联动，我们以一个个特色之"家"的厚爱与呵护，静待花开。

# 创新实施"1+X"亲职教育指导工程

台州市路桥区妇联

## 一、产生背景

司法实践表明，进入刑事诉讼的"罪错未成年人和未成年被害人"中，80%出自家庭问题，比如离异单亲、失管失孤、监护缺失等导致的家庭教育缺失和不当，是未成年人违法犯罪的重要原因之一。为加强对"罪错未成年人和未成年被害人"的家庭干预，2020年，浙江省台州市路桥区创新实施"1+X"全程联动"亲职教育"指导模式，将其作为贯彻落实《浙江省家庭教育促进条例》精神的具体抓手，打造家庭教育新品牌，助推社会治理。

## 二、主要做法

**1. 无缝对接，助力全程关护**

路桥区"1+X"亲职教育指导工程直接对接由地方党委、政府联合发文出台的《路桥区预防侵害未成年人、维护女童权益全程化关护机制（试行）》，是该套体系重点组成部分，通过对未成年人家庭教育的缺失进行及时干预，使其教育行为更具效能，帮助修复亲子关系，促进子女健康成长。"1"指1名罪错未成年人或未成年被害人及其家庭，"X"指妇联、教育、公检法司等多部门全程联动，实行亲职教育联席工作会议进度。区妇联在区人民法院、区人民检察院、区公安分局、新桥镇建立首批亲职教育指导站（点），聘请中国政法大学法学院副教授苑宁宁等3位专家担任路桥区亲职教育顾问官，聘请天宜社会工作服务中心陆浩等10位社工、家庭教育专家、心理咨询师等担任路桥区亲职教育指导官，并在路桥妇联微信公众号及妇女儿童维权中心对亲职教育指导官进行工作展示，实行双向选择。

**2. 刚柔并济，铺就修复桥梁**

对因监护人疏于监护管教而导致未成年人遭受侵害等案件，由区人民法院、人民检察院、公安机关对监护人进行强制亲职教育，凸显工作的"刚性"。监护人拒不接受亲职教育的，可由公安机关进行训诫，或通知其所在单位。在亲职教育过程中实行"一对一"亲职教育辅导，凸显过程的"柔性"。亲职教育指导官们与公、检、法、司部门密切合作，在各个办案环节对罪错未成年人和未成年被害人家庭进行动态指导、跟进，给予有需求的家长心理支持，并协助家长对未成年人进行心理辅导。以单独辅导、家庭辅导、团体辅导的形式开展团康学习，采用课堂教学、实境教学等多元化的方法手段，实行一个家庭一套方案。建立路桥区儿童关护基金，经申请为有需求的家庭提供"生活照料、入学资助、困难帮扶、创伤修复"等服务。区妇联还为每户接受亲职教育的家庭赠送一套路桥区家庭教育原创书籍，在路桥妇联微信公众号建设家庭教育e库，开设"父母e课堂"，每周一期30分钟家庭教育微课堂，通过多种形式为亲职教育提供资源支撑。目前，已经有112个家庭的未成年人及其父母接受了亲职教育指导。

### 3.分级评估，科学守护成长

实行亲职教育告知制度和评估报告制度。从公安机关立案到未成年人家庭收到亲职教育告知书，亲职教育指导官会为未成年人完成一份人格测评和分析评估，建立"红黄蓝"三色档案给予不同关注。从了解家庭关系并形成、评估亲子家庭关系、矫治不良亲子关系、引导亲子关系良性发展、帮助改善亲子关系、形成亲职教育报告，并贯穿罪错未成年人和未成年被害人关护的全过程，形成事前预防、事中修复、事后保护的全程化联动保护。后期则根据介入和矫治情况，对亲职教育报告进行补充和完善。区妇联及时跟进了解亲职教育进展情况，与公检法司相关部门负责人一起对亲职教育报告进行评估审查。评估报告将作为公安机关对罪错未成年人是否采取取保候审的依据之一，作为检察机关是否对其不起诉依据之一，作为人民法院是否对其判处缓刑的依据之一，作为司法行政机关对其采取有针对性矫治措施的依据之一。

## 三、基本成效

路桥区"1+X"全程联动亲职教育指导模式，通过对接未成年人司法，全程化、一站式、系统化地支持"罪错未成年人、未成年被害人"的家庭亲子关系，引导父母承担家庭责任，履行亲子教育责任。通过这种职能部门联合、专业组织参与、社会力量协同的方式打造路桥家庭教育新名片，助推区域治理现代化。中国政法大学法学院副教授苑宁宁表示，监护人是未成年人的第一任老师，家庭教育的状况直接关系未成年人身心健康成长。对父母或者其他监护人开展亲职教育，可以提升家庭监护的能力和水平，是新时代促进未成年人成长的重要措施。

安徽

# 创新领导机制　凝聚工作合力

省妇联

## 一、产生背景

近年来,安徽省委、省政府认真贯彻落实习近平总书记"注重家庭、注重家教、注重家风"的重要指示精神,高度重视家庭家教家风建设,切实把家庭家教家风摆上议事日程,创新成立省家庭文明建设领导小组,健全工作机制,压实工作责任,以家庭家教家风建设实际成效为基层社会治理和社会和谐稳定打牢基础、提供保障。

## 二、主要做法

### 1.构建"大格局",高规格成立省家庭文明建设领导小组

2015年,安徽省委对省委常委担任主要领导职务的省委议事协调工作机构进行调整。面对以习近平同志为核心的党中央对家庭家教家风工作提出的新任务新要求,安徽省委及时调整工作机构,将省"五好文明家庭"创建活动协调小组和省家庭教育暨小公民道德建设领导小组合并,高规格成立了由省委副书记任组长,省委常委、省委宣传部部长和省政府联系妇联的副省长任副组长,32家省直单位为成员单位的"省家庭文明建设领导小组",领导小组办公室设在省妇联,明确了领导小组主要职责和成员单位职责分工,确定了家庭家教家风在全省精神文明建设和基层社会治理中

的重要地位与作用。

各市和部分县区先后成立了本级家庭文明建设领导小组，全省上下逐步建立完善了党委领导、政府引导、部门联动、社会参与的工作格局，为家庭家教家风建设提供了坚实的组织保障。

**2.坚持"一盘棋"，打造家庭家教家风工作长效机制**

推动家庭文明建设系统化、制度化、常态化，探索建立了小组会议顶层谋划、重要问题集中研判、年度任务逐项分工、成员单位专项述职、具体工作联动解决"五项工作机制"：每年由组长召集召开至少一次全体成员会议，顶层谋划部署全省家庭文明建设工作；对工作中发现的家庭家教家风等方面的重要问题，会上进行集中研判；坚持制定任务清单，年初将家庭文明建设年度主要工作细化，逐项分工到成员单位，年终各成员单位根据任务分工总结工作开展情况；每年底成员单位进行书面述职，并根据工作重点选择至少三个成员单位专项述职；针对家庭文明建设中出现的具体问题，充分发挥领导小组办公室牵头抓总作用，统筹协调解决。

领导小组成立几年来，各成员单位把家庭家教家风摆上重要日程，认真落实职责分工和工作任务，如省直机关工委把家庭文明建设作为省直机关党建工作要点内容，纳入《安徽省直机关精神文明建设"十三五"发展规划》；省文明办将"培育良好家风家教"作为文明城市创建重要内容，纳入文明城市评测体系；省综治办把相关工作纳入综治工作考核，作为重要内容开展检查督导；省国资委将家庭文明建设纳入省属企业领导班子党建考核并与薪酬挂钩；部分单位还将家庭家教家风建设纳入本系统精神文明建设总体规划，纳入部门年终考核重要内容，收到良好效果。依托"五项工作机制"，家庭家教家风建设工作任务更加具体、格局更加优化，从源头上保障家庭家教家风"虚功实做"。

**3.实现"三同步"，家庭家教家风工作见成效**

领导小组的成立和机制的逐步完善，让全省家庭文明建设工作有章可循、职责明确、任务明晰。各成员单位把家庭家教家风相关工作融入部门工作，与部门工作同步部署、同步推进、同步考核，重大活动协作分工，全省家庭文明建设工作取得长足发展和良好成效。省委宣传部、省妇联、省文明办连续7年联合开展寻找"最美家庭"活动，并支持经费共同举办"最美家庭"揭晓仪式和好家庭好家风宣讲；《安徽日报》开设"走进最美家庭"等专栏，深入采访报道优秀家庭典型；省直机关工委连续多年牵头开展"树清廉家风　创最美家庭"主题活动；省财政厅统筹资金增加经费预算，省妇联家庭文明创建经费翻了近一番；省妇联、省教育厅、省司法厅密切配合，《安徽省家庭教育促进条例》已经安徽省人大常委会第二十次会议通过，于2020年9月1日起施行。特别是在新冠肺炎疫情期间，省卫生健康委、省民政厅积极配合省妇联，针对部分定点防治医院和一线医务人员开展需求调研，及时为援鄂和省内抗疫一线医护人员家庭送去关爱。

### 三、基本成效

依托安徽省家庭文明建设领导小组和各项机制的建立完善，全省家庭文明建设扎实推进，广大家庭和群众的参与度、获得感、幸福感进一步提升，全社会关心、关注、支持家庭家教家风的良好氛围日益浓厚，家庭家教家风在基层社会治理中的作用得到充分发挥。

# 创新实施"庐州家长课堂"项目

*合肥市妇联*

### 一、产生背景

为深入贯彻习近平总书记系列重要讲话精神，培育和弘扬社会主义核心价值观，适应家庭教育指导服务的实际需求，宣传家庭教育的科学理念、知识和方法，进一步促进全市家庭教育服务和家庭文明建设再上新台阶，合肥市妇联创新思路，整合资源，联合市广播电台实施家庭教育公益项目"庐州家长课堂"，成为全省首个可听、可看的融媒体家庭教育产品，开创了线上线下立体传播、全方位服务的家庭教育工作新模式。

## 二、主要做法和成效

"庐州家长课堂"项目以线上广播节目为主导，以线下公益活动为支撑，坚持家庭教育的正确导向，传播家庭教育正能量，为家长搭建多元化的家庭教育学习交流平台，正在成为立足合肥、面向安徽、影响全国的家庭教育公益品牌。

**1. 巧借资源，线上广播节目影响大**

充分发挥广播电台主流媒体收听便捷、传播力强、受众广泛的优势，开办了《庐州家长课堂》广播节目。节目自2015年元月在徽商广播FM94.7正式开播，每周五期直播节目，五年来累计直播节目1400余期，受益群众达千万人次。2018年将节目进行改版升级，实现音视频网络同步直播，成为全省首个可听、可看的融媒体家庭教育产品。节目音频同时在喜马拉雅App、合肥女性微信公众号上进行推送，方便家长随时进行收听、回听。每期节目开播前，在内容选题、嘉宾选择等方面都做了细致准备。定期召开栏目座谈会，研究选题和播出形式。精心选题，关注热点，在重要时间节点设置儿童安全、考前减压、垃圾分类、家风家训、阅读分享等主题，实效性强；电台直播，实时互动，听众参与踊跃；嘉宾来源广泛，既有专家学者，又有优秀家长做客直播室，畅谈家庭教育工作，分享家庭教育经验。家长课堂QQ群、微信群，人数爆棚，异常活跃，数千名热心家长参与讨论，交流经验，互帮互助。"爱的麦田"微信公众号，面向家长定期推送先进的家庭教育理念、科学的教育方法和成功的家庭教育经验。通过不断的摸索和学习，节目团队的责任心和专业性日益增强，节目的质量日益提高，受到听众和专家的一致认可。

### 2.夯实基础，线下立体传播效果实

在线上广播节目播出的同时，形式多样的线下活动也深受家长喜爱。数百场"家庭教育名家谈""母亲素质提升"等系列公益讲座走进社区、中小学、幼儿园、机关、企业，名师名家们从广播节目中走到讲座现场，贴近家长需求的主题、深入浅出的讲解、零距离的互动交流，深受家长的认可，每场活动都座无虚席。每月一场的"妈妈的力量"悦读会，聚集优秀种子妈妈，线上交流讨论，线下分享心得，互助提升素质。连续四年举办"宝贝读诗"展演、巡演活动，数千名幼儿走上舞台，与家长、老师、专业主持人同台展示，传承国学经典，传播文明时尚，对增强家庭文明素养、提升城市文明程度发挥了积极作用。

### 3.固化成果，案例编印成书受欢迎

为进一步扩大项目受众面，固化项目成果，精选《庐州家长课堂》广播及社群中的100个家长最关心的实例，依据节目中专家回复整理成《亲子百问——庐州家长课堂案例解析》免费发放给家长。《亲子百问》内容丰富，案例鲜活，涉及儿童心理、行为、情绪以及亲子关系等七大方面，可读性及指导性强，解决了很多家长的困惑，被家长誉为学前家庭教育的"百科全书"，深受广大家长喜爱。

## 三、示范推广情况

项目实施五年多来，1400余期专业节目的播出，数百场公益讲座、读书会、经典诵读会的举办，数千人QQ群、微信群的交流，"庐州家长课堂"从节目到项目，从广播到社群，内涵不断丰富，形式不断创新，影响不断扩大，开展的公益活动家庭参与度空前高涨，传播的科学家庭教育知识广受欢迎，已成为有影响力、有公信力、有号召力的家庭教育创新品牌，成为宣传社会主义核心价值观、弘扬中华民族传统美德、加强未成年人思想道德建设的重要载体。中国家庭教育学会将《庐州家长课堂》广播节目作为优秀有声读物收录入《家庭教育指导读物》向全国进行推荐；《中国妇女报》、《安徽日报》、合肥人民政府发布等媒体先后进行宣传报道。

# 积极开展社区家庭教育

滁州市妇联

## 一、产生背景

近年来,滁州市认真落实习近平总书记关于"注重家庭、注重家教、注重家风"的重要指示精神,结合全国文明城市创建,全市226个城市社区均建有家长学校,积极开展家庭教育培训和指导服务活动。

## 二、主要做法和成效

**1.发挥家庭教育考核杠杆作用,推动社区家教责任落地生根**

一是将社区家教工作作为文明城市创建重要内容。实施《滁州市关于指导推进家庭教育的五年规划(2016—2020年)》,对社区家教进行总体规划。二是将社区家庭教育纳入全国文明城市创建和未成年人思想道德建设网上申报两个测评体系考核,分解目标任务,赋予考核分值。明确琅琊区、市经开区等四区家庭教育主体责任。定期不定期召开调度会,听取社区家教工作开展情况,通报问题,督促及时整改,协调解决相关问题。三是将社区家教工作列入社区网格化管理考核,对工作没达标的,提出整改要求。

**2.发挥家庭教育阵地和队伍作用,促进社区家教品牌做大做强**

(1)不断拓展家教阵地

一是整合资源,打造阵地。市文明办、市民政局、市妇联等按照职责分工,抓住市委、市政府采取调剂、新建、小区配套等方式,投入5000万元改造社区综合服务设施保障阵地建设契机，在全市226个城市社区均建有家长学校，同时结合社区实际，打造一批特色场馆，如古道社区家风家训馆、滁阳社区红船精神主题教育馆等，免费对外开放。依托活动场所开展"四点半课堂""汉学堂""国粹堂"等活动786次。二是依托基地，实施项目。依托8个省级家庭教育指导服务中心、家庭教育创新实践基地、亲子阅读体验基地以及1个市级家风家训教育基地，积极协调社会资源支持服务家庭教育。实施省儿童工作阵地建设项目、留守儿童关爱服务项目，在全市8个县市区广泛开展留守儿童家庭教育指导服务及关爱帮扶活动，依托妇女儿童活动中心、妇女之家、社区家长学校、图书馆等各类阵地，定期不定期开展公益性家教指导活动。

(2) 不断壮大家教队伍

做好市家庭教育研究会换届工作，吸纳新会员。从省、市家教研究会280多名会员中选择熟悉社会主义核心价值观等教育的老师授课；从市委宣传部、社科联220多名专家库中选择有多年心理学、教育学背景及实战经验的专家老师授课；组织最美家庭等好家风好家训先进典型进村、社区、学校宣讲213人次；选聘138名优秀老师、400多名家庭教育顾问、专业心理咨询师、社会工作者、"五老"、爱心妈妈等志愿者与社区结对加强社区家长学校工作力量。

(3) 不断做强家教品牌

一是精心打造"幸福家庭大学堂"常态化工作品牌。建立家教专家教师库，科学设置未成年人成长、家风家教建设等课程，实行菜单式点课服务、灵活多样的教学模式，县市区妇联按照需求点课，组织老师深入村、社区妇女之家、家长学校进行巡讲，2019年以来举办讲座120多场。二是精心打造"皖东父母大课堂"常态化工作品牌。2011以来，已开展2000多场家教公益讲座，受益家庭40多万个。

**3.发挥家庭教育载体和内容创新作用，提高社区家教水平**

"六有"管理模式化。成立社区家长委员会，按照有场所、有制度、有计划、有活动、有记录、有效果"六有"模式，对社区家长学校或家庭教育指导服务站点进行管理,常态化开展家教培训和指导服务。

项目运作市场化。将"幸福家庭大学堂"19场家庭教育知识培训和全市7场家庭教育专兼职工作者培训分包给市心理咨询师协会和大成社会工作服务中心。

线上线下一体化。利用微信群、QQ群,搭建学校老师、学生家长、社会组织、共建单位、校外未成年人心理辅导站、心理咨询师等共同参与的交流平台,形成线上交流、线下培训家教立体网络。疫情期间,在滁州女性推出"特殊时期 特别家教"24期。线上线下同时开展"我的习惯养成日记""最美亲子时光——陪伴·成长"手工作品、"最美家庭"和文明家庭故事征集评比展示活动。

角色参与多元化。在市第二幼儿园开展"我爱我家·亲子阅读"打卡活动,151名父亲、母亲坚持28天,每天15分钟,与孩子一起阅读,强化父亲角色在家教中的重要作用。

特殊帮扶常态化。连续11年牵头开展"爱心报刊"活动,募捐600多万元,为9.26万多名困境留守儿童免费订阅报刊。组建爱心妈妈等志愿者队伍,对困境、留守等特殊群体家庭未成年人,针对性地开展幼儿抚育、儿童心理健康维护、青少年叛逆期教育等结对帮扶指导活动400多次。

## 三、示范推广情况

2019年,幸福家庭大学堂作为全国未成年人思想道德建设网上申报测评体系工作品牌报全国文明委;2020年,作为"亭城家话"未成年人思想道德建设工作品牌的部分内容被人民网以《护航未成年人成长,筑就美好亭城佳话》进行报道。

2019年,皖东父母大课堂作为全国家庭教育创新实践基地家庭教育部分活动参与基地申报。

爱心报刊活动被省妇联、省教育厅等作为安徽省首例用知识改变困境留守儿童命运的公益活动在全省推广。

江 西

# 实施"幸福家庭成长计划",
# 以"小家"幸福促"大家"和谐

南昌市妇联

为推动英雄城孩子幸福成长、夫妻幸福和睦、家庭幸福美满、社会幸福和谐,在党中央有号召、社会有需求、妇联系统有优势的大背景下,2018年年底,由南昌市委、市政府推动,南昌市妇联、南昌市教育局牵头,12家部门配合,一个包括"爱国爱家、男女平等、自立自强、移风易俗、孝老爱亲、夫妻和睦、科学教子、邻里团结"的广义家庭教育内涵的创新工作载体——南昌市"幸福家庭成长计划"重磅推出。南昌市妇联聚焦家庭教育支持、家庭文明创建、家庭服务提升三大工程,线上线下共同发力,推进家庭教育立德树人,家庭风气向上向善。

## 一、家庭教育支持有深度

南昌市妇联以开展家庭教育为主要抓手,着力设计并组织开展丰富多彩的家庭教育系列活动,调动群众参与的积极性和主动性。

### 1. 师资水平大提升

举办"幸福家庭成长计划"家庭教育优质课比赛,通过预赛、复赛、决赛,全市120余名老师中"十佳家庭教育讲师"脱颖而出。十佳讲师经过家庭教育研讨磨课后,授课技能大为提升,十佳讲师的家庭教育优质课展示活动,直播达9.65万人次观看。举办全市青少年家庭教育指导系统化思维与青少年问题解决技能培训班,培训70名家庭教育骨干讲师。我市家庭教育讲师队伍得到进一步充实壮大。

**2.线上受众广覆盖**

打造全省首个官方集科学教子、夫妻关系、家风传承于一体的专业性网络家庭教育学习公益平台——"幸福家庭成长中心",设置父母学堂、幸福婚姻、咨询专家、知识清单、互动测试等8个栏目。联合市教育局举办"伴成长,爱相随"家庭教育云论坛,特邀大学教授及家庭教育实践专家,对0~18岁五个年龄段的家庭教育进行深入交流和研讨,帮助家长们解决家庭教育中常见的问题,培养会学习、有奉献、能担当的时代新人,当晚共有14.6万人次在线观看,创下历史观看新高。疫情期间推出《回归教育的本质——疫期如何激发学生的学习热情》直播,2.5万余名家长收看。

**3.线下家长广受益**

举办"传承好家风　文明耀洪城"三百系列巡讲,百场家庭教育讲堂、百场家风讲堂和百场母亲讲堂,进社区、学校、军营、机关,在2万余名家长心中埋下家庭教育的种子。联合市教育局举办千人场"为家筑梦　让爱出发"南昌市第二届家庭教育节开幕式暨首届家庭教育高峰论坛,邀请上海等著名家庭教育专家交流家庭教育前沿理念,吸引人民网、新华网等16家重量级媒体竞相报道,网络直播观看人次超2.4万,进一步推动社会各界重视、关注家庭教育。举办南昌市"幸福家庭成长计划"家庭教育培训进机关活动暨《江西省家庭教育促进条例》宣讲活动,帮助130余名市直机关妇委会主任和干部职工掌握正向教养力家庭教育知识和技能。开展"陪伴的力量"宣讲107场,开展《江西省家庭教育促进条例》宣讲进万家活动110余场。

截至2020年8月底,南昌市组建9支"幸福家庭计划讲师"队伍,举办千余场家庭教育讲座论坛,线上线下听众37.6万余人次,免费发放家庭教育指导手册5万余册。此外,"计划"被作为全国妇联"家家幸福安康工程"的案例参考,并在《中国妇女报》上进行详细全面报道。

## 二、家庭文明创建有广度

南昌市妇联组织以开展寻找"最美家庭"活动为主线,大力加强家庭文明建设,积极推动社会主义核心价值观在家庭生根。

### 1."最美家庭"寻找活动接地气

在开展"最美家庭""五好家庭"评选的基础上,新增"好婆婆""好父母""好媳妇""好子女""好邻居"系列家庭角色评选,重点标树战"疫"防控、科学教子、清洁低碳、移风易俗、孝老爱亲等,积极挖掘和发现家风故事,优秀的美德、良好的家风潜移默化地深入到广大家庭中。三年共评出市级450户各类特色家庭,成功推荐获评"最美家庭"省级77户、国家级12户。

### 2."清洁家庭"创建活动聚人气

南昌市"清洁家庭"创建一直持续稳步开展,市县、乡镇、村分别成立领导、督查、评选三级小组,以"门清、庭美、室净、人和"为标准,以"4321"模式在全市各县区铺开,累计发放20万份"清洁家庭"宣传册、宣传品,开展"七个一"入户宣传,"清洁家庭"内容纳入"农村人居环境整治三年行动计划"。"清洁家庭"评选覆盖85%的家庭,评选出四级"清洁家庭"23万余户;开展"防疫她力量 百万家焕新"爱国卫生活动,以"妇联主席喊你扫'疫'扫"为口号,市、县(区)、乡镇(街道)、村(社区)四级共2190名妇联主席向全市百万家庭发出号召,集中开展家庭大清扫活动,仅当天就有1292户家庭通过晒图展示获得"清洁达人"电子证书,评论留言总计3906条;成立"清洁脱贫帮帮团",帮助建档立卡贫困重度失能残疾人搞好家庭卫生、打造美丽庭院,每结对帮扶1名建档立卡贫困重度失能残疾人的一位巾帼志愿者或一个"清洁脱贫帮帮团",每月补助标准为200元;联合市农业农村局开展全市"清洁家庭·美丽庭院"评选活动,一等奖100户奖励每户8000元,二等奖100户每户奖励5000元。

### 3.家风家教公益宣传活动扬正气

打造全省第一家市级家风馆——南昌市家风馆,运用大量家风理论与实例，通过丰富图文资料展示中华民族几千年来的家风家训精华，自2019年3月开馆，累计参观达5000人。举办家风馆公益直播首秀，吸引万余名市民在线观看；开展《江西省家庭教育促进条例》宣传活动，通过电视、网络、宣传栏等"传统+新媒体"立体化展示；开展家风家教公益广告宣传，轨道集团从除夕到元宵每天60个时段播放；在全市命名10个市级"家风家教实践基地"向广大市民开放，成为传承良好家风家训、弘扬家庭美德的重要平台。

## 三、家庭服务提升有力度

南昌市妇联始终把服务家庭的需求作为工作的出发点和落脚点，实事化、项目化推进家庭服务活动。

### 1. 注重亲子阅读的作用

打造全市首个纯公益家庭亲子阅读服务项目——南昌市妇女儿童活动中心亲子阅读体验中心，持续开展各类公益性女性、儿童、亲子等阅读主题活动体验及培训180余场，参与人数达6500余人，充分发挥阅读在家庭教育中的独特作用，并成功入选全国家庭亲子阅读体验基地。

### 2. 注重儿童健康的宣传

举办南昌市"幸福家庭成长计划——青春期自我保护、防溺水安全教育百场宣讲进校园活动"，在全市各乡镇中小学开展"关爱女童·呵护成长"青春期自我保护、"关爱儿童·预防溺水"防溺水安全教育等180场宣讲活动。

### 3. 注重特色品牌的打造

"六心家园"围绕家庭服务重点推出亮点品牌。其中，"连心家园"推出"巾帼·爱驿站"心理健康站，通过联建全市优秀社会组织、心理专家、社工人才队伍，建立全市首个女公务员心防工作站。"明心家园"通过开通24小时"幸福星"家庭关爱热线，提供具有针对性的心理咨询、法律援助及家庭矛盾调解服务指导服务4300余人次。"知心家园"打造"四叶草"家庭课堂品牌，通过父母与孩子一起进行心理游戏和活动，强化亲子关系。

南昌市妇联不忘初心、牢记使命,"计划"实施初显成效,进一步激发了基层阵地开展家风家教工作的动力和活力,增强了全市家庭教育理念,提升了家庭教育整体水平,受到广大妇女群众和家庭成员的广泛好评。

# 千场家风宣讲进基层,让好家风浸润每个家庭

宜春市妇联

为深入贯彻落实习近平总书记关于"注重家庭、注重家教、注重家风"的重要指示精神,弘扬中华民族的家国文化,传播向上向善正能量,营造家风好、民风纯、政风清的良好氛围,3年来,宜春市妇联以"弘扬好家风 共筑中国梦"为主题,打造千场家风宣讲品牌活动,引导广大家庭传承家庭美德、践行科学教子、树立良好家风,推动社会主义核心价值观在宜春广大家庭生根。截至目前,共发动200余名志愿者宣讲员参与,已开展宣讲近3000场,直接听讲人数达15万余人。

## 一、选好主题,精心安排,全面推进家风宣讲

家风关系个人、家庭和社会,千千万万家庭的好家风支撑起全社会的好风气。如何有效推动家风建设?2017年,市妇联积极谋划,广泛征求意见建议,最终决定开展千场家风宣讲活动,并在上高、高安开展试点探索工作。市妇联组织宣讲员赴上高、高安开展家风宣讲,通过进乡村、学

校、社区等，从处理婆媳、夫妻、亲子、邻里四种关系入手，引领妇女群众用"好家训好家风"规范家庭成员言行，带动了向上向善的文明新风尚。此次试点活动共开展14场宣讲，惠及850余名妇女群众，社会反响热烈。市妇联及时总结上高、高安试点工作经验，并向全市征集家风好故事。与此同时，其他县（市、区）从自身实际出发，以点带面积极探索，为全面推开家风宣讲打下了坚实基础。2018年至2019年，市妇联在总结经验的基础上，印发《宜春市妇联"121"家风宣讲活动方案》《关于开展千场家风宣讲的通知》，明确宣讲主题为"弘扬好家风 共筑中国梦"，组建市、县两级宣讲团，市宣讲团负责各县（市、区）和乡（镇、街道）的宣讲，县（市、区）宣讲团负责本地村（社区）的宣讲。与此同时，市妇联明确提出采用家风家教事迹分享的方式开展宣讲活动，让身边人讲述身边事，用身边事教育身边人，将家风宣讲与尊老爱幼、邻里互助、家庭和睦、合理教子等示范典型事迹分享相结合。

## 二、注重实效，讲好故事，精心烹饪精神大餐

开展家风宣讲，组建宣讲队伍尤为关键。市妇联充分发动基层妇联组织，在全市各行业精心挑选宣讲员，组建成市、县两级家风宣讲团。市级宣讲团成员理论水平高、宣讲能力强，有高校副教授、机关领导干部、专业心理咨询师、教育机构品牌主持人等，主要对机关干部进行宣讲；县级宣讲团成员则多数来自基层，如道德模范、"最美家庭"代表和普通群众。为让宣讲员更好地把牢宣讲主题、掌握宣讲技巧，市妇联还组织市、县两级宣讲员开展了为期三天的集中培训，有效提升了宣讲队伍整体宣讲水平。家风宣讲采取市、县两级宣讲团分层同步宣讲的形式推进。宣讲员在宣讲中注重做到"三个结合"，即与国家方针政策、全市中心工作相结合，如脱贫攻坚、移风易俗、城乡环境综合整治、垃圾分类；与妇联业务工作相结合，如"清洁家庭"创建、争做"最美家庭"、巾帼志愿服务；与百姓现实生活相结合，如正确处理婆媳、夫妻、亲子、邻里四种关系等。

疫情期间，市妇联创新开设"线上娘家"家庭教育服务品牌，拓展网

上组织和工作平台，织密妇联组织网络，为广大一线医护人员、社区工作者家庭提供家庭教育知识、咨询等线上家庭教育服务，做到家风宣讲"不掉线"。

在铜鼓，千场家风宣讲活动得到群众广泛好评，不少没进行宣讲安排的村主动邀请宣讲团为村民宣讲，为让更多家庭受益，该县妇联在网上开设了"家风宣讲课堂"；在宣讲过程中，宣讲员运用浅显易懂的通俗语言，晒家庭幸福、议家风家训、讲鲜活故事，并采取问答、情景剧表演等方式与群众互动交流，使宣讲更具交互性、体验性、趣味性，使纯正家风更加深入人心。

值得一提的是，不少宣讲员在宣讲时将"家"的内涵进一步延展放大，由"家"到"国"。通过家庭、家风这个小切口，将宏大凝练的社会主义核心价值观阐释得更丰满、更生动。

### 三、树立品牌，建立"智库"，家风宣讲向纵深拓展

为打造千场家风宣讲品牌，将家风宣讲向纵深推进，市妇联建立了由24人组成的家风宣讲人才智库，成立了家庭教育指导中心。人才智库人员以强化家长家庭教育主体责任、提高家长家庭教育水平、培训儿童优良品质和健康人格、促进儿童健康成长为目标，开展形式多样的家风宣讲公益活动，帮助、引导全市广大家长树立正确的家庭教育观念，掌握家庭教育方法，自觉履行家庭教育职责。

市妇联还组织权威专业人士对千场家风宣讲优秀讲稿进行了评选，进一步提炼总结家风宣讲成功经验与做法，评选出一批优秀讲稿，表彰了一批优秀讲师，出版了一本《新时代新家风——宜春家风宣讲获奖讲稿和家风故事汇编》。

如今，宜春市妇联开展的千场家风宣讲活动已经覆盖了全市每一个乡、镇，每一个村（社区）。下一步，我们将创新思路，搭建更多平台与载体，推动千场家风宣讲向纵深拓展，推动社会主义核心价值观进一步落细、落小、落到实处，让好家风浸润每个家庭，为建设区域中心城市提供强大的精神力量。

# 发扬井冈山精神，推动家庭家教家风建设

吉安市井冈山市妇联

为贯彻落实习近平总书记关于"注重家庭、注重家教、注重家风"的重要指示精神，井冈山市妇联高度重视家庭家教家风建设工作，把家庭作为培育和践行社会主义核心价值观的前沿阵地，把发扬井冈山精神融入家庭教育当中，以文明家庭创建、寻找"最美家庭""清洁家庭"创评等为载体，积极探索培育优良家风美德的有效途径，通过开展丰富多彩的家庭文化建设活动，营造出家庭文明建设氛围，推进全国文明城市创建，为提升社会文明程度发挥了积极作用。

## 一、持续开展家庭教育培训，提升家庭家教家风建设

第一，每年邀请全国家庭教育巡讲团及省吉安市家庭教育专业老师，在井冈山中学、龙市中学等每个学校每年至少举办2期以上家庭教育专题讲座，聘请家庭教育专家、家庭教育骨干讲师及相关志愿者通过专题讲座、亲子活动、游戏互动等形式，持续深入各乡镇街道、村社区开展家庭教育活动，宣传社会主义核心价值观，传播科学的家教理念和方法。

第二，市妇联、市教体局联合主办，江西省吉安市网上家长学校提供技术支撑，建设"井冈山市网上家长学校"综合教育门户网站。网上家长学校家教资源为公益性质，设立免费咨询电话，宣传科学家庭教育理念，提供最新家庭教育资讯，积极构建学校、家庭、社会紧密协作的教育网络。

第三，依托"儿童之家""妇女之家"等妇女儿童活动场所，组织开

展亲子阅读活动、"陪伴的力量"公益讲座，提升农村家庭科学的家庭教育理念。

第四，依托各社区家长学校、学校家长学校，通过家长学校有计划地向家长宣传推广科学的教育方法，提高家长的育人能力。

第五，建立了全市乡镇村（社区）三级家风家教微信群，定期线上发布家风家教、亲子教育等知识。

## 二、广泛开展家庭文明建设，培养良好家风家教

一是在全市开展文明家庭、寻找"最美家庭"活动。积极与新闻媒体联手，在全社会形成强大舆论声势。利用广播、电视、报纸、网络等媒介开辟专题和专栏，集中时段宣找寻找活动开展情况，记录"最美家庭"的感人故事，最大限度扩大群众的知晓率和活动的社会影响力。广泛发动群众参与，张贴和播出统一印制的活动宣传画、宣传片，形成全社会关注、支持、参与寻找"最美家庭"活动。市委宣传部、市妇联还对评选出的文明家庭、"最美家庭"举行了隆重的表彰大会，并将先进事迹在电视、网络上展播。

二是开展"清洁家庭"创建活动。为了让全市广大家庭尤其是农村家庭在一个干净、整洁的环境中，共建共享美丽家园，井冈山市妇联在全市城乡集中开展清洁家庭评比工作。为确保对乡镇村每村每户进行实地入户评比，并在评比中向广大妇女群众和家庭宣传健康、清洁的家庭生活理念，井冈山市妇联来到荷花乡大仓村，进行现场入户，现场宣传、现场评比、现场挂牌，贴近群众，掀起清洁家庭评比工作的高潮。各基层妇女组织积极发挥妇联群众团体的作用，帮助空巢老人、留守儿童、残疾人等特殊困难群体整理、打扫家庭卫生，使清洁家庭工作深入到千千万万个家庭。2020年3月，为表彰先进，市妇联举办了表彰大会，表彰了在清洁家庭评比工作中表现突出的先进集体和个人，评比出8个市级清洁家庭，并要求各基层妇女组织再接再厉，宣传健康、清洁的家庭生活理念，为创全国文明城市添砖助力。

## 三、结合井冈山特色，把红色精神融入家庭家风家教

一是组织开展举办全市"讲好故事"讲红色故事比赛。在全市开展"讲红色故事"进机关、进农村、进社区、进学校"四进"活动，掀起了全市妇女儿童和发扬井冈山精神传承良好家风家教的热潮。

二是组织"小手拉大手　共创文明城"活动。结合文明城市创建，围绕文明出行、垃圾分类、保护环境等开展"小手拉大手"活动，以孩子的文明行为带动家庭及社会文明素养的提升。

三是开展"书香飘万家"学习阅读活动。在瑶前村森然留守儿童之家和沟边村儿童快乐家园开展"书香飘万家"亲子阅读及红色诗词诵读活动，组织志愿者在社区开展"全民阅读　你我相约读书会"活动，让孩子们感受读书的乐趣。

## 四、创建家风家训家教示范基地，培育好家风好习惯

第一，在井冈山旅游景区展示红色家风家教，如井冈山市博物馆，每年免费为几十万名游客开放，为游客讲解，传播红色教育，井冈山市博物馆被命名为"全国家庭教育创新实践基地"光荣称号。

第二，专门在茨坪村建立了一个培育好家风、传承好家训的示范点，举办好家风好家训书法作品征集活动，并通过微信公众号和妇女之家对优秀书法作品进行了展示。

第三，古城镇坳头村"长望家风家训示范基地"把家风家训文化建设纳入村建设整体规划，结合长望美丽乡村的特色，将家风家训文化与社区历史、经济发展、民风民俗和廉政文化等有机结合，打造了一个充满文化气息的家风家训教育基地。

# "寻访古迹 阅读萍乡"活动助力家庭教育

*萍乡市图书馆*

为让更多未成年人深入了解家乡的历史文化，增强爱祖国、爱家乡的意识，2019年6月，萍乡市图书馆启动了"寻访古迹 阅读萍乡"未成年人阅读推广文旅融合研读活动。参与者以家庭为单位，通过寻访家乡古迹，将阅读与研学相结合，深入了解蕴藏在古迹里的历史故事，揭开美丽古萍乡的神秘面纱。

此次研读活动在萍乡市引起了强烈反响和广泛关注，官方微信关于活动报道的点击量达4000次以上。活动通过家庭研学促进阅读的方式在未成年人中起到了很好的阅读推广效果，为促进和谐的家庭亲子关系、树立书香传家的良好家风发挥了积极作用。

## 一、活动内容

### 活动一："寻访古迹 阅读萍乡"研学景点打卡

"寻访古迹 阅读萍乡"活动的参与对象是萍乡范围内小学及初中阶段（6～15岁）的学生。报名参与活动的中、小学生通过线上（萍乡市图书馆网站、萍乡市图书馆微信公众号）、线下（萍乡市图书馆少儿部，莲花、上栗、芦溪、安源、湘东等县区图书馆）的报名方式获得审核通过后，可以到线下各馆领取旅游护照。在活动的有效时间范围内，参与人员从"寻访古迹 阅读萍乡"活动组规定的24个景点中任选8个开展研读活动。参与人员需要与古迹合影，并集齐八张合影照片粘贴于旅游护照中，制作完成后交送至萍乡市图书馆。完成任务的参与者将获得研读证书一本及精美图书一册。

截至2019年8月20日，共有256名参与者完成了该项研读活动，向市图书馆递交了研读景点打卡护照。参与活动的学生通过将书本上阅读到的家乡与通过研学了解到的家乡进行对比，对自己的家乡都有了更加深刻的了解。

**活动二："我心中的古萍乡"征文比赛**

该活动是"寻访古迹 阅读萍乡"研学活动内容的延伸，参与者将研学过程中获得的对家乡更深层的了解和认识以文字的形式体现出来，对未成年人良好价值观的建立具有较好的促进作用。此次征文活动共收到参赛投稿145篇，其中小学组76篇，初中组69篇。在参赛稿件中，我们既看到了小作者们对美丽古萍乡的用心描绘，又看到了他们通过阅读萍乡历史与寻访萍乡历史名人故居后的有感而发。参观完那些定格在历史洪流中的古迹，让他们深深感受到作为一名萍乡人是如此的骄傲，感情真挚地抒发了对祖国、对家乡的热爱之情。

此次征文比赛在小学组和初中组中分别设立了一等奖一名、二等奖三名、三等奖四名。为确保比赛公平、公正，市图书馆特别邀请了萍乡市安源区作家协会、萍乡市女子诗社的老师对参赛稿件进行评选，来自市辖区及三县、两区的16名中小学生获得了奖项。

## 二、创新亮点

**1.将阅读与旅游融合，促进家庭阅读氛围的形成，助力家庭亲子关系和谐**

"寻访古迹 阅读萍乡"活动旨在提高未成年人的阅读兴趣，促进家庭阅读氛围的形成，增强未成年人爱祖国、爱家乡的意识。

从萍乡市图书馆2019年开展的萍乡市未成年人阅读情况问卷调查统

计数据来看，参与问卷调查70%以上的家庭对于阅读的重要作用和真正价值并没有正确地把握和理解。许多家长都在无意识地将孩子推向"工具式阅读"，关注点都在通过阅读掌握了多少知识、对于升学是否能够起到作用，却忽视了对孩子阅读兴趣、阅读习惯及早期价值观的培养。"寻访古迹　阅读萍乡"活动，通过在阅读中融入游学，强烈激发了未成年人读者的阅读兴趣。参与者将阅读中了解到的家乡历史与研学中通过古迹景点看到的家乡历史进行对比，不但加深了阅读记忆，增进了阅读效果，也促进了参与者进行更加深入的思考，对家乡的历史文化有了更加清晰的认识。

据统计，此次活动中有98%的参与者是以家庭为单位开展并完成研学任务的。新颖的活动形式，获得了许多家长的支持和参与。通过研学，使得更多家庭更加重视家庭阅读、亲子阅读以及家庭阅读氛围的营造。

### 2.活动立足本地红色、古色文化资源，组织家庭参与，将社会主义核心价值观落细、落小在家庭

在古迹景点的安排上，"寻访古迹　阅读萍乡"活动组通过参考优秀赣版书、地方文献等资料，选取了24个代表地方特色和红色文化的景点，让参与者在游学过程中，对家乡的历史文化有了具体化的认识，增强了参与者热爱家乡、热爱祖国的意识，潜移默化地将社会主义核心价值观落细、落小、落实在家庭。

### 3.联合县区公共图书馆共同开展阅读推广，助力家庭共享优质阅读资源社会成果

"寻访古迹　阅读萍乡"活动采取市级馆与县区馆联合开展活动的形式，各馆都以较低的成本获得了较好的阅读推广效果。在研学打卡的景点安排上，充分考虑三县二区的古迹资源予以安排打卡景点，使得各县区的中小学生可以就近参与活动，方便他们完成打卡任务。市级馆和县区馆联合开展宣传，线上、线下，馆内、馆外多管齐下，使得活动知晓度及活动关注度都获得提高。

# 助力爱心人士，传承朱子家风

## 九江市永修县艾城镇妇联

江西九江市永修县艾城镇有一个叫大屋朱村的村庄。根据村民保存《朱氏族谱》文字资料显示，此村朱姓村民，均为朱熹后裔。在九江市、县、乡三级妇联的共同努力下，成立永修县儿童之家，扎实开展"家庭家教家风"工作。

### 一、创新思维，多举措开展家庭家教家风工作

年近70的退休干部朱新民，是土生土长的大屋朱村人，退休前为江西九江开发区组织宣传部副部长。2016年，朱新民提出想在老家祖籍地修建一座公益文化楼的想法，并正式向村委会提出了申请。得到村委会的认可之后，朱新民立即召集兄妹商量，其妹妹朱小兰为中国交通银行高管退休。两个弟弟都非常支持在祖籍建立文化楼的方案。大家立即筹集了40万元资金，开始了文化楼的设计和施工。

朱村，有一位曾经长期在北京故宫担任维修木工的老师傅朱承鹤。朱新民和朱承鹤达成了修建一座传统式木屋的方案。经过3年的努力，目前，呈现在我们面前的是一座纯手工制作的榫卯结构的全木楼，具有极高的欣赏价值。

文化楼以朱新民老师父母名字署名为"松芬文苑"，门头匾牌由"共和国演讲家"彭清一老师题写。一楼东厢房为"爱心屋"，门头匾牌为"共和国演讲家"李燕杰老师题写；屋里主要存放爱心人士捐赠留守儿童

的物品；西厢为公益图书馆，主要摆放着朱新民老师自己的部分近万册藏书；二楼设置陈列室、读书室、小型会议室，用作学术交流。

"松芬文苑"落成之时，朱新民代表兄妹意愿，将钥匙交给朱村党支部书记和村主任，象征图书馆无偿向村民开放，委托村委会进行图书馆管理。

## 二、齐心协力，打造一个传统文化的传播基地

1.《朱子家训》是朱氏家谱特有的宝贵遗产。《朱子家训》寥寥数百字，却全面阐述了朱熹关于做人的准则：仁、义、礼、智、信。《朱子家训》字字珠玑，是朱熹治家、做人思想的浓缩。《朱子家训》倡导家庭亲睦、人际和谐、重德修身。俗话说："做官先做人，官清先家清。"为官者《朱子家训》不可不读，不可不看，不可不学，不可不用。事实上《朱子家训》是开展家庭家教家风工作的宝贵教材。

2.朱新民老师和妻子雷晓云，都是中国梦演讲团主讲报告员，曾多次随中国梦演讲团前往美国、欧洲等高等院校演讲。他们曾经带着竹简版的《朱子家训》，作为礼物，赠送给各高校，把优秀传统文化传向世界。

3."松芬文苑"如今已经成为当地孩子们一个重要的学习场地。该图书室藏书量大，环境好。对于周边的孩子具有极大的吸引力，每逢节假日，很多附近村庄的孩子，也会来到图书馆借阅书籍。

4.不定期地举办知识讲座。朱新民老师回村，是孩子们最开心的日子。大家会涌向"松芬文苑"，听朱老师在文苑讲课，渊博的知识、风趣幽默的风格深受孩子们的欢迎。

## 三、利用社会爱心力量，开展多种形式的活动

1.2019年11月28日，永修县妇联联合关工委、艾城镇政府在艾城镇朱村举行爱心公益活动。朱新民老师为家乡的孩子们捐献了爱心阅览室、图书及衣物，为孩子们送去了温暖和关爱。关工委执行主任欧阳洁、艾城镇党委书记游小云、县妇联副主席熊欣、朱村小学教师及学生、朱村部分村民、爱心人士朱新民老师一行等共计百余人参加活动。此次活动给朱村的留守儿童

带来了一份寄托、一份希望,给孩子们在这个寒冬带去了无限的温暖。

2.2020年1月14日,九江市妇联、永修县妇联联合主办"'把爱带回家'寒假特别行动"活动在艾城镇朱村举行。九江市妇联副调研员马赣,妇女儿童活动中心主任胡康林,县政府副县长、赣江新区永修组团管委会副主任闵柳莺,县妇联主席陈红,县妇联副主席熊欣,艾城镇党委副书记夏战峰,爱心人士朱新民老师等人出席活动。在寒冷的冬天给孩子们送去了温暖和关爱,让留守儿童和困境儿童在享受亲情中度过了一个美好的假期,为孩子们撑起一片爱的天空,活动最后为孩子们送上了新年温暖包和新春的祝福。

3.朱新民老师作为新中国第一代留守儿童,以亲身经历,在现场为孩子作"乡音乡情与感恩"的演讲。告诉孩子们,如何迎接在外打拼一年回家的父母。

4.邀请朱新民老师到朱村学校为孩子们讲授优秀的传统文化。《东坡肉》的故事,是朱老师40多年前以故乡为背景而创作的。他们进行了接地气的交流,朱老师激励孩子们努力学习,奋发图强。

# 创建"父母成长读书会",提高家校共育水平

*南昌市雷式学校小学部*

## 一、产生背景

南昌市雷式学校小学部于2016年9月创建,采用名校加民校的方式,由素有"基础教育摇篮"之称的江西师范大学和被称为"江西民办培训教

育航母"的雷式教育集团强强合作,联合办学。

创办之初,学校就注重家校合作,着力推进学校与家长的密切关系,促进共同成长。2017年12月15日,南昌市雷式学校被江西省教育厅批准成为"江西省制度化家校合作试点学校",这是对学校建校一年多来凝心聚力、家校共育、开门办学的高度肯定。

如何进一步创新形式开展家校共建共育活动?如何真正让学校、教师、学生、家长共同成长?这是摆在我们面前值得思考的问题。

2018年1月寒假,学校为教师举办内训,主题是阅读与演讲,激发了教师深阅读的热情,教师们的假期阅读计划和变化,让我们欣喜和感动。

阅读促进人的精神成长。我们想,如果教师能带动家长阅读,家长也会得到成长。于是,学校决定创建"父母成长读书会",推动校园书香飘向家庭,亲师共读带动亲子共读,优良校风影响家风。

## 二、主要做法

2018年3月16日,南昌市雷式学校父母成长读书会正式挂牌,宣告成立。迄今为止,我们坚持每月一聚,努力为家长和孩子提供和营造积极向上的精神聚会,每月一本触动心灵的好书,每月一场一起成长的聚会,每月一次通往幸福家庭的旅程。

### 1.关于入会对象

我们欢迎热爱学习、热爱阅读、热爱分享、热爱生命的家长朋友们加入,无论他从事哪个行业,只要怀有积极信念、渴望成长,我们都欢迎加入。

### 2.关于报名方式

在利用家长会和班级微信群对全校家长进行宣传之后,我们采取了在线网报的形式进行限时抢报。

### 3.关于阅读书目

我们采取会员推荐的方式,让大家贡献集体智慧,去寻找去共读对会员成长有意义、有指导、有帮助的书籍。

例如，我们全体会员一起共读了《遇见孩子，遇见更好的自己》《习惯的力量》《正面管教》《爱的教育》《游戏力》《P.E.T.父母效能训练》《如何说孩子才会听 怎么听孩子才肯说》《童年的秘密》《论语讲义》《学庸论语》等。

### 4. 读书形式

我们第一年采取的是全体会员每月共读一本好书的方式，第二年调整分成平时个人自由阅读和每季度大家共读一本书两种方式。

我们每月定期组织开展一次会员现场读书碰撞交流活动。为保证每位会员参加分享的时间以及主讲时间，一起深度阅读，我们把全体会员按照男女搭配、老师和家长搭配等，将所有会员分成若干个小组，平均每组15人左右。

现场交流时，首先是全体会员的热身活动，学校会策划组织一些互动性、参与性强的体验活动，让会员们积极参加，加深了解。然后再分组交流，小组每位成员将自己一个月以来对阅读书目的理解和感悟分享给组员，其中包括一位主旨分享。主旨分享者发言时长控制在15分钟左右，其余组员每位限时6分钟。

我们要求会员按时参加每次的读书现场交流活动。每月一次雷打不动的读书会，看起来容易，坚持起来难。会员允许一年中请假3次，但如果超出，我们视作自动退会。

同时，学校为会员孩子一年至少设计策划两次不一样的读书活动，还不定期邀请专家对会员开展讲座，并隆重举办周年庆典活动。

## 三、基本成效

### 1. 队伍扩大

第一次从发出通知到正式招募，短短一天时间，就有46名家长积极报名加入，占当时全校家长总数的27.3%，这个数字让我们惊喜。

发展到今天，我们的父母成长读书会共有家长会员139名，对校风、家风建设起到了良好的引领作用。

**2.活动积极**

读书会成立以来,会员们认真读书,记录心得,坚持分享。会员们不仅按时参加每期的现场分享活动,还带动并影响孩子爱上阅读。

**3.四个变化**

两年多来,我们明显感觉到了四个变化:第一,家校关系进一步融洽;第二,会员的家庭氛围、夫妻关系、亲子关系进一步改善;第三,会员之间的链接进一步密切;第四,会员个人素养通过阅读和分享得到进一步的成长和提高。

今后,学校将会以现在的工作为基础,继续深入研究、实践,真正实现"打造一所学校、教师、学生、家长共同成长的情智乐园"的办学目标。

# 开展幸福家庭教育,提升家庭教育工作成效

## 上饶市朱熹纪念馆

江西省上饶市朱熹纪念馆(以下简称"纪念馆"),自2011年8月开馆以来,围绕"传承朱子思想、弘扬优良家风、成就幸福家庭",在弘扬中华传统文化、家庭家教家风培育等方面做了一系列工作,取得了可喜的成绩,产生了较好的社会效益。已荣获第五批江西省文化产业示范基地、江西省社会组织公益事业首批示范基地,2017年被评为江西省家风家教示范基地等荣誉。

## 一、产生背景

家庭建设,特别是家庭教育,关乎少年儿童的健康成长,关乎党和国家的长期发展。家庭建设的重点是家风,而家风建设的基础是家教,以习近平同志为核心的党中央高度重视家庭建设和家庭教育,把家庭建设作为治国理政的重要基点,提出了"爱国爱家、相亲相爱、向上向善、共建共享"的中国特色社会主义家庭建设的十六字方针。然而,由于经济社会的发展,一些家庭在家风家教上出现了问题,出现了一些"怪象",导致家庭不和谐、子女教育不好,甚至家破人亡的现象,很让人担心和痛心。

## 二、主要做法

依托朱熹的理学思想,采用国学公益课堂、周末家庭教育讲座、开展礼仪活动、家风家教走进校园等形式,宣传推介爱国文化、孝文化、廉政文化思想,同时结合当前社会发展出现的实际情况,融合心理学等方面的知识,使幸福家庭教育更具针对性。

## 三、基本成效

通过多年来的努力,我们已将家庭建设中存在的问题加以梳理,分门别类,逐一进行研究探讨,形成了一套行之有效的家庭教育方法。

## 四、示范推广的情况

### 1.举办第九届国学公益讲座"人生至要莫若教子"

2016年3月11日,纪念馆因家长普遍的困惑和需求,特邀请全国传统文化宣讲老师、上饶市中华传统文化促进会常务副会长潘期尧老师开讲"人生至要莫若教子"公益讲座,旨在加强家长和孩子的沟通,促进家庭和谐,帮助孩子健康快乐地成长。很多家长现场激动落泪,触及内心,希望能听到潘老师更多的指导。

### 2.举办"一生成败的根本——教育的真谛"国学公益讲座

2016年7月3日,再次邀请潘期尧老师到纪念馆给家长们讲课,主题是

"一生成败的根本——教育的真谛"，传承老祖宗的育儿智慧。近两个小时的讲座，家长们从未走动，感动得落泪，深深感到目前的教育十分需要传统文化和孝道来引领。

### 3.举办"倡导好家风，弘扬正能量"公益讲座

2016年12月24日，由东市紫阳园社区联合纪念馆举办了一场主题为"倡导好家风，弘扬正能量"的公益讲座。邀请潘期尧老师主讲，中华传统文化促进会副会长、朱熹书院多元国学班负责人周益宏老师主持。讲座介绍并学习了习近平总书记近期的重要讲话，特别是在会见全国第一届文明家庭代表时的重要讲话。多位听众上台分享，表示要从我做起，从家庭做起，把齐家就是爱国，千家万户都好了，国家才能好。

### 4."做智慧父母之——正面管教"公益讲座

2017年8月6日晚7:00—9:00"做智慧父母之——正面管教"公益讲座在朱熹书院圆满落幕。由樊登读书会谢娟子副会长一行给家长们带来精彩的体验互动课程，点醒了很多家长，让参与的人员感悟到了家庭教育的真正内涵。

### 5."家教智慧"公益讲座走进校园

2017年11月11~22日，朱熹书院特邀请到深圳儿童教育专家、国学经典教育专家——李红花老师，朱熹书院执行院长潘期尧，朱熹书院国学教师宁芳老师分别在纪念馆、上饶市第十二小学、上饶市第七小学、上饶市第八小学巡回给一年级家长上了五场"家教智慧"公益讲座。各位老师结合目前社会现状剖析了家庭教育的不足，生动有趣、深入浅出的演讲赢得了家长阵阵掌声和共鸣。

### 6.每周六晚上长期开办公益家长国学课堂

朱熹书院首场公益家长国学课堂于2018年2月17日晚隆重开办，由潘期尧执行院长开讲主题为"学习老子智慧，收获幸福人生"的课程。潘老师的课程非常吸引人，课堂上座无虚席，大家全程聚精会神，非常认真听讲，很有收获。

### 7.举办社区矫正人员专场学习会

为了进一步发挥书院在弘扬和传承文化的优势，促进家庭和谐，2018年10月开始与信州区司法局联合开展"传承优良家风，构建幸福家庭"社区矫正人员专场学习会，邀请朱熹书院常务院长周益宏先生举办"《论语》修身齐家的智慧"系列讲座，从修身齐家的根本出发，阐述人生的价值和意义，帮助他们重树信心，建设美好家庭，感恩社会，取得了较好的效果。

### 8.2020年廉洁家庭公益讲堂暨智慧父母研修班开展情况

为进一步做好廉洁家庭教育工作，倡导家风家教的优良传统，促进家庭社会和谐幸福，自2020年5月开始，在每周六晚上举办"信州区廉洁家庭公益讲堂"暨"朱熹纪念馆智慧父母研修班"，整个活动采取家长与孩子分开学习、共同成长的方式进行，受益的家长孩子已近千人，受到了社会各界的欢迎和广泛好评。

# 家庭教育基地促家庭教育工作落地

## 上饶市家庭教育协会

"让上饶的家庭更幸福，让上饶的孩子更卓越"是上饶市家庭教育协会成立的初衷。设立家庭教育基地，是实现家庭教育工作落地的有效途径之一。

### 基地落成篇

上饶市玉山县的官溪是一座有文化、有传统、有故事的古村落，因盛产博士而闻名遐迩，素有"博士之乡"称号。两弹功臣、中科院院士胡仁宇便是官溪"博士"的杰出代表。

官溪家庭教育传统源远流长，硕果累累。官溪胡氏源于婺源"清华一脉"。秉承朱子理学"物物太极""格物致知"思想，号称"理学名宗"。自古崇尚家风家训家教，以《圣谕十六条》为训，因此"官溪胡氏人财旺，世代辈出国栋梁"。官溪社区家规家训对官溪的家庭、学子和社会产生了重要影响，为丰富中华家庭教育文化作出了积极贡献。

官溪民风淳厚朴实，团结奋进。胡氏宗祠就是这种厚重人文的生动见证。胡氏宗祠享有"江南第一祠"之誉，荣赫异常，1987年列入江西省重点文物保护单位。"月开十口成千古，水别三溪共一源"。析居于官溪、桃溪、梅溪之胡氏三脉同根，并寄三脉如三溪共源般精诚团结，携建美好家园之寓意。而今的官溪，民风依然纯正。功成名就之士故里饮水思源，发家致富之民回乡好善乐施。长者引领前行，后生奋发图强。

官溪山清水秀，古村新韵。官溪青山逶迤，村落隐隐，溪水潺潺，小桥弯弯，老街寂寂，古巷幽幽，院落古朴宁静，居舍青砖黛瓦。近年来，官溪在"秀美乡村"建设中，一方面保护传统文化、民俗文化，另一方面改善村民居住环境、生态环境。优秀的家风家教发扬光大，《胡氏家训》户户门前贴，家家堂中挂。千年古村透出历史的缩影和时代的韵味，形成了远近闻名的"官溪样板"，被确定为"江西省首批传统古村落""AAA级乡村旅游点""上饶市2017年十大特色乡村旅游点"。

为更好地挖掘本地优质素材，上饶市家庭教育协会负责人多次前往官溪进行考察，在镇村领导及各界人士的大力协助之下，官溪成为上饶市家庭教育协会首批"新时代家庭教育实验基地"。

## 研学实践篇

根据《关于推进中小学生研学旅行的意见》，2018年11月24日，上饶市家庭教育协会会员单位、上饶广信区第一小学组织了50余人开展了以"探寻博士家风，唤醒成才梦想"为主题的研学之旅。

## 一、活动安排

**1. 活动前做足准备**

（1）学校将通过班会课、升旗仪式等形式带领学生们了解玉山官溪村博士村的相关资料。在五年级学生中开展以"探寻玉山官溪博士家风"为主题的知识竞赛活动。活动由学校德育处组织，围绕"玉山官溪为何称为博士村""该村出现了多少位博士""在玉山官溪最为出名的对后代很有影响的家风是什么"等问题，引导学生通过网络等寻求答案。各班则通过知识抢答、试卷测试等形式加以考查。

（2）以"当小记者，寻博士梦"为课题，请专业老师上一堂口语交际课，为官溪采访做准备。

积极参与以上活动者，才可获得参加该次活动的入场券。

**2. 活动中形式多样**

（1）看：参观玉山县博士博物馆，初步领略博士文化，激发游官溪博士村的欲望。

（2）听：游官溪广场，听梅爷爷讲博士故事。

认真聆听官溪资深宣传员梅爷爷介绍官溪，并参观博士墙、两弹一星、火箭模型等，初步感知博士现象。

（3）做：亲手制作豆腐，感恩饮食文化。

青山秀水孕育博士成长，官溪豆腐因成就了博士而闻名。安排体验博士儿时的农家生活，感受土法制豆腐的制作工艺。食用时，学习就餐感恩文化。感恩农民伯伯的辛勤耕种，感恩父母的辛勤养育……

（4）访：访博士乡邻，树博士梦想。

由专业老师强化采访培训，指导编列采访提纲，并现场模拟采访练习。最后在带队老师的组织下，分组进行采访，并做好记录。现场也可以编辑成通讯稿子或记录采访的过程及心得。（晚上分组对决，通过记分的形式比赛）

（5）劳：挖红薯，体验博士儿时的农家生活。

分组前往红薯地，开展挖红薯比赛，做一个热爱劳动的未来博士。

（6）说：对决分享成果感受，评选优秀小组。

篝火晚会：分享采访成果、表演节目，有奖问答（与白天活动内容相结合）、篝火中烤红薯等，组织人员及时进行分数统计并公布。

（7）观：瞻仰胡氏宗祠，进胡仁宇故居。

组织全体学生前往胡氏宗祠参观，近距离感受博士文化，接受博士润泽。（请远在他乡的博士电话鼓励大家）

### 3.活动延伸

（1）分享：将官溪之行与朋友或爸爸妈妈分享（可将作品邮寄到上饶市家庭教育协会）。

（2）以手抄报、诗歌、记叙文、采访稿等形式记录此次官溪之行。由学校组织评选并编印成册。

同年12月23日广信区（原上饶县）第八小学100余人参加了官溪研学游活动。

## 未来构思篇

官溪基地开展研学游活动，用事实证明了"眼见为实"的教育效果，身边的榜样往往具有更大的助推力。因此协会进一步考察了铅山县石塘镇、婺源县桃溪村、德兴市海口镇等地家庭教育资源，待条件成熟，将建立不同特色的家庭教育基地。

山 东

# 树清廉家风　筑清廉之岛

青岛市妇联　青岛市纪委机关

为认真贯彻习近平总书记"三个注重"重要指示精神，落实全国妇联、省妇联"家家幸福安康工程"以及"树清廉家风　创最美家庭"等部署要求，结合青岛市纪委开展的"清廉之岛"建设要求，大力涵养清正廉洁价值理念，引导党员干部修身律己、廉洁齐家，营造崇德尚廉的良好氛围。2020年4月，青岛市纪委机关、青岛市妇联联合下发了《关于开展"树清廉家风·筑清廉之岛"系列教育活动的通知》，通过开展"讲好清廉故事""树立清廉典型""用活清廉园地""弘扬清廉文化"四大教育活动，让清廉故事耳熟能详、清廉典型学有榜样、清廉园地随处可见、清廉文化引领风尚，系列教育活动取得显著成效，产生了良好的社会宣传效果，活动得到了广大党员干部和群众的高度评价，先后被中国文明网、《中国纪检监察报》、《大众日报》等媒体刊发。

## 一、讲好清廉故事

结合"家和万事兴"巡讲活动，青岛市妇联邀请周恩来总理的侄子周保章老人通过视频形式向大家讲述了周家的清廉家风以及"十条家规"等故事。邀请《铁道游击队》作者刘知侠的夫人刘真骅为党员干部讲述《一个忠诚的共产党员》的故事。在党员干部家庭中开展家庭美德、家庭助廉教育活动，讲出好故事，发出好声音。广泛宣传中国古代清廉家风、红色家庭清廉家风、岛城名人清廉家风和"最美家庭"清廉家风故事，弘扬以廉立身、以廉治家、以廉教子的优良传统。将红色旅游与廉政文化教育有机融合，结合地域特色，把毛公山清风馆、大泽山抗日战争纪念馆等串点成线，建设区（市）红色教育线12条，打造半小时警示教育圈，持续筑牢"不想腐"的思想防线。

## 二、树立清廉典型

2020年青岛市妇联与市委宣传部、市纪委等11家单位联合下发寻找"最美家庭"的文件，将勤俭持家、廉洁从政等内容纳入"最美家庭"的评选条件，建立"最美家庭"常态化寻找机制，2020年5月12日命名205户"最美家庭""绿色家庭"和50户抗疫"最美家庭"。抓住国际家庭日等重要时间节点，广泛宣传曲崇太等廉洁从政家庭典型，动员更多家庭参与"清廉之岛""最美家庭"等家庭文明创建活动。各级妇联组织开展家风家教主题宣传活动，以报告会、文艺演出、事迹展览等多种形式宣传清廉典型，以优秀的家风带动培育良好的社风。

## 三、用活清廉园地（课堂）

2020年5月12日"国际家庭日"前夕，"青岛市妇联廉政教育基地"在青岛市清廉家风馆挂牌，成为引领岛城家庭学习廉洁知识、培育廉洁理念的重要载体。8月4日至7日，市纪委机关、市妇联在全市组织开展"清廉之岛家庭助廉"系列活动。组织市直各部门（单位）主要负责同志配偶，各区（市）党委、人大常委会、政府、政协主要负责同志配偶参加活动。参加活动的领导干部配偶们集体参观市清廉家风馆，学习了习近平总书记关于"家风"的重要论述和开国领袖们的廉洁治家格言，青岛地区清正廉洁的传统家训，时代先驱、革命先锋的忠勇事迹和以国为家的勤廉故事等，收到良好教育宣传效果。各级妇联组织用好市、区（市）、镇（街）、村（社区）"四级廉政教育阵地"，将清廉家风内容纳入阵地建设，依托阵地组织活动，打造半小时廉政文化教育圈。在各级妇女之家、妇女儿童家园、社区"父母学堂"等阵地增设廉政教育内容，定期组织全市妇女参观开展党性主题教育、党规党纪教育、典型示范教育、警示教育、岗位廉洁教育等教育活动,实现教育覆盖"无盲区",更好地发挥党员干部和妇女群众在家庭文明和廉洁文化建设中的重要作用。

### 四、弘扬清廉文化

开展"书香飘万家"亲子阅读、家风故事汇展演等主题文化宣传活动。指导各区(市)开展丰富多彩的廉政征文、绘画、摄影展览等活动,举办各类家风文化主题活动,在党员干部家庭中开展家庭美德、家庭助廉教育活动,广泛征集清廉故事、家书、楹联等反映清廉家训家规家风的故事、图文、影像等,引导创建清廉家庭、文明家庭,灵活运用传统媒介和新媒体形式开展公益宣传,将廉洁理念融入千家万户。各级妇联组织与纪委联合打造"党史清廉课堂",用心用情讲好青岛党史人物的清廉故事,强化清廉元素,引导党员、干部修身律己、廉洁齐家,培养现代文明人格,努力打造干部清正、政府清廉、政治清明的"清廉之岛",不断夯实全面从严治党的治本根基,为建设开放、现代、活力、时尚的国际大都市贡献力量。

# 推动社区家庭教育,促进科学家教理念传播

*淄博市妇联*

### 一、产生背景

家庭教育作为现代国民教育的重要组成部分,是学校教育和社会教育的基础,也是社会主义精神文明建设与和谐社会建设的重要内容。重视和

加强家庭教育工作，对促进未成年人思想道德建设和提升国民素质具有基础性作用，是青少年健康成长成才和国家培养合格建设者与可靠接班人的迫切需要。近年来，淄博市妇联不断拓展社区家庭教育工作领域，以"为家赋能·好家教伴成长"为主题，开办广播课堂、网上课堂、深入社区开展家庭教育巡讲等，将市级优质资源配送至区县、社区，提高社区家庭教育水平，有效促进了科学家教理念传播。

## 二、主要做法

### 1.坚持顶层设计，构建社区家庭教育工作网络

一是加强调查研究。为给未成年人健康成长创造良好的家庭环境，市妇联从调查研究入手，先后开展了"淄博市家庭教育现状调查""社区未成年人活动状况调查"等专项调查研究，确定了家庭教育向社区发展的工作目标。

二是加强组织架构建设。建立市级家庭教育工作联席会议制度，明确各部门家庭教育工作职责，形成了党政领导、妇联教育牵头、有关部门配合、社会力量共同参与的工作格局。连续三年举办市家庭教育研讨论坛，同时指导各级层层建立家教理论研究会、家教指导中心（指导站）等家庭教育指导机构。

三是加强保障建设。每年以政府购买服务方式引入专业社会组织开展全市家庭教育指导服务。充分发挥市家庭教育研究会作用，将社区家庭教育理论研究列入市家教会研究重点，建立了4支家庭教育队伍，为开展家庭教育工作奠定了坚实基础。

### 2.整合社会资源，开辟社区家庭教育阵地

市妇联与市文明办、市民政局等部门密切配合，充分挖掘社区教育资源，将家庭教育课堂延伸到社区、广场和各类媒体。

一是规范化建设社区家长学校。市及各区县同步召开社区家长学校建设推进会，明确"三有、四做到"建设标准，全市城市社区家长学校覆盖率达到96%。为提高家长学校的教学水平，市妇联自2008年启动"家庭教育大讲堂"工作项目，围绕五大主题开展家庭教育巡讲进社区，通过社

区菜单点课，市家教研究会统筹安排，在各社区家长学校常态化开课，并探索广场家庭教育分享等形式，将家庭教育的普及推向深入。2020年8月2日，在全市300个社区同步开展"为家赋能·好家教伴成长"家庭教育巡讲。同时为更有针对性解决家长家教疑惑，在试点社区家长学校举办"智慧父母共成长沙龙"25期。

二是创新开展"家庭教育一条街"建设。为大力推动家庭教育指导向社区普惠化发展，市妇联于2018年全面推行"家庭教育一条街"建设，投入资金50余万元在各区县人口密集的社区广场建设"家庭教育一条街"示范点24处，打造了路边街头的家教课堂，实现社区、学校与家庭教育的有效对接。

三是积极打造书香社区。运用妇女儿童家园等阵地，以"书香飘万家"为主题每年组织开展"阅读驻我家"亲子阅读、百万妈妈读书活动等读书沙龙活动，开展"书香家庭"创建，评选"为国教子好母亲"，在家庭读书氛围浓厚的社区打造"书香社区"示范点，建设"爱淄博·爱阅读"朗读亭，命名省市亲子阅读基地15处，扎实推进"书香淄博"建设和"书香家庭"争创。

### 3.创新服务载体，为社区家长和儿童搭建线上平台

打造"互联网+家庭教育"模式，拓展广播课程、微课、网课等高效载体，不断提高利用网络、新媒体传播科学家教能力。

一是持续办好《家有儿女》广播课堂。自2016年起与FM89综合广播合作，开办《家有儿女》广播课堂，每周六下午5：00～6：00组织专家、讲师走进直播间，截至目前共举办230余期。

二是推出一套精品家教微课。利用微信公众号和微信群载体，开办"父母学堂"益家微课，自2017年年初开始每周一节家教微课，近万名家长同步在线收听，精准陪伴各年龄段孩子家庭成长。益家微课堂创新微课教学形式，提前一天增加专家解惑问题收集环节，微课当堂互动解答家长集中提出的问题。

三是建立网上家长学校。开通"益家清声"微信公众号，每周推出一期。疫情期间，市妇联依托市家庭教育研究会开发"为家赋能-益家微

课"10讲,"益家咖言"20讲,有效帮助家长缓解"小神兽"在家学习时的焦虑。

### 三、基本成效

目前社区已经成为全市家庭教育工作的重要阵地,社区家庭教育工作的内容和形式不断丰富,未成年人成长的家庭环境、社会环境得到进一步优化。近年来,市妇联通过家庭教育巡讲等家教活动,整合市级优质资源,按计划深入社区、农村、学校开展家庭教育巡讲,2008年以来,已举办巡讲750余场,受益家长和未成年人13万余人。同时不断拓展家庭教育工作领域,开办广播课堂《家有儿女》,在微信公众号开设"益家微课堂",在社区推进家长学校建设等活动,促进学校、社会和家庭教育网络的不断完善,做足"育"字文章,有效促进了科学家教理念传播。

# 打造"家·课堂"公益品牌,开创工作新局面

*德州市妇联*

### 一、产生背景

习近平总书记在2015年春节团拜会上强调"我们都要重视家庭建设,注重家庭、注重家教、注重家风"。习近平总书记在同全国妇联新一届领导班子成员集体谈话时指出"发挥妇女在社会生活和家庭生活中的独特作用,发挥妇女在弘扬中华民族家庭美德、树立良好家风方面的独特作用"。

2019年国际家庭日，全国妇联启动了"家家幸福安康工程"，全国妇联、省妇联相继制定下发了《家家幸福安康工程实施方案》，为深入贯彻落实习近平总书记关于家庭工作的重要讲话精神和全国妇联、省妇联"家家幸福安康工程""母亲素质提升工程"工作部署，德州市妇联整合社会资源，以服务家庭儿童为主线，以公益课堂为阵地，以亲子活动为载体，继续采取"政府购买服务＋公益"的形式，连续两年实施"家·课堂"公益培训项目，不断开创家庭家教家风工作新局面，进一步弘扬爱国爱家、相亲相爱、向上向善、共建共享的社会主义家庭文明新风尚。

## 二、主要做法

一是立足需求，公开招募。深入村（社区）、机关单位开展专题调研，充分了解各年龄段家庭、妇女、儿童的实际需求。在充分调研的基础上，科学设定活动目标和活动内容，立足亲子互动，家庭参与，设计开展亲子阅读、安全教育、心理健康、家庭教育、传统文化体验、科学实验、儿童保健和疾病预防等活动。连续两年在德州女性之声、《德州日报》刊登招募《关于招募德州市"家·课堂"亲子公益培训项目合作伙伴的公告》，全市近60余个社会组织、培训单位等申报项目。通过现场对接、实地查看等方式，最终共选取了12家社工组织、培训机构承接。通过召开项目对接会、项目启动仪式等形式，进一步提高项目的知晓率和覆盖面。

二是突出特色，内容丰富。突出活动多样性，除了开展传统文化和亲子阅读朗诵外，培训项目更注重儿童心理健康体验、安全教育、野外生存等趣味亲子课程。针对暑期儿童安全事件多发状况，把儿童暑期安全教育特别是防溺水、防性侵等纳入了培训内容，每场亲子活动之前都拿出30分钟时间进行重点讲解，以此提高家长的安全责任意识，杜绝安全事故发生。将"家·课堂"与家庭文明创建、创建全国文明城市、脱贫攻坚等大局工作做好结合。深入34处城市社区家长学校开展家庭教育讲座咨询、垃圾分类宣讲、蚂蚁清城等亲子活动，组织家长儿童走进公共场所，身体力行，为创建全国文明城市贡献一份力量。走进全市67个省定贫困村开展各类亲子活动，让贫困家庭的儿童在活动中学习知识，增长见识。

三是创新方式，家长欢迎。本着方便快捷的原则，科学确定"家·课堂"亲子公益培训活动的参与方式。家长可关注德州女性之声微信公众号或扫二维码进"家·课堂"微信群，在工作人员的指导下，按照兴趣爱好自主选择活动内容，每周四、周五群内小程序报名参加活动。由于项目备受关注，有时不到1分钟名额就被一抢而空。报名成功后，由相应活动负责人把报名成功的未成年人及家长拉进临时活动群，按照前期活动安排，周六、周日上午、下午如期举办活动，报名成功的未成年人和家长按时参加。目前已建立"家·课堂"微信群3个，家庭数达到1264个。

## 三、主要成效

截至目前，全市共开展科学实验、心理健康剧、阅读朗诵、安全教育等亲子体验活动140余场次；举办家庭教育讲座34场次，开播家庭教育微课50余期；"家·课堂"公益培训走进省定贫困村开展活动86场次，受益家长及儿童1.3万余人次。德州市妇联"家·课堂"公益培训先后在山东卫视《晚间新闻》、《齐鲁女性》、德州新闻、《德州日报》等主流媒体宣传报道20余次。

"家·课堂"公益培训项目的科学运作解决了三大难题。一是真正解决了基层活动组织人员难的问题。通过丰富多彩、接地气的活动吸引广大家长和儿童自愿参与，家庭儿童变被动为主动，参与活动中体验感更强，实效更明显。二是解决了妇联人手不足的难题。"家·课堂"公益培训项目吸引了更多的社会组织参与妇联工作，延伸了妇联工作的触角，增加了工作力量，实现工作效益最大化。三是解决了基层活动单一难题。项目具有较强的可复制性，可在各级妇联组织、村（社区）妇女儿童家园进行复制推广。

## 河  南

# "亲爱的爸爸来了"家庭亲子公益活动

### 郑州市妇联

## 一、活动背景

俗话说:"养不教,父之过。"父亲作为家庭中的一员,在家庭教育中担任着重要角色,尤其是在儿童的性格养成、角色认知、行为习惯方面起着举足轻重的作用,对儿童的心理健康有着重要影响。有研究表明,一位尽责的父亲对子女的照顾较母亲对子女的照顾可增加25%~30%的正面成效。然而,在现实生活当中,很多家庭里母亲成了孩子教育的绝对主角,父亲却处于配合从属地位,甚至成了"甩手掌柜"。为有效改善这种"父教缺失"型的不良家庭教育局面,郑州市妇联依托市妇女儿童活动中心,于2013年策划启动并经8年精心打造,形成了独具特色的"亲爱的爸爸来了"家庭亲子公益活动品牌。

## 二、活动目的

1.传播科学家庭教育理念,积极营造鼓励父亲主动参与家庭教育的良好社会氛围,弥补因父亲缺位而导致的不完整的现代家庭教育对儿童健康成长所带来的不良影响。

2.以亲子互动的方式,促进儿童在实践参与中增进与父亲的交流和感情,在父亲带领下积极地认识家庭、认知世界,提高实践能力、参与能力、协作能力，逐步学会思考、学会合作、学会感恩，树立正确的世界观、人生观、价值观，扣好人生的第一粒扣子，健康快乐成长，科学全面发展。

3.引导父亲学会观察、倾听，与孩子沟通交流，在互动实践中更加科学、全面、深入地认识孩子、了解孩子，自觉增强自身角色意识，积极构建和谐家庭关系，科学教育孩子，为孩子健康茁壮成长提供家庭保障。

## 三、活动对象

郑州市5～12岁儿童及其爸爸，以家庭为单位参与活动。

## 四、活动内容

组织家庭参与团队游戏、参观学习、非遗体验、手工制作、环保宣传等公益活动，借助富有趣味性的亲子实践、亲子游戏，促进儿童与父亲相处，引导父亲强化角色意识，自觉承担父亲职责，帮助孩子健康快乐成长。

## 五、主要做法

一是围绕中心、服务大局，结合重大传统节庆设立富有特色的副主题，增强活动的吸引力。该活动在"父子一起玩 快乐共成长"的总主题下，围绕中心和大局，并结合重大传统节庆为活动设立富有特色的副主题，确定活动的总体方向和大体内容。例如，先后在春节、端午节、中秋节等时间节点开展"欢欢喜喜过大年""快乐端午 我和爸爸赛龙舟"等亲子活动；先后开展有关环保教育、安全教育、非遗文化传承等内容的"亲子护绿 大美黄河""探访消防中队 变身安全小卫士""寻宝古瓷窑 传承文化美"等活动。

二是积极走向社会、走入基层、走进大自然，选择合适的活动场地，增强活动的开放性。该活动突出开放性，在充分发挥市妇女儿童活动中心主阵地作用的基础上，积极在全市范围内寻找适合开展家庭亲子活动的场地，同时携手县（市）区妇联、把亲子活动送到社区、农村，不断扩大活动的服务人群。例如，先后在郑州市植物园、黄河风景名胜区、郑州市特警支队、交警二大队、二七区消防中队等地开展活动；走进登封、新密、航空港区等县（市）区开展公益活动，受到家长和孩子的欢迎。

三是贴近儿童特点、创新活动载体，设计新颖轻松的活动环节，增强活动趣味性。该活动充分考虑儿童的认知特点，站位儿童视角，精心策划富有趣味性的家庭才艺展示、非遗文化体验、亲子闯关游戏、趣味亲子体育竞赛、亲子手工制作等活动载体，鼓励儿童和家长共同参与、共同学习、共同实践，在轻松愉快的氛围中增加交流、增进了解、加深感情。

四是坚持公益属性、充分发挥平台优势，整合社会资源，增强活动普惠性。该活动始终坚持公益性原则，充分整合利用社会资源，有针对性地组织来郑务工、城乡困难、农村留守儿童等家庭参与活动，确保活动更多更好地惠及全市各类家庭和儿童。例如，开展"送温暖迎新春"关爱外来务工子女专场活动、"为你我·为蓝天"环卫工人家庭专场活动、"守护安全 快乐成长"帮扶村家庭专场活动等。

## 六、活动成效

"亲爱的爸爸来了"家庭亲子公益活动的开展为郑州市家庭搭建了父子（女）亲密相处、深度交流的平台。爸爸们在活动中学会倾听、学会与孩子沟通，有助于爸爸近距离观察和配合儿童成长教育，让爸爸体会到妈妈平时教育和抚养孩子的辛苦，能够更好地协调夫妻关系，促进家庭和谐；同时也给爸爸们提供了一个在教育问题上相互交流的机会与平台。孩子们在活动中学会思考、分享、合作、互信互助，也从爸爸身上学习如何面对困难，寻找解决问题的方法，让孩子更好地体会父亲的阳刚气质，对儿童的心理和性格发育有良好的促进作用。家长和孩子在共同活动中拉近距离、消除隔阂，相互表达爱意，增进父子（女）感情，进而促进儿童健康快乐成长、家庭和谐幸福。

自2013年至今，"亲爱的爸爸来了"家庭亲子公益活动已累计举办31期，共有包括外来务工家庭在内的超过1000户家庭踊跃参与，覆盖全市16

个县（市）区。目前，该活动已成为郑州市公益亲子活动的响亮品牌。学习强国郑州学习平台、《中国妇女报》、《妇女生活》等各级各类媒体都对活动进行了广泛报道。

# 最美家风　德润龙城

濮阳市妇联　市纪委监委　市委宣传部

## 一、活动背景

2019年9月，濮阳市"不忘初心、牢记使命"主题教育正在如火如荼进行。2019年9月，习近平总书记到河南调研，在信阳新县时说，开展主题教育，要让广大党员、干部在接受红色教育中守初心、担使命，把革命先烈为之奋斗、为之牺牲的伟大事业奋力推向前进。习近平总书记在光山县文殊乡东岳村说，追求更加幸福的美好生活是永恒的主题，是永远的进行时。2019年5月，全国妇联启动实施了"家家幸福安康工程"。为大力弘扬中华优秀传统家风、革命前辈的红色家风和社会主义核心价值观引领下的新时代好家风，激励广大干部群众坚定不移跟党走，自觉传承红色基因，树立家国情怀，以更加昂扬的精神和务实的作风积极投身于濮阳高质量发展的伟大实践中，市妇联联合市纪委监委、市委宣传部开展了"牢记初心使命　传承红色基因　弘扬优良家风"巡讲活动。为确保活动取得实实在在的效果，市妇联将此项工作作为贯彻落实"家家幸福安康工程"的一个有效载体抓实抓好，取得了良好成效。

## 二、主要做法

### 1. 高度重视，部门联动

2019年10月，我们联合市纪委监委、市委宣传部下发了通知，召开了动员会，对如何搞好这项活动进行了精心安排，提出了具体要求。市妇联主席积极向市领导汇报争取领导的重视支持，市领导听取了活动汇报，市委书记专门作出了批示。市妇联在前期征文的基础上，组织专家对征文进行了评审，评出了一、二、三等奖，对获奖征文的作者进行了选拔，组建了巡讲报告团，邀请专业人员对他们进行了培训指导。因疫情影响，于2020年6月11日，举行了首场报告会，主办单位领导，市直各单位分管领导、妇委会主任，各县区纪委、宣传部、文明办领导、妇联主席等参加，活动通过濮阳网进行了直播，各县区、市直各单位、部分学校组织进行网上收看，引起强烈反响。首场报告会一结束，市直单位就争相邀请。随后，市妇联、市纪委监委、市委宣传部联合下发了进县区巡讲活动的通知，明确提出具体要求，规定巡讲时间和参会人员，做出具体安排。

### 2. 利用"讲""看"结合，提升听众代入感

6月19日，巡讲活动走进市实验小学，现场听众200余人，同时进行网络直播，全校师生、家长和学校帮扶的2个黄河滩区县的6所学校的师生家长同时进行观看，孩子们写观后感。在18场活动进行过程中，有的县区设立了分会场，有的县区通过网络直播，每一场都配备专业主持人，制作电子大屏、采用电子横幅，根据巡讲人的巡讲内容及自身特色合理安排出场顺序，每场都有PPT全程配合巡讲内容放映。故事中的照片展示、经典语言的投射，加深了听众倾听过程中的代入感，更形象地将故事展现在眼前，让听众更加感同身受。

### 3. 多方发力，提升宣传效果

《濮阳日报》、濮阳电视台、县区主流媒体、微信公众号等分别对活动进行宣传报道，在清丰县、范县、台前县举行活动进行现场直播的同时，还将每个人的巡讲视频通过县媒体单独播放，市委宣传部在文明濮阳公众号分期进行播发，进一步扩大了活动的社会影响力和覆盖面，彰显了

其教化育人的社会价值。在进县区巡讲活动结束的当天下午，组织召开了报告团成员座谈会，大家谈感想体会和收获成长，相关领导对活动给予了充分肯定和高度评价。

### 4.故事接地气，传播正能量

巡讲团成员都有自己的本职工作，但都在单位及家人的支持下克服困难全身心参与到巡讲活动中来，每个成员的宣讲内容都是发生在自己家庭的真实故事，都有红色基因的传承，他们用心把自己的故事用最简单但最有力量的语言传递给大家，给予大家振奋、感动、反思及感悟。每到一处，现场和观看直播的观众都深受触动，或记录，或拍摄，或眼眶微红，或热泪盈眶，触动心灵、接受教育，在每个人的内心都引发了一场"小地震"，留下久久回响。有的听众在巡讲现场感受最美，回单位与同事分享最美；有的通过微信转发巡讲视频；有的与孩子交流心得体会，一道塑造良好家风，正能量的传播给每个人的心里筑起最坚固的城墙，让人们在困难面前有更坚强的力量。

## 三、活动成效

巡讲活动共举办了18场，线上线下覆盖40万人次，巡讲活动的开展在全市范围内引起热烈反响，活动走到哪儿，好的风气就带到哪儿，群众达成强烈共鸣，要争做好家庭好家风的践行者，让优良家风在身边萦绕，为濮阳高质量发展汇聚起来自家庭的磅礴力量。一个报告团成员在座谈会上发言时说，她在理发店理发时，理发师说他通过网络直播观看了报告会，她们都是身边的典型，是看得见的好榜样，也要向她们学习，建设好家庭，弘扬好家风。

# 以家庭成长行动助推家家幸福安康

### 漯河市妇联

## 一、产生背景

为深入贯彻落实习近平总书记关于家庭建设和家庭教育的重要指示精神，漯河市妇联创新实施"家庭成长行动"，通过培育组织、运行机制、打造阵地、活动引领等方式，有效发挥家庭家教家风在基层社会治理中的重要作用，助推家家幸福安康。

## 二、做法及成效

**1. 精心培育专业化社会力量**

第一，培育指导成立市家庭教育研究会、市女心理咨询师协会、市婚姻家庭法学研究会等家庭服务指导机构，聚集一批婚姻家庭咨询师、家庭教育指导师、青少年心灵成长指导师、心理咨询师。

第二，整合资源组建漯河市妇联巾帼志愿服务总队，下设巾帼普法维权援助、巾帼家庭教育教学等10支专业队和8支县区分队。目前，全市已招募登记巾帼志愿者1.1万名，形成覆盖全市的家庭服务网络。

第三，2020年7~12月，联合省妇儿活动中心、省女性社会组织指导服务中心，举办女性社会组织管理能力建设专题培训班，全市150余名女性社会组织负责人、巾帼志愿专业队队长和妇联干部参与培训。

**成效**：通过培育、指导、成立、培训社会组织和志愿队伍，为有力推进家庭家教家风工作夯实了基础,实现由专业的人干专业的事,有效延伸了妇联工作手臂。

### 2.注重运用市政府妇儿工委协同机制

第一,联合市文明办、市教育局,在全市确定19所家庭教育试点学校,通过举办开学第一课、公益讲座等,提升学校指导家庭教育工作的能力。

第二,联合市卫健委、市医保局,开设"守护健康 家佑未来——妇儿健康之声"专栏,围绕妇儿关注的健康话题,通过线上直播形式普及健康知识,提升家庭健康意识,促进家家幸福安康。已开展6期直播,观看人数25万余人。

第三,联合市卫健委,开展"科学护眼 睛彩世界"志愿服务活动。目前已开展活动9场次,服务群众2000余人次。

**成效**:充分调动整合市政府妇儿工委成员单位资源优势,打通了各部门联动壁垒,延伸了家庭工作链条,促进了家庭工作支持保障体系不断完善。

### 3.建设"妇"字号家庭服务阵地

在开源社区成立了全市首家"幸福沙澧"婚姻家庭指导服务中心,通过政府购买服务,由专业社会组织承接中心服务项目,让社区群众在家门口就能免费享受到集家庭教育、婚姻调适、维权救助等于一体的专业化服务。2020年,中心围绕"女性关怀""女性素质提升""家庭成长""家庭健康支持"四个类别,探索实施11个特色项目。已累计开展活动911场次,受益妇女儿童34168人,得到了社区居民的一致欢迎。

**成效**:把服务群众的阵地扎根在社区,距离群众最近,距离家庭最近,既促进了妇联工作的扁平化、去行政化,又便于及时掌握回应基层需求,妇联组织与广大家庭"黏性"不断增强。

### 4.让"创文"成为提升家庭文明建设的助推剂

将家庭工作与全市中心工作创建全国文明城市有机融合,不断提升家庭文明建设,引领更多家庭自觉投身参与"创文"。

第一,在全市开展家风文化进机关、家教普及进学校、家庭和睦进社区(农村)、家庭关爱进企业"四进"活动。已开展宣讲56场次,覆盖人群5万人。

第二，拍摄漯河市家庭成长行动系列剧《把爱带回家　让家更温暖》，通过倡导"每天一个拥抱、每周一次谈心、每月一次家庭会议、每年一次家庭出行"，引导家庭成员弘扬家庭美德、倡树文明家风。

第三，开展漯河市"弘扬文明新风　家家幸福安康"——我爱我家系列网络作品征集活动，充分展现出各行各业人士立足岗位、敬业奉献、爱国爱家、向上向善的精神风貌。

**成效**：家庭工作与"创文"工作实现了相得益彰、相互促进，广大家庭在积极参与全国文明城市创建中，进一步弘扬了社会主义家庭文明新风尚、深化了社会主义核心价值观。

## 三、示范推广

### 1."幸福沙澧"婚姻家庭服务中心在全市铺开

2018年，全市新建5个服务中心被纳入市定民生实事；2020年，市委、市政府又持续给予经费保障，全市新建10个服务中心。截至目前，全市已建有16个服务中心，成为漯河市一个响亮的服务品牌。全国妇联、省委、省政协、省妇联等多位领导曾到中心调研指导工作，并给予充分肯定。

### 2.漯河市家庭家教家风工作在全省作经验交流

在2019年河南省"家家幸福安康工程"推进暨省家庭教育骨干培训会上，漯河市作典型发言；2019年12月，省妇联主席邵秀菊对漯河市家庭工作作出肯定性批示；2019年12月，全国妇联书记处书记、党组成员蔡淑敏一行，来漯调研家庭家教家风工作，并给予充分肯定；家庭成长行动成效得到市委市政府认可，被纳入2020年度市委常委会工作要点。

### 3.漯河市家庭成长行动被省级以上新闻媒体推广

家庭成长行动启动仪式暨家庭教育公益讲座开学第一课、家庭成长行动网络直播课《把疫情当教材　与祖国共成长》、家庭成长行动系列剧《把爱带回家　让家更温暖》等分别被人民日报客户端、中央广电总台国际在线、女性之声等报道推广。

湖北

# 巾帼聚力幸福家，念好亲子阅读"三字经"

宜昌市妇联

## 一、产生背景

为了深入贯彻习近平总书记关于"注重家庭、注重家教、注重家风"的重要指示精神，进一步推动"十三五"时期家庭工作的创新发展，贯彻落实全国、省、市家庭教育指导与服务规划，特别是2020年是我国全面建成小康社会和"十三五"规划的收官之年，也是实现第一个百年奋斗目标，打赢脱贫攻坚战的决胜之年，为充分发挥亲子阅读在助力小康建设中的重要作用，宜昌市妇联在全市广大家庭中树牢"巾帼聚力幸福家"品牌，深入开展"百万家庭读好书"亲子阅读活动，聚焦立德树人根本任务，念好"培、联、广"亲子阅读"三字经"，用行动深化家庭教育，倡导亲子阅读理念，传承良好家风，培养德智体美劳全面发展的社会主义合格建设者和接班人。

## 二、主要做法和成效

一是念好"培"字经，培养选树亲子阅读领读人。面向全市征集100个亲子阅读家庭小故事、20个亲子阅读优秀领读人故事、10堂亲子阅读网络课程。在宜昌市全民阅读平台和宜昌妇女公众号上展播，涌现的优秀课程和故事在宜昌市庆"六一"活动上通报表扬。积极推动了内容形式和传播手段的创新，涌现出了一群有热情、喜阅读的家庭；有责任、能力强的领读人；有专业、选题准的课程，使亲子阅读的指导团队更专业、力量更强大。

**成效**：进一步增强和拓展了全市亲子阅读线上线下指导服务能力和渠道，引领"共读"风尚。线下，通过开展0~6岁亲子阅读展演活动、承办全国亲子阅读推进会、举办亲子阅读论坛和亲子阅读文化节，为全市少年儿童、家庭送上丰富多彩的文化盛宴，在广大家庭中传递亲子阅读理念、引领亲子共读风尚。线上，在非常"疫"时期，联合专业早幼教机构硬核推出"我的家庭阅读时光"互动分享，倡导和引领疫情时期的家庭亲子共读，有效传递爱和温暖，全市11万家庭通过直播、转播、回看、小组讨论等方式受益，亲子阅读已成了众多家庭中每天必不可少的活动。

二是念好"联"字经，联动创建亲子阅读体验基地。充分发挥市妇女儿童活动中心等全国、省家庭亲子阅读体验基地示范引领作用，依托宜昌市科学育儿指导中心亲子阅读绘本馆和新宜昌市妇女儿童活动中心规划建设的1700平方米绘本馆，积极谋划亲子阅读新基地，引进专业亲子阅读书本和全套图书管理系统，助推宜昌市亲子阅读工作高质量发展。带领全市各公益场馆、早幼教机构、社会组织、村和社区不断深耕探索，积极开展亲子阅读体验基地创建活动。

**成效**：进一步丰富了全市亲子阅读活动平台，打造"乐读"阵地。目前，全市已诞生了51家宜昌市亲子阅读体验基地，随着这些基地的挂牌，在提供亲子阅读指导等方面起到了积极的作用，10余万家庭受益。目前，第二批宜昌市亲子阅读体验基地即将揭晓。

三是念好"广"字经，数万家庭广泛参与亲子阅读。依托亲子阅读体验基地和专业师资，根据各年龄段幼儿认知能力，开设亲子阅读沙龙、绘本阅读亲子体验课等实践活动，以"一个绘本、三个视角、三种演绎"为主线进行"早教绘本课堂"亲子阅读教学，辐射带动全市社区亲子阅读工作开展。在城市联合宜昌市妇幼保健院、各县市区图书馆等单位，开展"早期教育促和谐 亲子阅读进社区"活动，通过亲子阅读公益讲座、亲子游戏等形式，积极创设良好的亲子阅读社会环境。在农村，开设"蒲公英漂流书屋"，以经济条件较为贫困、留守儿童相对集中为项目点，举办多种形式的阅读推广活动，为农村留守儿童提供以书换书、循环利用、绿色阅读的平台。

**成效**：进一步营造家庭亲子共读的浓厚氛围和良好格局，营造"悦读"氛围。创编发布亲子阅读主题曲《书香》，被宜昌市教育局等多家单位列为家长学校主题曲及亲子阅读MV拍摄主题曲。开展免费赠书活动，推荐亲子阅读优秀书目，1万多个家庭积极留言，广泛参与。宜昌、青岛妇联共同主办了庆六一"江海相连 云享书香"宜昌·青岛两地少年儿童直播连线活动。直播点击量突破10万人次。在云端，青岛市妇联向宜昌市赠送了1600册绘本，两地的亲子阅读专家连线分享了亲子阅读先进经验，书香家庭代表也线上进行了交流活动，还组织开展亲子共读活动。争取到联合国儿童基金会捐赠的绘本37680册，送到留守困境家庭儿童、受疫情影响家庭儿童、抗疫一线家庭儿童和亲子阅读体验基地、社区村家长学校和德育加油站。

## 三、示范推广的情况

正是通过念好"三字经"，宜昌市妇联带领各县市区妇联将家庭亲子阅读理念送入14个县市区的千家万户，不断营造全民阅读的浓厚氛围和良好格局，被广大家庭认可和推崇。未来，宜昌市妇联将努力让书籍浸润每个家庭，为家家幸福安康凝心聚力，为建设良好家庭、家教、家风发挥积极作用。以阅读育家风，以家风促社风！

# 发挥"联"的优势，
# 让流动家长学校动起来

*襄阳市妇联*

自2015年3月，湖北省妇联向襄阳市配备一辆东风风行菱智商务车作为"湖北省流动家长学校"以来，襄阳市妇联发挥"联"的优势，以项目化的形式将流动家长学校授权交由社会力量运行使用，五年多来，流动家长学校宣传车开进近百个村（社区）开展讲座150余场，直接受益人群近2万人。

## 一、链接社会资源，用好车辆

设计好一个项目。鉴于市妇联专门负责家庭教育工作的业务部室人员少、工作较多的情况，为真正发挥好流动家长学校宣传车的作用，出于既保证车辆使用的公平公正公开，又能实现与专业社会力量对接的角度，市妇联每年将流动家长学校设计成订单式项目，与市妇联征集服务妇女儿童公益项目同步发布，在发布中明确在项目执行期间，授权项目承接方使用车辆，相关费用一律由项目承接方承担。签订一个协议。结合流动家长学校宣传车的实际，制定了《襄阳市流动家长学校项目协议书》，协议中明确了双方的权利与义务，明确规定了项目承接方在使用该车辆时必须做到：保证车辆使用的公益性、保证购买足额的保险（比如第三方责任险保险额度达到50万元，车损险与车辆价值相当）、保证在执行项目期间负责车辆的运行维护费用、保证车辆驾驶员有相关的资质、保证符合公务用车的相关规定，保证明年完成至少24场家庭教育公益讲座。制定一个管理制度。制定了《襄阳市流动家长学校宣传车管理办法》，在协议中规定该管理办法与协议书具有同等效力，制定了《襄阳市流动家长学校使用记录表》《襄阳市流动家长学校活动签到表》等相关表格，确保流动家长学校运行管理规范。

## 二、协调部门力量，复制模式

公交车在城市中穿梭，能够有效地宣传普及科学家教知识。2019年，襄阳市妇联积极争取市公交公司支持，探索在517公交线路上打造了家风家教主题车厢、儿童安全自护主题车厢。车厢顶部四周有优秀家风故事、儿童安全自护知识等，车厢四角放置了《发现母亲》《P.E.T.父母效能训练手册》《正面管教》《父母的语言》等家庭教育书籍以及《儿童安全自护手册》《儿童家务清单》等家庭教育宣传资料。同时，市妇联将每年家庭教育公益讲座的授课时间、地点、授课内容制作成宣传单，放置在公交车显著位置，让更多市民能够知晓讲座信息。

## 三、协调专业师资，开发课程

家庭教育不是一蹴而就的，为让偏远地区家长能够接受系统性、专业性的家庭教育指导服务，市妇联组建了家庭教育专家制作了一系列的家庭教育音频课。2019年，录制30节专门针对留守儿童父母的家庭教育课程，通过襄阳女性、襄阳妇女网、各留守儿童爱心服务站站点进行传播。投入资金1万多元对流动家长学校进行改造，在流动家长学校宣传车上建立妇女之家，安装一个不锈钢书架，用于放置家庭教育相关书籍、宣传资料等。配备行车记录仪、音响等，用于播放家庭教育课件，配备小型心理沙盘绘画用具等。

# 家风博物馆让家风文化"活"起来

## 荆门市妇联

"家是最小国,国是千万家。这是由多种字体的'家'字组成的主题背景墙,'涵养时代家风,激扬清风正气'是我们整个家风博物馆的主题。"这是荆门市妇联兼职副主席、荆门市家风博物馆创意人苏玉梅正在为前来参观的党员干部讲解。

2019年5月,荆门市家风博物馆正式开馆,这是荆门市首家由居民参与打造的家风博物馆。家风博物馆占地约300平方米,立足家庭、家教、家风,以"实物展示+声光电技术"让优良家风可观可感可触。展示了名人名家和革命先烈的优良家风,讲述了平凡人的感人事迹,展现了普通百姓的和谐生活。开馆以来,开展家风主题讲解220场次,接待群众2万余人次。

### 一、家风解读:近距离感受名人名家的家风

走进家风博物馆,映入眼帘的是习近平总书记关于家庭、家教、家风的重要论述,随后既能目睹诸葛亮《诫子书》、包拯家训、曾国藩家书等经典的展示,又可领略到苏轼"忠厚传家久,诗书继世长"书画结合的精辟;既有狄仁杰、海瑞等古代廉士的图文相传,又有向警予、江竹筠等革命烈士的家国情怀;既可通过点击电子屏体悟人民领袖、革命先烈、时代先锋、居民百姓的优良家风事迹,又可在观看展柜书籍、像章、证书、信件等陈列品的过程中与一个个好家风典型无限靠近……

## 二、家风体验：让群众更有参与感

宣誓墙、互动区是家风博物馆的两大特色。宣誓墙中间的电子屏上，入党誓词、少年先锋队誓词等可根据需要进行切换，开馆以来，全市已有多个部门和群体在此留下了庄严承诺，增强了仪式感、参与感和庄重感。

互动区内，参观者们可以观看廉政警示教育片《不同选择 不同人生》，如果在地面投影的蓝色"冰面"踩上一脚，"冰面"便轰然破碎，随着"家风一破，污秽尽来"两行大字的浮出，"弘扬好家风，常敲廉政钟"的意义直击内心。各级妇联联合纪委在家风博物馆举办了"树清廉家风 创最美家庭""传承好家训 弘扬好家风"等系列家庭助廉活动。

## 三、家风故事：感受身边人的家风故事

为救战友牺牲的烈士余郭志，眼角膜捐献者汤凯，身边"最美家庭"王璐、向道军、夏苏娜、张本雄等家庭的家风故事感染着每位到访的人士。博物馆的展品来源于居民，家风故事取自身边家庭，调动了居民参与的积极性，充分凝聚了群众的智慧和力量。

目前，家风博物馆已成为家风的展示平台、党风的传播窗口、民风的宣传阵地、清风的塑造载体。2019年10月，家风博物馆被省妇联、省教育厅、省文明办联合命名为首批"湖北省家风家教实践基地"。

未来，家风博物馆作为家风家教宣传教育主阵地，将让更多好家风在这个平台展示、传播，带动更多家庭的家风、家训逐步优良，切实以好家风促清明党风带清新民风。

# 以"漂流书包"促进亲子共成长

咸宁市妇联家儿部

## 一、产生背景

针对当时咸宁市公共图书馆设施尚在筹建、家长缺乏儿童书籍选购技巧、亲子阅读存在诸多困惑、亲子阅读志愿者队伍缺乏等一系列问题，2019年，市妇联将亲子阅读纳入政府购买服务后，在湖北省第一个策划并实施"书香飘万家"漂流书包项目，通过漂流书包（内含儿童读物和家长家庭教育指导书籍）这个载体开展线上线下的阅读、家庭教育、亲子互动等活动，推动家庭阅读，促进亲子共成长，以亲子阅读共成长涵养好家教好家风。

## 二、做法亮点

第一，"漂流书包"打破了传统静止、封闭的读书方式，让书籍在流动中得到新的生命，发挥出最大的作用，让知识以最低成本在家庭之间传递，传递爱心，以阅读滋养家庭、以阅读传承家风。

第二，"漂流书包"吸纳绘本馆负责人、社区妇联主席、机构负责人、读书会领读人、亲子阅读体验基地、家风家教实践基地负责人为"漂流书包"的管理站长（志愿者），一个站长负责5~8个书包，书包的接龙和归还都在各站点，各站点定期举行线下沙龙，各站长在邀约家长参与集中的大型"漂流书包"活动中，以最低的管理成本运营了此项目，广泛链接社会资源关注并参与"漂流书包"项目。

第三，"四悦"亲子阅读家庭共成长。2020年，结合疫情现状和咸宁市"六大"调研活动,赋予"漂流书包"新的使命,外化阅读内涵,巧妙融合听说读写,以"四悦"(悦听、悦说、悦读、悦写)阅读法拓展阅读外延作为全民阅读推广领域的一次新的尝试实践。

### 三、主要做法及成效

**1. 以"漂流书包"为载体,让阅读灵动起来**

2020年1月,市妇联启动了"书香飘万家"漂流书包公益项目,第一期80个书包,2020年7月,市妇联投放了第二期50个书包。按照少儿年龄段、阅读能力等要素分类分装后漂流,"漂流书包"在各家庭停留固定时间后通过接龙方式流转到下一个家庭。在阅读期内,家长们需要填写反馈手册,并通过线上方式进行分享和宣传,吸引更多家庭参与,同时还可参加各类线下交流活动。据初步统计,80个书包带动3200个家庭共1万余人参与阅读。

第二期"漂流书包"项目在第一期基础上进行提档升级,实施"四悦"亲子共成长项目,聚焦0~8岁儿童阅读,以亲子阅读促进家庭成员共成长,将50个"漂流书包"(内含儿童读物+家庭教育书籍)直接传递至200个家庭(其中专包服务抗疫一线医护人员家庭),以"四悦"阅读法拓展阅读外延,服务6000余人次,线上线下引导亲子阅读,以阅读滋养家庭。

**2. 以社会化服务实践,让队伍和阵地活起来**

以"漂流书包"公益项目凝聚了一批志愿者队伍、带活了一批阵地。咸宁市妇联积极链接社会组织和志愿者到社区儿童之家、家长学校等阵地开展家庭教育和亲子阅读活动,2019年培育推荐省级家风家教实践基地和省级亲子阅读体验基地共11个。这些基地常态化开展家风家教指导服务、亲子阅读活动,强化实践育人功能,辐射带动更多家庭传承中华民族传统美德,培养阅读好习惯,弘扬文明风尚。

2020年疫情期间,市妇联发动志愿者线上参与公益服务,100余名志愿者线上开展防疫亲子活动、家庭教育、疫情防控小知识、绘本导读及创作、亲子游戏、阅读打卡、心理健康普及等家庭教育活动1000多场次,1

万余个家庭受益。2月3日,由咸宁市妇联策划实施的线上"亲子共读"活动得到学习强国推送。2月9日,由中国妇女网在"特殊时期,特别家教"的《战"疫"读起来》板块推送。8月3日,《咸宁"书香飘万家"漂流书包第二期书包开始传递》在"书香荆楚"官微推送。

### 3.以云空间为平台,让公益资源被家长学起来

"最好的爱,就是和孩子一起成长。"为了丰富、拓展"漂流书包"项目的活动内容,更好地服务家庭和儿童,除了充分用好"特殊时期,特别家教""家爱学院""家爱心坊"等网络公益资源外,咸宁妇联开展了"云上飘书香·云空间对话"活动,通过云空间,邀请北京、武汉等地的家庭教育领域的专家,依托樊登小读者、苔米学馆、第二书房、金丝结等机构资源,以嘉宾线上主题分享、家长参与互动学习形式,让家长们享受30余节公益课的菜单式点单服务,学习儿童早期阅读启蒙、孩子生命成长、教育答疑解惑等内容,各级妇联组织充分利用各类媒体和阵地宣传发动,广泛动员广大家庭参与,用好公益资源为广大家庭服务,持续性普及、传播科学的家庭教育理念和育儿方法;同时,把握与专家对话机会,推介咸宁市家庭教育环境、发展情况及资源品牌,吸引国内家教领域机构关注咸宁,吸引国内家教优秀资源支援咸宁发展。这次活动在60余个微信群内发动,1万余个家庭线上参与,使家长家庭教育、亲子阅读意识有所提升。

## 四、未来的做法

以点带面,下沉基层指导推广"漂流书包"项目,在各县市区城区全面铺开,并探索向公共图书极度缺乏的农村地区延伸,依托正在发起的"捐一本书 圆一个梦"少儿图书募集活动,将募集到的图书以漂流图书的形式向农村儿童之家等阵地捐赠,同时,探索"儿童之家管理员",颁发聘用证书,参考"漂流书包"的管理模式进行。

# 以"书店+社工组织+志愿服务"模式，让悦读润家风

## 随州市最好的时光文化传媒有限公司

唯有书香能致远，阅读决定着一个民族的精神境界。2015年，贺靖辞职回到家乡随州创办了本地唯一一家独立人文书店——最好的时光城市书店，但在书店经营的过程中发现：大多数家长在如何正确认识孩子的心理需求、成长需求和偏差处理上束手无策，家长强调孩子学习却不知道自己才是问题的关键，所以便立志要将家庭教育与父母成长的课题以阅读为载体进行浸润式输送。同时，注册了市妇联为主管单位，以帮助解决女性和儿童困境为目标的社工组织——随州市知行社会工作服务中心。

自此，最好的时光城市书店创新成为"书店+社工组织+志愿服务"模式的公益阅读空间，并成为家庭教育的阵地。

### 一、创新家教方式，用一家书店温暖一座城市

团队成员在全市推广全民阅读、亲子阅读，2015～2020年间，在全市举办了近500场形式各样的读书会，被省妇联、市妇联授予"亲子阅读体验基地"。

通过持续推出儿童绘本剧场、经典诵读、读书打卡等品牌活动，常态化地将亲子阅读的力量在全市家庭中推进和落实。从城市实际出发，在线上和线下搭建形式多样的亲子阅读平台，吸引广大家庭积极参与。第一，联手各机关、社区每周持续在全市各个场所举办读书分享、书店小主人、

最美家长、书籍漂流、诵读会等各种线下文化活动，涵盖了阅读、艺术、手工等各个层面；第二，线上建立读书微信打卡群，创办"最好的时光读书会"的微信公众号，创建阅读电台、阅读电视直播间，鼓励家长和孩子们踊跃投稿，引导各个年龄层次的市民积极参与阅读活动。

据不完全统计，书店在四年半的时间里共组织开展了500多场亲子阅读活动，受益人群达2万余人，平均每周两场，每场参加人员达150人。通过持续不断地推广亲子共读，"最好的时光读书会"得到了广大家庭和孩子的欢迎、积极的参与、广泛的好评，探索出一条亲子阅读的路径，在全市帮助广大家庭建立了亲子共读的理念，并将方法、内容传授给广大家庭，引导家长和儿童感受阅读魅力，培养阅读习惯，培育良好家风。

最好的时光城市书店亲子阅读作为开展家庭教育，培育良好家风，践行社会主义核心价值观的有效手段和重要载体，已在随州市一个个家庭、一个个社区蔚然成风。2017年，贺靖被湖北省图书馆聘为湖北省长江读书节"领读者"，最好的时光城市书店被湖北省委宣传部、湖北省文化厅授予"十佳阅读空间"。

## 二、创新家教载体，用书籍唤醒父母成长

母亲的素质决定着一个家庭三代的幸福，女性的成长尤为重要。书店创始人贺靖在创办书店和知行公益组织期间，通过"正面管教讲师"认证，创办了"正面管教父母课堂"的公益课，带领父母们关注自身健康、仪表气质、品位修养、子女教育、心灵成长，鼓励女性追求完善自身的学习机会，用自我成长提高家庭的幸福力。

同时贺靖创办了一档"贝姐荐书"电视栏目，每周为女性推荐心灵成长类书籍，邀请各行各业优秀女性做客直播间，持续邀请全市优质女性、妈妈为女性阅读团体做公益分享，邀请全国范围内的正面管教讲师做公益讲座，邀请心理学专家为大家"一对一、面对面"地排忧解难。经她推荐并带读的《非暴力沟通》《钝感力》《爱与寂寞》……不仅帮助到团队成员的成长，并且带动了全市女性一起共读。

随着新媒体时代的到来，又在抖音、视频号上同步开通"贝姐荐书/

父母课堂"账号,坚持每天公益在抖音和视频号中分享父母课堂的内容,推荐相关书籍。写文案、拍摄、剪辑、发布、直播,并且坚持做好线下"正面管教父母课堂",帮助了4000多个家庭。

### 三、创新服务模式,五社联动服务困境家庭

创办了"随州市知行社会工作服务中心",致力于改善全市困境女性和儿童的现状,打造品牌化社工机构和公益品牌。承接了省妇联"公益木兰"项目,参与了随州市团委、民政局主办的"关爱留守儿童守护行动",并获全国"伙伴计划"优秀奖。

"关爱留守儿童守护行动"中,知行社工联合社区工作者、社会组织、社区志愿者、社会资源连续两年走进全市45个乡镇,对"双结双促"系统的3114名留守儿童送去温暖,实现了每个孩子的微心愿以及心理档案的建立。在抖音和视频号中创立账号"知行社工",发布每一场"守护行动"的视频和介绍,呼吁全社会一起关心关注留守儿童并链接更多资源参与到行动中来,同时呼吁留守儿童家庭"离家不停爱",要持续不断地将爱与温暖传递给孩子,为孩子的成长保驾护航。

在疫情发生初期,发动700名志愿者在40天的时间里共筹资21.7万余元用于购买医疗防疫物资,共对接海内外十几家公益机构,负责价值近千万的捐赠物资落地随州40多家医院,为中心医院及各一线隔离点配送了6000多份爱心餐,对全市7个留观点的400多名留观人员和对全市300多名的孕产妇进行心理援助,承担随州市妇联12338心理援助热线工作。为缓解家庭陪伴中的焦虑情绪,分别建立三个"公益家庭阅读群"。疫情稍有所缓解后,知行社工又联系市慈善总会向留守儿童家庭捐赠1万元的书籍,同时开展"一老一小公益家庭阅读群"。共带领800多个家庭在疫情期间体会到家庭的温暖、培养良好家风。

### 四、创新工作思路,"四点半课堂"解决家庭困境

年轻家庭缺乏稳定、高效照顾孩子的支持,在很大程度上影响了女性投入工作的可能性。"最好的时光·四点半课堂"应运而生,不仅解决了

年轻父母在孩子放学时的接校问题,也让孩子的学习、生活得到高品质的照顾。同时,在"四点半课堂"中融入绘本课、自然课堂、电影课、少儿茶艺课,培养孩子良好的学习习惯,并进行素质教育。

# 我有幸福家 幸福千万家

## 宜昌市夷陵区妇联

做好家庭工作,发挥妇女在社会生活和家庭生活中的独特作用,形成家家幸福安康的生动局面,是党中央交给妇联组织的重要任务。为深入贯彻习近平总书记的重要指示精神,主动回应妇女和家庭对美好生活的向往和需求,形成注重家庭、注重家教、注重家风的良好社会氛围,从2019年起,夷陵区妇联按照妇联工作"四化同步"的要求,创新实施"我有幸福家"公益项目,在实施服务家庭的公益项目方面进行了有益探索和实践。

### 一、背景与缘起

2019年3月至4月,面对日益凸显的家庭问题,新组合的夷陵区妇联党组班子分别开展了婚姻家庭矛盾纠纷专题调研和"您希望夷陵区妇联为您做什么?"的问卷调查,结果显示,妇女群众普遍存在教育子女、婆媳关系、婚恋问题等方面的困扰。针对这些问题,夷陵区妇联党组创新思路,精心谋划,在反复讨论、征求意见的基础上,提出了实施"我有幸福家"项目的决定。"我有幸福家"项目服务内容涵盖家庭教育、家风传承、婚恋关系调适、绿色家庭建设、儿童安全自护、特困妇儿关爱等,以巡回讲坛、个案服务、实践活动等形式帮助群众解决家庭生活中的烦恼和问题,掌握经营幸福家庭的方法,让每个人都能拥有一个幸福完整的家庭。以家庭幸福和谐，推动社会平安和谐。

## 二、做法与实践

### 1.精心策划项目

在妇联经费紧张的情况下，夷陵区妇联投资9.8万元用于"我有幸福家"项目实施，其中巡回讲坛4.8万元、个案服务2万元、实践活动3万元，项目实施周期为一年。巡回讲坛活动向社会公开发布项目比价采购邀请函，通过两次公开评审确定了10家机构的76场次课程中标。活动采取专家讲座的形式在城乡广泛开展讲坛活动，其中城区实施43场，配送活动到镇村"妇女之家"33场。为了有效解决复杂的家庭问题，化解家庭矛盾，"我有幸福家"项目开设了个案咨询服务，每周五下午由擅长解决家庭问题的心理咨询师和来访群众一对一进行咨询服务，项目还策划了实践活动板块，并与社会组织合作开展丰富多彩的社会实践活动，充实家庭的闲暇时光，鼓励家长陪伴孩子成长。

### 2.定期开展活动

"我有幸福家"项目实施一年以来，共开展巡回讲坛62期，个案咨询54次，社会实践活动14次，特别是城区每周五下午的个案服务和周五晚上的巡回讲坛活动已经形成了常态化，截至目前服务群众共计22万人次。

### 3.不断升级完善

在项目实施的过程中，夷陵区妇联经常收到群众反馈的意见建议，并不断完善项目，让群众满意。巡回讲坛开展初期，城区活动固定每周五晚7点至9点在区妇联会议室开展。一部分群众反映周五晚上孩子没有人看管，不能来参加活动，夷陵区妇联决定将巡回讲坛课程从线下搬到线上。通过线上直播开展"我有幸福家"线上巡回讲坛，方便群众随时随地参加活动。家长们普遍反映学校安排的许多社会实践活动难以完成，夷陵区妇联就在实践活动中，组织孩子们和家长共同开展文明创建志愿服务、关爱留守儿童义卖、垃圾分类、保护水资源、留守儿童研学等活动，搭建儿童校外社会实践活动平台。

## 三、成效与特色

### 1. 符合妇联改革的方向与要求

一是实现了"四化同步"。按照湖北省妇联提出的"职能目标化、目标实事化、实事项目化、项目社会化"的工作要求，夷陵区妇联将服务家庭的职能与群众的实际需求相结合，针对性服务于基层群众，帮助他们解决困扰家庭幸福的问题。二是坚持了"群众路线"。开门做项目，做到"谋划活动请妇女群众一起设计，部署任务请妇女群众一起参与，开展活动请妇女群众一起参加，活动成效请妇女群众一起评议"，引导妇女群众参与需求调研、项目评审、工作启动、活动开展、成效评价等全过程。三是做到了"去行政化"。活动开展以来，区妇联直接面向群众，通过"夷陵妇儿之家"公众号、"夷陵幸福家"和基层"网上妇女之家"群众微信群发布活动通知，不发红头文件，不用行政手段，不搞强制考核，以活动吸引群众，凝聚民心。

### 2. 主动回应群众的需求与期盼

从婚姻家庭矛盾纠纷调研情况来看，近三年结婚登记数逐年下降，离婚登记数逐年上升，区妇联每年办理的信访件中85%以上为婚姻家庭矛盾纠纷类。另外，每年都有人大代表建议、政协提案关注留守儿童、家庭教育等问题，却始终得不到有效解决。这些问题的存在已经成为人民群众实现美好生活的拦路虎，家庭问题的存在也是社会问题频发的根源所在。"我有幸福家"项目，立足于家庭，解决群众最关心最直接最现实的利益问题，细化到家庭教育、亲子阅读、夫妻关系、婆媳关系、早期教育、垃圾分类、特困关爱等具体内容，迎合群众需求，受到一致好评。

### 3. 大力整合优势的资源与力量

"我有幸福家"项目最大限度地凝聚各个机构最优势的资源，也为"妇"字头企业或社会组织成长搭建了平台。与"我有幸福家"项目合作的"妇"字头企业或社会组织共有13家，其中"我有幸福家"项目孵化培育的就有3个，这些组织的成长发展必然会成为服务妇女儿童和家庭的中坚力量。

# "关爱留守儿童"家庭教育项目

*孝感市大悟县巾帼志愿者协会*

## 一、项目背景

习近平总书记强调:"家庭是社会的基本细胞,是人生的第一所学校。不论时代发生多大变化,不论生活格局发生多大变化,我们都要重视家庭建设,注重家庭、注重家教、注重家风。"由于父母的缺位,监护能力的不足,传统家庭教育及良好家风教育的缺失,导致留守儿童道德认知模糊、情感淡漠、心理异常、行为偏差、素质低下等状况发生,最终形成严重的社会问题,这是我国贫困农村当前面临的严峻形势。

为了进一步解决好留守儿童的家庭教育问题,建立系统化的长效解决机制,2018年至2019年,大悟县巾帼志愿者协会联合中国农业发展银行湖北省分行、大悟县妇联在全县实施省农发行"关爱留守儿童"家庭教育项目。

## 二、主要做法

### 1.一个中心建设

在大悟县建立1个县级家庭教育指导中心以及10个乡村家庭教育服务试点站。为大悟县家庭教育指导中心及试点站提供环境创设、办公设备及档案设施的配置以及购置专业心理测评软件等,为全县开展后续关爱活动提供专业设备及实物支持。

### 2.一本教案编制

聘请武汉融智家庭教育中心专业团队总结大悟县家庭教育实践经验，并编制相关书本教材和视频教材。从大悟县本地的传统文化和家庭教育实际出发，针对城镇乡村的不同侧重点，为留守儿童家长量身定制《家庭教育伴成长》，内容侧重于亲子关系的处理与培养、子女的教育与辅导、情感的交流与沟通等方面。针对留守儿童编制《安全成长伴成长》，内容侧重于留守儿童生活安全常识等方面。针对留守儿童成长的全方位教育需求，选取购买或录制专业的《留守儿童家庭教育》视频教材，内容侧重于传统道德、心理辅导、情感交流等方面。

### 3.一支队伍培养

制定大悟县留守儿童家庭教育师资培训计划，有针对性地在人大代表、妇联干部、教师、检察院、法院等队伍中选拔志愿者，组建一支优秀家庭教育师资队伍。定期对志愿者进行专业能力培训，提高志愿者的整体素质和专业水平，逐步形成结构合理、相对稳定、专兼结合、热心公益的师资力量；组织志愿者开展团建活动，增强团队凝聚力，打造一支专业志愿者队伍，用专业成就更有力量的公益。组织志愿者定期在试点村开展志愿服务活动，锻炼和提升志愿者的实践能力，不断提高志愿服务水平。

### 4.一个主题教育活动

根据大悟县留守儿童家庭教育活动内容以及留守儿童实际需求，分阶段选取不同主题帮助开展留守儿童家庭教育系列主题活动，以点带面来推动全县关爱留守儿童家庭教育活动持续开展，同时引起全社会对留守儿童教育的共同关注和关爱。

以"传家训　立家规　扬家风"为主题开展系列主题教育活动。联合《楚天都市报》父母课堂专栏举办大悟县"农发行杯""最美家风故事"征文比赛、"最美家风故事"巡演巡讲、"最美家庭"颁奖，并将竞赛获奖作品编印出版发行，以留守儿童的真情实感唤起家长、家庭、学校乃至全社会的共同关注和关爱，扩大关爱活动的社会影响面，引导和促进全社会共同关注关爱留守儿童。

## 三、基本成效

自项目实施以来,县巾帼志愿者协会围绕项目规划,以促进留守儿童和家庭共同成长为方向,以"四个一"设计为抓手,凝心聚力,建强队伍,注重创新,打造品牌,在推进留守儿童帮扶和家庭教育工作中成效显著,获得社会各界一致好评。

### 1. 建立阵地

在全县成功建立了1个县级家庭教育指导中心、10个村家庭教育服务点,联合湖北融智家庭教育指导中心设计、研发了专业心理及家庭关系测评软件,把心理教育、家庭教育理论知识转变成可操作性的工具,为全县开展后续关爱活动、家庭教育提供了专业设备。

### 2. 注重内涵

为留守儿童监护人编印了2000册《家庭教育伴成长》手册,为良好的家庭教育提供理论和方法上的指导。针对留守儿童特点编印了2000册《安全成长伴成长》手册、录制《留守儿童家庭教育》视频30节并上传至"云上大悟"进行播放,帮助留守儿童学会学习、学会生活、学会交往、学会做人。

### 3. 组建队伍

在全县培养一支专业的家庭教育师资队伍,并组织其到全县各点进行家庭教育讲座,将家庭教育向试点村全覆盖,逐步向全县辐射,形成家庭教育学习新浪潮。邀请家庭教育专家讲师在县家庭教育中心、县组织部、县滨河小学等多地开展8场家庭教育专家讲座,组织本土家庭教育讲师在10个试点村开展30场家庭教育讲座,组织志愿者在10个试点村开展94场德育团辅活动。

### 4. 打造品牌

2018年10月,启动省农发行杯"最美家风故事"征文大赛,共向全县中小学生征集作品1.2万份,经过文学界、教育界、新闻界的专家评审团评选出100份优秀作品。2019年5月,举行"树清廉家风 扬报国情怀"湖北省农发行杯"最美家风故事"征文颁奖典礼并将优秀作品编辑成书,传播了积极向上的正能量与真情真意。

湖 南

# 创建"四结合一转变"
# 家庭家教家风工作新道路

郴州市妇联

和睦的家庭、严正的家教、淳厚的家风对营造良好社会风尚、维护社会和谐安定具有基础性作用。党的十九届四中全会《决定》提出，要"注重发挥家庭家教家风在基层社会治理中的重要作用"。近年来，郴州市妇联围绕家庭如何在基层社会治理中发挥作用，聚焦家庭所需、聚力妇联所能，摸索了一条推动家庭家教家风工作与党校主体班培训相结合、与党委（党组）理论中心组学习相结合、与党风廉政建设相结合、与创建全国文明城市相结合，实现家庭教育公益讲座由"有形覆盖"向"有效覆盖"转变的"四结合一转变"道路，充分发挥家庭家教家风在基层社会治理中的重要作用，营造共建共治共享的社会治理新格局。

## 一、创建"三结合"常态化合作机制，促进党员带头学家风

加大推动家教家风工作与党校主体培训班、党委（党组）理论中心组学习、党风廉政建设更好地结合，形成常态化的合作机制。2019年，郴州市"新时代·好家风·好家教"公益讲座走进市委党校主体班，将家风家教专题讲座纳入年内各级党校主体班学习计划。市"新时代·好家风"最美家庭事迹故事巡讲走进北湖区委大会堂，北湖区和经开区副处级以上

干部，乡镇（街道）、区直机关及郴州经开区副科级以上单位班子成员及基层妇干近700人参加会议，开启该市家教家风工作与党委理论学习中心组学习相结合的有效尝试。召开"全市领导干部廉洁家风教育大会"，观看警示教育片、家属代表分享廉洁家风小故事、通报家风不正典型案例、宣读倡议书、专家专题授课等，现场500余名处级干部的家属接受廉洁教育。截至目前，市各级各部门共举办了廉洁家风事迹报告会18场，征集"廉洁家书"389份，在全市营造了风清气正的良好风尚。

## 二、结合精神文明创建，促进家庭参与基层社会治理

2020年3月，郴州市妇联联合市文明办等单位出台了《2020年郴州市家风家教工作实施方案》等政策文件，把家风家教列入全市文明城市创建考核内容，也定为每个单位的道德讲坛必修课。通过参与创建全国文明城市活动，在各级妇联组织以及妇联执委和巾帼志愿者们的发动下，越来越多的家庭主动参与到社区治理中来，助力社区更好地服务每一个家庭。巾帼志愿者黎协春等人在北湖区燕泉街道阳光苑社区，组成了"黎大姐工作室"巾帼志愿者服务队，协助社区调解邻里纠纷、夫妻、亲子、婆媳家庭矛盾，已吸引200多位巾帼志愿者参加，共接待妇女300多人次，为22名妇女提供就业岗位。郴州市苏仙区婚姻家庭纠纷人民调解委员会的巾帼志愿者、国家二级心理咨询师刘佩珍，从2012年担任婚姻调解志愿者以来，接待了大约4000对夫妇，调和了2400对。社区妇联执委程新宁积极组建志愿者队伍，经常组织植树、敬老爱老等亲子公益活动。疫情期间，"辣妈帮帮团"志愿者发动群众在小区挨家挨户上门进行摸排，为居家隔离人员送生活物资，安抚居民情绪。

## 三、转变家庭教育工作方式，促进和美家庭建设

一是推行家长学习积分制。《郴州市2020年家庭教育12件实事》明确郴州市教育局和市妇联推动城区103个社区建立社区家长学校，并推行社区家长学习积分制，做实做好家长学校。郴州市苏仙区小太阳幼儿园打造了"新中国式家长学堂"，并采用了积分奖励制度，评选出模范学习型家

长、优秀学员及优秀班干部,大大提高了家长们参与的积极性。

二是严格家庭教育讲师团考核退出机制。郴州市妇联严格家庭教育讲师招聘、培训、管理、考核、退出制度,提高招录门槛。2019年对各级、各部门推荐上报了52位优秀候选人竞聘家庭教育公益讲师,最终15人入选。一年来,通过"师训—课题研究—磨课—巡讲—个案追踪"对讲师团进行日常跟踪管理,督促讲师提升实践演说能力和家庭教育课题研究水平,打造了一支高素质的家庭教育讲师团队。

三是升级家庭教育公益讲座。将"妈妈课堂"升级为"新时代·好家风·好家教"家庭教育公益讲座,通过向社会购买服务的方式,依托社会专业团队,共举办家庭教育知识讲座353场次,累计惠及家庭15万多人次。2019年,打造了一个全国家庭教育创新实践基地、一个省级家庭教育示范基地,开展家庭教育公益讲座102场,走进11个县(市、区)的42个社区、50所学校、10个机关单位,服务家长达6.1万余人。四是完善线上家庭教育平台。在"郴州女声"微信公众号开辟家庭教育专题,分时分类推送家教小知识、"微课堂",弥补现场讲座时间、空间和人数局限,打通家庭教育的"最后一公里"。截至目前,"好家风带动好习惯"亲子阅读趣味公益课程已发布视频课达110节,《家教小知识》有75篇,共有4.3万余名家长通过线上参与学习互动。近一年来,郴州市涌现出全国"三八红旗手"1人、全国"巾帼建功标兵"2人、全国"巾帼建功先进集体"1个、全国"巾帼文明岗"6个、全国"最美家庭"2户、"最美抗疫家庭"1户,营造了家风好党风正民风淳的良好氛围。

# 美家美妇齐行动，共建幸福安康家

浏阳市妇联

## 一、产生背景

湖南省浏阳市妇联认真贯彻落实习近平总书记关于"注重家庭、注重家教、注重家风"的重要指示精神。2018年3月，浏阳市委书记调研市妇联工作时，就家庭家教家风工作提出"美家美妇"创建工作。浏阳市妇联出台《关于开展"美家美妇共建幸福浏阳"的实施方案》，在全省率先开展"美家美妇"创建活动。通过大力宣传推介"最美女性""最美家庭"，动员全市广大妇女和家庭争创学习之家、绿色之家、文明之家、平安之家和小康之家，让"最美女性"引领广大妇女积极建功立业，大力弘扬社会主义家庭文明新风尚，形成家家幸福安康的生动局面。

## 二、主要做法

一是全民参与，寻找美。依托全市324个"妇女儿童之家"，面向基层、广泛发动，挖掘、选树、宣传、推介身边的"最美家庭""最美女性"。各级妇联组织结合实际、创新载体、突出特色，建立专题宣传栏、壁报、展示平台，组织巾帼志愿者队伍入户宣传，抓住"三八""六一"等节点，运用群众喜闻乐见的方式，动员全民常态化参与到寻找活动中来，如通过微信海选、家庭对决、群众评议等形式，引导群众自荐、互推、互评。在"最美"评选的群众评选环节，群众参与率达到数十万以上。

二是融媒互动,宣传美。在浏阳电视台、浏阳广播电台、《浏阳日报》开设"美家美妇"活动专栏,多角度宣传报道夫妻恩爱、孝老爱亲、邻里和睦、热心公益等方面的"最美家庭"典型。利用浏阳妇联微信公众平台对"最美家庭""最美女性"故事进行展播。以讲"最美"故事、评"最美"照片、展"最美"视频等形式,晒出幸福家庭照片6000余幅,举办"她·力量 家·最美"——美家美妇共建幸福浏阳分享暨促进会,家风家训评议会128场次、"最美"故事分享会98场次。

三是深化内涵,传递美。主动为党和政府分忧,深化"美家美妇"活动内涵,组织开展"美家美妇齐行动 共建共享美浏阳"活动,广泛发动"最美家庭""最美女性"、妇联执委、巾帼志愿者等"美家美妇"代表,建立"妇女微家""儿童微家",因地制宜就近组织开展"户帮户亲帮亲·美家美妇暖心行·美家美妇助脱贫""姐妹守望、邻里相助"妇联执委帮困行、"我为贫困家庭添一物"等活动,为1600余户家庭圆梦"微心愿"。构建"户帮户亲帮亲 美家美妇暖童心"留守儿童关爱服务体系,实施"结对认亲、安全守护、呵护成长"三大计划,增强关爱合力。开展"为了母亲的微笑""寻找百户爱心家庭·情暖贫困留守儿童"等主题关爱活动,多方筹措慰问救助资金360万元,惠及6000名贫困妇女和儿童。连续6年举办"让爱回家,伴我成长"留守儿童家长专场招聘会,从源头上解决留守儿童问题。

四是延伸载体,培育美。组建"美家美妇共建幸福浏阳"宣讲团,邀请"美家美妇"代表加入浏阳市家庭教育讲师团专家智库、浏阳市"智慧父母"家庭教育指导中心,围绕家庭建设特别是家庭家教家风主题,设计家庭教育系列课程,开展"菜单式"培训,以身边人讲身边事,以身边事影响身边人。每年将100场家风家教知识送到基层一线。在村(社区)打造31个"儿童之家"示范点,招募具有家庭教育经验的"美家美妇"代表担任儿童之家志愿者,定期开展家庭科学养育线上线下讨论,探索建立家庭、学校、社区协同育人的有效机制。坚持8年连续打造"母亲夜话沙龙"家庭教育公益活动品牌,每月26日走进基层分享家庭教育知识。组织"最美女性""最美家庭"参加家庭教育巡讲、"我家的最美故事展示"

等系列公益主题活动，培育更多"最美"典型。

## 三、基本成效

一是唱响每家每户，推动形成了良好家风民风社风。近年来，浏阳各级妇联寻找"最美家庭"11896户，346户获评浏阳市"最美家庭"，56户获评市级以上荣誉。评选表彰"最美女性""最美基层巾帼之星""三八红旗手"等1856人，180人获浏阳市荣誉，36人获市级以上荣誉。通过用活动来推动、用故事来打动、用教育来驱动、用榜样来引领广大妇女和家庭见贤思齐，传递社会正能量，推动形成全社会礼遇"美家美妇"的社会风尚、人人争当"最美"的浓厚氛围。"美家美妇"系列活动被《中国妇女报》等多家媒体宣传报道推介，并在湖南全省推广。

二是服务广大家庭，促进了广大家长注重家庭家教家风。开展各类家庭家教家风系列主题活动600余场，广泛宣传父母家庭教育责任意识，提升广大家长家庭教育智慧，推动了社会主义核心价值观在家庭落地生根，让为国教子、立德树人的理念通过"美家美妇"深入每家每户，26万余名家长和儿童受益。

三是服务中心工作，充分发挥了妇联组织的桥梁纽带作用。充分发挥了妇女在社会生活和家庭生活中的"两个独特作用"，带动广大妇女群众立足本职岗位，在乡村振兴、脱贫攻坚、移风易俗等重点工作中彰显巾帼作为。如新冠疫情防控期间，全市妇女干部、妇联执委、"最美家庭""最美女性"、巾帼志愿者等4万余人，广泛开展巾帼志愿服务活动，累计提供疫情防疫宣传引导、物资募捐、复工复产等志愿服务20万余人次；在湖南省妇联"巾帼心向党，姐姐来带货"扶贫助农大直播活动中，"美家美妇"化身带货主播，带动浏阳销售额达89.7万元，居全省区县（市）第一。

# "党建+家庭教育"的制度创新

益阳市赫山区妇联

## 一、产生背景

近年来,一些政府部门、中小学校、群团组织、社会机构、村(社区)等开展了系列家庭教育指导服务活动,但各自为政,既没有形成合力,也难以实现其普惠性、实效性。

## 二、主要做法

2019年,益阳市赫山区创建"党建+家庭教育"制度,将家庭教育工作落实到党支部,做到"一统领五纳入",实施"党建五带行动",基本构建了覆盖城乡的家庭教育指导服务体系,全面开展家庭教育指导服务活动,得到各级领导的充分肯定和社会的一致认可。

党建统领,谋划家庭教育促进工作的"一盘棋"。该区突出党建统领这根主线,将"家庭教育"作为"党建+"中心工作,写入区委"关于进一步加强党的政治建设"一号文件。区妇联推动建立家庭教育联席会议制度,由区委书记亲自挂帅,区委专职副书记任总召集人,"四大家"分管领导任召集人,区委办、区政府办、区委组织部、区妇联、区委宣传部、区委政法委、区检察院、区教育局、区民政局、区团委等15家单位相关负责人为成员,办公室设在区妇联,形成全区家庭教育促进工作"一盘棋"格局。同时,出台《2019我们和孩子一起成长实施方案》《赫山区家庭教育联席会议制度》等文件，区直15个部门各负其责，分工协作，搭建了党委政府牵头、部门单位配合、家长积极参与、社会关注支持的家庭教育工作新机制，有计划、有步骤地开展家庭教育促进工作。

五个纳入，拓展家庭教育指导服务的覆盖面。该区将家庭教育工作责任落实到党支部，做到"五个纳入"，即纳入基层党建总体方案、主题党日活动、基层统一管理、书记述职评议、年终绩效考核，形成支部组织、党员带头、社会参与、家庭实施的家庭教育新局面。主题党日活动丰富多彩。各党支部围绕家庭教育主题，开展"党建+家庭心理健康""党建+青少年安全防护"等党日主题活动400余场。动员社会各界组织开展亲子活动、困境儿童关爱、心理团辅等活动1000多场，家庭系列讲座200余次，家庭教育活动迅速覆盖惠及全区数万家庭。结对认亲温暖人心。关爱每位留守儿童，明确一名村级党员干部为"党员舅舅"，为孩子争取各类帮扶、关爱资源，帮助孩子实现微心愿；明确一名村级妇联执委为"执委妈妈"，定期联络孩子、监护人，反馈孩子学习生活情况和心理需求，带领孩子参加各类活动；明确一名扶贫队员或驻村干部为"城里叔叔"，带领孩子到城里开展一次活动。3480名"执委妈妈""党员舅舅""城里叔叔"与2114名留守儿童结对认亲，为广大农村留守儿童健康成长创造良好环境。该区农村留守儿童关爱服务工作经验在全国妇联《妇工要情》《中国妇女报》等刊发，得到国家相关部际联席会议的充分肯定。家庭教育工作日益创新。各系统党组织开拓创新、有序开展家庭教育指导服务活动。政法系统推动"一村（社区）一心理服务室一心理咨询师"工作，举办"未成年人刑事检察工作办公室开放日"。妇联系统创建"社区妇联主席+社区儿童主任+家庭教育指导师+志愿者+家长"微信群，常态化在网上开展家庭教育指导服务和经验交流。民政系统创办新婚登记集体颁证仪式，村（社区）儿童之家建成率100%。关工委组织近1000名"五老"投身一次大走访、一次巡回宣讲、一次弘扬好家风家训主题活动等志愿服务行动。

五带行动，提升家庭教育宣传培训的影响力。抓党建带妇建。区妇联创建"一定二研三演四推五议"家庭教育推广五步工作法，每月组织全区乡镇、村（社区）妇联主席参加"情绪管理""自信自爱""感恩教育""人际交往""阅读习惯"等主题教育现场观摩活动,学习掌握基层开展家庭教育指导服务活动的方法;实施"百师万家"行动,面向全区遴选培训100名讲师和志愿者,组建双百家庭教育指导师和志愿者调解员队伍,实施"普及父母心理学"幸福工程"五进"活动,在全区各乡镇开展主题观摩活动55场,指导村(社区)开展主题活动700余场,让家庭教育指导服务活动当月在城乡社区复制推广。抓党建带团建。团区委积极开展"优秀少先队员家长""优秀共青团员家长""双十佳"等评选活动。抓党建带校建,教育局开展百场家庭教育公益讲座、百场家庭教育微课堂,学校建立家校共育机制,将家庭教育纳入师资培训和考核内容,加强家长学校建设,开展入户家访,携手家长促进孩子健康快乐成长。抓党建带工建,工会系统聚焦"两新"组织、企业家等薄弱点,开展家庭教育指导服务活动。抓党建带文明创建。宣传系统开展"和美赫山畅家风"系列活动,弘扬家庭美德,持续举办大型活动选树"感动赫山人物""身边好人",用身边的事教育影响身边的人。

## 三、基本成效

在"党建+家庭教育"的制度优势下,该区家庭教育指导服务活动覆盖所有村(社区),良好的家庭教育已蔚然成风,95%以上的家长从过去"老师有责"变成现在的"我更有责",90%以上的家长反映家庭教育的自信心增强,85%以上的孩子反映与父母关系更加融洽,孩子成长的家庭环境得到显著改善。

广 东

# 举办"与孩子的心灵对话"论坛，助力家庭教育工作创新发展

佛山市妇联

## 一、项目背景

为贯彻落实《中共中央国务院关于进一步加强和改进未成年人思想道德建设的若干意见》，营造未成年人健康成长的良好社会环境和家庭环境，2005年开始，佛山市妇联与佛山电台每年联合举办"与孩子的心灵对话"论坛。为使这种教育模式进一步向各区推广，2007年至今，每年都在各区举办两期论坛（2020年受疫情影响减为一期），使更多的家长、孩子和学校、村、社区受益。

## 二、主要做法

### 1.组织实施

主办方为佛山市妇女联合会、佛山市人民广播电台，协办方为佛山市家庭教育研究会、佛山市五区妇联，承办方为中小学校或社区家长学校、佛山新闻网，专家支持团队包括佛山市家庭教育研究会会员、佛山市家庭教育讲师团骨干、广佛地区知名家庭教育专家、心理咨询专家、本地区模范人物、"最美家庭"代表等。

**2.特色**

一是多种论坛主题。每年年初，市妇联结合时势制订论坛举办计划，各区妇联根据实际征求承办学校或村、社区意见，选定论坛主题，向市妇联提出承办申请。市妇联组织专家、论坛总监根据《全国家庭教育指导大纲》对主题进行遴选，选出贴近儿童、贴近家长、贴近时代要求的主题，历年涉及专题共150多个，如"做一个有道德的人""如何陪孩子度过青春期""教孩子健康上网""学雷锋、从点滴做起"等。

二是多级协同实施。每期论坛市妇联根据主题确定参加指导的专家并组织有关人员填写《论坛情况汇总表》，包括本期论坛目标/提纲（由承办单位填写），家教指导中心意见；专家一、二各自观点；"最美家庭"代表一、二观点；主持人引导提纲。承办学校或社区组织孩子、家长各100名以上参加（2020年根据疫情防控要求家长和儿童40人左右），由佛山电台少儿节目主持人主持，并通过《我家的小太阳》（花生宝贝）栏目、"佛山新闻网"微信公众号、佛山头条App等平台进行播放，以扩大家长受惠面。

三是多边平等对话。论坛前，由孩子表演家庭教育小品或以相关调研数据等引出主题；论坛中，孩子、家长和专家就该场主题引发的各种各样的问题进行多边讨论，现场情景温馨，真正搭起互动交流桥梁。

新冠肺炎疫情发生以来，论坛探索建设"云课堂"，线上教学"不打烊"。2020年还邀请了"最美家庭"代表以"我眼中的抗疫脱贫故事""我身边的小康"为题，就抗击疫情和脱贫攻坚主题进行访谈。

## 三、主要成效

截至2020年8月，论坛已举办200期，覆盖佛山五区32个镇街，180多所中小学校和社区家长学校（家教家风实践基地），现场受益家长孩子达6万人次。第199期和第200期论坛通过"佛山新闻网"微信公众号、佛山头条App等平台进行线上播放，共吸引了182666人次收看，同时，通过"学习强国"平台，市、区妇联微信公众号等进一步扩大家长受惠面。

一是突出了服务性。论坛由市妇联专项经费支出，属纯公益活动，完全是为满足孩子家长的成长需求而设置。二是体现了针对性。论坛所涉及的主题，均由村、社区妇联根据孩子和家长的实际需要选定。三是实现了时效性。论坛通过现场调查孩子对某一问题的真实心理感受为切入点，调整与孩子沟通的方式方法，实现与孩子平等和谐相处，与孩子一起成长。多次参加论坛的家庭教育专家、市教育局关工委副主任吴钟秀称论坛是家庭教育指导工作的一个铮亮品牌；南海区狮山镇小唐中心小学的校长将论坛形容为家长孩子共同分享的"家庭教育盛宴"；禅城区元甲小学校长梁颂青表示，我们学校的老师孩子家长随时欢迎"论坛"的到来；参与过论坛的孩子们表示："我们喜欢这个论坛，在论坛上，我们能说很多平常不敢对家长说的心里话，有专家支持我们，我们也不怕家长们'秋后算账'，哈哈，真爽！"在论坛第178期"别让手机夺走您的爱"中，一名小学生伤心地讲述了父母沉溺手机给自己身心造成的伤害，令在场的父母深受触动，父亲不仅当场流泪向孩子道歉，还向孩子保证今后要放下手机做好榜样。家长们也纷纷表示："通过沟通对话，我们真正走进了孩子的心灵。"有的家长还打电话到有关部门，赞扬妇联做了件好事，希望这样的活动继续办下去。

经过15年的探索实践，论坛已成为我市开展家庭教育工作的有效载体，对加强未成年人思想道德建设发挥了积极作用。中央电视台少儿节目、《中国妇女报》、《女性》杂志等先后进行了报道，曾荣获"全国家庭教育工作创新案例""广东省未成年人思想道德建设创新范例"等多个奖项。

# 大力推进"绿色进我家行动"

东莞市妇联

## 一、项目背景

为贯彻落实广东省文明委印发精神文明九大行动之一《传承弘扬好家庭好家教好家风行动实施方案（2020—2022年）》精神，推动社会主义核心价值观在家庭落地生根，东莞市妇联在全省率先启动"绿色进我家行动"，结合严重倒挂人口结构实际，因地制宜创新工作方式方法，架构"连心桥"，倡导文明健康绿色环保的生活方式，形成家家幸福安康的生动局面。

## 二、主要做法

### 1.组织实施

主办方为东莞市妇女联合会、东莞市委组织部、东莞市城市管理与综合执法局、东莞市精神文明建设委员会办公室，协办方为东莞市家庭教育促进会，承办方为各镇街（园区）妇联、组织办、城市管理综合执法局、宣教文体局。

### 2.特色

一是党员家庭率先垂范。坚持党建引领，开展"垃圾分类美莞邑，我是党员我先行"系列活动，以全市党群服务中心为组织阵地，统筹群团组织平台资源，将分散在各楼盘（小区）的党员凝聚起来，争当垃圾分类工作的先锋模范,参与签署承诺我先行、学习知识我先行、践行规范我先行、宣传推广我先行、分类引导我先行等"五大行动",将垃圾分类活动带进家庭,辐射邻里社区,变为全民行动。

二是小积分兑换大文明。开展"玉兰花开·巾帼家美积分超市"建设工作,在省级妇女之家示范点建设积分超市的基础上,进一步推广,在全市新时代文明实践中心(站点)建设"积分超市",通过文明行为换取积分、以积分兑换宣传品的方式,调动全市家庭参与绿色进我家行动的积极性和主动性,让有德者更有得。("积分超市"物资来源:由市城市管理综合执法局和市文明办负责按每年每个"超市"2000元标准,连续三年进行鼓励性配套物资配送,不足由镇街(园区)城市管理综合执法局、宣教文体局和妇联负责募集或采购补充。)

三是建设家门口儿童公园。融入乡村振兴战略,以家风家教文化为底色,以绿色生态环保为特色,建设一批家门口的示范性"园中园"儿童公园,开展美丽家园创建行动,引导全市家庭全面净化绿化美化村居环境。链接120万元,在万江街道谷涌、滘联美丽幸福村居特色连片示范建设的万江街道儿童公园已正式开园,包括妇女儿童之家、高效农田观光区、厨余处理示范展示区、蔬菜种植示范区、家风家训健康步道、儿童体能体验区"六大功能区"组成;链接200万元的南城街道儿童公园正在施工中,预计年底完工。

四是倡导绿色家庭教育理念。启动"用心陪伴,共同成长"2020"玉兰姐姐"家教计划,开展特殊时期特别家教,制作"玉兰姐姐"绿色动漫学堂、大气环保课堂,开展直播课堂、微课堂、家风家教实践基地云游、"玉兰姐姐"家教线下课堂等,推广绿色环保文明的经验妙招,提高家庭的动手能力,让家长学会用科学的理念和方法教育孩子,提升绿色文明素养,争当绿色家庭。

## 三、基本成效

开展"绿色进我家行动"以来,全市各级妇联组织迅速响应,发挥"联"字优势,"联"有关部门,"联"各种资源,"联"各方力量,积极有效融入基层社会治理大局，得到了社会各界的高度肯定及广大群众的普遍赞誉。

一是成功融入全市党建内容。"垃圾分类美莞邑，我是党员我先行"系列活动被纳入全市各级党组织主题党日活动，全市17.3万党员发挥先锋模范作用，带动社区家庭积极参与，营造全民参与氛围。

二是涌现一大批绿色典型。全国"五好家庭"、省十大"最美家庭"与文明使者、知名主持人等拍摄"公筷公勺从我家做起""向城市美容师致敬"等公益短片，在全市街道户外宣传展示滚动播放，"我践行、我光荣"的浓厚氛围形成。全市培树112户市级绿色家庭典型，引领1000户家庭争做"最美"，号召18万户家庭签署绿色文明承诺书。"绿色生活，我家更美"的理念进一步深入人心，崇尚绿色生活的文明新风尚逐步形成。

三是激发新时代文明实践新动能。市妇联积极链接市城市管理综合执法局和市文明办资源，在省级妇女之家示范点和新时代文明实践中心（站点）已建设40个"玉兰花开·巾帼家美积分超市"，取得了较好效果，打下了基础。吸引了众多单位、社会组织前来洽谈合作，将其优质项目入驻"积分超市"。"积分超市"地图、"积分超市"系统进一步制定完善，使城市管理、文明实践向精细化、常态化转变，探索出家家参与文明创建、人人争当文明市民的精神文明建设妇联新模式新路子。

四是绿色实践核心圈初步形成。以万江街道儿童公园为中心，辐射周边社区家庭及学校，实施厨余收集—堆肥—种植—采收—积分兑换有效循环机制，着手培养儿童养成光盘、垃圾分类、绿色有机等生活习惯，小手拉大手将绿色理念和实践方法带进"小家"，源源不断增强绿色实践核心力量。

五是经验做法被媒体多次报道。全国、省市媒体报道"绿色进我家行动"经验做法250多篇（条），5条系列活动信息登上学习强国平台，其中2020年6月21日中国妇联新闻报道《东莞启动"绿色进我家行动"》，6月22日中国文明网首页报道《东莞首个"玉兰花开巾帼家美"积分超市揭牌：积分改变习惯，积分兑现文明》。

# 新生家长培训提升家庭教育水平

中山市妇联　中山市家庭教育指导服务中心

"孩子要上学　家长先上课",为了有针对性提升家长科学育儿水平,根据儿童在不同阶段的身心发展特点和规律,让家长获得最需要的家庭教育知识,2010年起,中山市妇联联合中山市教体局实施新生家长家庭教育培训项目,面向全市所有幼儿园、小学、初中新生家长进行家庭教育培训。以讲授为主,每位新生家长接受4项内容共计8个课时的培训,包括(1)学做现代合格家长;(2)经营和谐婚姻家庭;(3)学习儿童身心发展特点和成长规律;(4)儿童安全与心理健康。经过10年的探索,中山市形成以精英家庭教育讲师队伍、精品家庭教育课程、精准家庭教育服务为主要内容的成熟的新生家长培训体系,每年培训新生家长超过100万人次,10年共培训新生家长超过1000万人次。

## 一、培育精英家庭教育讲师队伍

开展新生家长培训离不开一支过硬的专业队伍。为此,中山市妇联以"全国家庭教育创新实践基地"中山市家庭教育指导服务中心为依托,培育专业的家庭教育宣讲队伍。家庭教育专业形成常态,每年实施线下理论与实践培训10~15天,线上理论培训每月2次共24次,传播正确的现代科学育儿理念。一是培育家教讲师队伍。从全市650名全国家庭教育高级指导师中,优化赛选市、镇两级家教讲师团共350人,进行专业化、系统性的培训,并把培训纳入教师继续教育学分。二是培育家教工作管理者队伍。提升管理者队伍素质,强化家庭教育的指导,每年对部门、学校的家庭教育管理者开展专项培训。三是培育家教亲职导师队伍。目前培育家教亲职导师102人,有效地指导家长开展专业化的亲子实践体验活动。

## 二、开发精品家庭教育讲座课程

从2010年开始组织市家庭教育讲师开发课程,并编印《中山市家庭教育讲师团课程目录》,共开发200多个精品讲座课程,供学校和家长"按需点菜",形成了完整科学的课程体系。一是较强的指导性。按照家庭生命周期编制课程,包括新婚期及孕期的家庭教育指导课程、0~3岁年龄段的家庭教育指导课程、4~6岁年龄段的家庭教育指导课程、7~12岁年龄段的家庭教育指导课程、13~15岁年龄段的家庭教育指导课程、16~18岁年龄段的家庭教育指导课题。二是体系的完整性。除了年龄阶段的课程,还包括特殊儿童家庭教育指导课程、特殊家庭的家庭教育指导课程、特色家庭教育指导课程等,还推荐15个家庭教育主题沙龙、12个主题亲子活动,推荐22位全国、省内家庭教育专家讲座,精选了6个家庭教育网站和6个家庭教育微信公众号,推荐给广大家长学习。三是内容的科学性。课程按照《全国家庭教育指导大纲》,并通过讲师集体备课、公开观摩课等方式,确保内容的科学性。

## 三、开展精准家庭教育指导服务

每年7~11月,对全市1500多所中小学、幼儿园新生家长进行培训,针对幼儿园新生家长、小学一年级新生家长、初一年级新生家长提供4项不同内容、8个课时的培训,精准宣传科学育儿知识。为精准地把握各类新生家长的不同需求,提供精准、均衡的家庭教育服务,搭建"演、练、讲、悟、玩、乐"六字学习体验平台,多元满足家庭个性化的学习方式,精准对接需求。

第一,演——创建"汇爱父母剧场"。针对农村新生家长听课难的现状,创建家庭教育情景剧场,开发《都是手机惹的祸》《孩子,我该拿什么来爱你》《新版小红帽与大灰狼》等10个主题剧本,内容包括针对沉迷手机家庭、流动留守儿童家庭、父教缺失、三代同堂教育冲突、亲子关系、二孩教育、早期家教、儿童安全教育等内容。共开展100多场大型演出。

第二,练——实施"爸爸来啦"勇敢爸爸成长训练营。针对父亲参与家庭教育不足的现状,实施"爸爸来啦"勇敢爸爸成长计划,共服务200个爸爸学员和400个父子家庭成员,并在电台、报纸、微信宣传,起到很好的带动和辐射效应。

第三,讲——"孩子要入学 家长先上课"的新生家长培训,每位家长学习8个课时的课程,每年培训超过100万人次。

第四,悟——开展亲子团康服务。针对亲子关系和亲密关系不佳、沟通不畅,亲子活动体验欠缺的现状,我们将雁阵飞原创亲子团康理念融入亲子实践体验中,让家长在活动"参与—体验—分享—共赢—反思"的感悟中与孩子一起成长。

第五,玩——创新实施"科技雁阵飞——雁博士带你玩科技"活动。针对精英家庭孩子的好奇心和部分孩子缺乏科学创新的探究精神,将雁阵飞服务延伸到科技领域,并吸纳全市科技高端人才参与项目导师团队,目前有42名博士、博士后等相关专家的家长志愿者导师,来自各行业领域家长带领亲子家庭开展低碳环保、人文生态、自然科学、经济财商等教育,为孩子提供科学实践体验机会。

第六,乐——成立"中山家长俱乐部"。针对0~15岁亲子家庭教育个性化问题,开展亲子实践活动,研发0~15岁系列亲子实践体验式团康课程,目前共有真爱、陪伴、信任、沟通、安全、聆听、规则、习惯、自然、尊重、成长、独立12个主题的亲子体验式团康实践活动,让家长成长更具针对性,让活动更具系统化、课程化,成为家长的成长家园。

# "云家教"创新常态化指导服务模式

### 中山市妇联　中山市家庭教育指导服务中心

随着移动互联网的快速发展，借助新媒体搭建真正符合需要的在线家长学习成长平台，是家庭教育发展的一个大趋势。中山市家庭教育指导服务中心在中山市妇联指导支持下，积极探索家庭教育指导服务新途径，形成了以"云学""云听""云考""云玩""云答""云找"六大模块的"云家教"指导服务新模式，为中山市广大家庭提供科学性、普惠性、常态化的家庭教育公共服务，解决线上家庭教育缺乏针对性、缺少互动性等问题，受到广大中山家长儿童的喜爱，逐步成长为新时代中山市家庭教育指导服务的新特色与新品牌。

## 一、家教"云学"，举办家教专家学堂

用云学习的方式宣传家教知识，通过"中山家长在线"微信公众号的"家长学堂"和"家教智库"栏目，形成系列在线家长学习资源。推出每周专家讲堂和每月家教精品课供家长学习。为中山广大家长提供便捷、科学的育儿知识。每月举办在线专家讲座两场，每年推送家教精品文章500多篇。如2020年结合疫情举办在线专家讲座10场，其中，"好妈妈的育儿之道"专题讲座，关注人数2.5万，听课家长1.3万；"自我情绪管理——好妈妈的育儿秘籍"专题讲座，关注人数2.7万，听课家长1.4万；"和孩子一起，向焦虑情绪说'不'"专题讲座，关注人数5.2万，听课家长4.3万；"助力孩子复课好心情，心理学专家教你情绪管理好方法"专题讲

座,关注人数2.7万,听课家长2万;"儿童复课复学关键阶段的心理健康核心知识"专题讲座,关注人数3.5万,听课家长2.6万;"如何处理青春期亲子冲突"专题讲座,关注人数4.0万,听课家长2.7万。由于这些特殊时期的在线专家讲座受到家长们的好评,"中山家长在线"公众号的粉丝量超过10万。

## 二、家教"云听",开设专家音频课

为应对2020年突如其来的疫情挑战,按照全国妇联要求开设"特殊时期 特别家教"专家音频课,共推出60个专家音频课,内容包括学前阶段《学前教育阶段养育的重点知识》《提升亲子阅读能力》、小学阶段《如何提升孩子专注力》《如何提升孩子创造力》、中学阶段《青春期亲子沟通》《你的孩子可以学习得更好》六个系列专题。在中山广播电台"家家一点爱"家教栏目中,推出10期"疫情中的家庭教育"系列节目,推出10期"亲子阅读知多少"专栏系列,分享了首届中山市"十大亲子阅读推广人"的经验。有针对性地、系统地提供科学的家庭教育知识,解决了家庭教育知识碎片化问题。

## 三、家教"云考",举办系列家庭教育知识竞赛

2020年2~3月,举办3期在线家庭教育知识竞赛。为做好家庭亲子陪伴和疫情防控宣传,举办了"亲子共答疫情小知识"知识竞赛;为丰富家长对孩子上网课相关知识,举办了"孩子网课家长知多少"专题知识竞赛;在第110个"三八"国际妇女节之际,通过测试女性优雅指数的方式开展"懂礼仪 增颜值"优雅女性礼仪知识问答活动,3期共13862人参与在线答题。从2018年以来,共举办7期"科学育儿 立德树人"在线家庭教育知识竞赛活动,超过4万家长参与"云考",家长参与积极性很高,"云考"将成为每季常态化的家长学习方法,增强家庭教育的互动性,营造了家长向上好学的良好氛围。

### 四、家教"云玩",开展宅家亲子游戏征集和宣传活动

应对疫情,斩断传播源最好的方法就是宅在家,尽量不外出。但家里"宅"长了之后,家长纷纷表示迎来高强度的育娃挑战,感到无所适从,感叹"哇,太难了,心好累",家里的"小恐龙们"不能在阳光下游戏,不能在绿茵场上奔跑,没有体力的消耗,怎能太平呢?为此,我们开展"特殊时期 特别家教"——中山"雁阵飞"家长领头雁带你玩游戏征集和宣传活动,共征集宅家亲子游戏52个,推送亲子游戏视频宣传13期,家长孩子们现学现用,丰富了在家的亲子时光,受到一致好评。

### 五、家教"云答",提供在线家教答疑服务

我们把发挥党员先锋作用和服务家长相结合,组建了18名家教专业水平高的党员志愿者团队,通过在"中山家长在线"公众号开设"在线答疑"栏目,党员家教志愿者为家长解决家教困惑,并根据个案情况,"线上+线下"相结合,线下设立家庭教育辅导室,进行现场咨询,2017年开设"在线答疑"栏目以来,党员家教志愿者共解答家长困惑352个,其中,疫情期间解决家长个案问题89个,咨询问题涉及孩子的手机沉迷问题、学习习惯问题、亲子沟通和亲子关系问题、夫妻关系问题、情绪管理等。同时在支持援鄂医疗队年轻父母与孩子就如何两地隔空"云交流"沟通方法方面作指导,分享了"让特别的亲子云见面更安心更幸福"。

### 六、家教"云找",寻找家教志愿队伍

为培育和发展家庭教育志愿者队伍,我们通过线上"云找"的方式,逐步壮大志愿服务队伍。例如,中山市家庭教育巾帼志愿服务队成员近半数是通过线上报名寻找产生的,该志愿服务队被中国志愿服务联合会和全国妇联宣传部推选为"全国优秀巾帼志愿服务队"。2019年,开展在线寻找中山市首届"亲子阅读推广人"活动,产生"十大亲子阅读推广人"和120名阅读推广志愿者。2020年,启动了第二届在线寻找中山市"亲子阅读推广人"活动,100多人线上申报参与。

# 推进家校协同育人的实践探索

深圳市罗湖区妇联  罗湖区教育局

## 一、产生背景

为深入贯彻落实习近平总书记关于"注重家庭、注重家教、注重家风"的重要指示精神,广东省深圳市罗湖区2018年全面启动家庭教育改革,以家庭教育带动家庭家教家风工作的开展,推进家校协同育人,形成"家家幸福安康"的局面。

## 二、主要做法

### 1.加强家庭教育阵地建设,办好家长学校和社区学校

制定《家长学校工作指引》《社区学校工作指引》,加强家长学校规范管理;巩固家长学校服务阵地;完善家长学校督导评价;完善社区学校基础条件;健全社区学校工作制度;建立社区教育现代远程教育体系。目前,已实现全区80所中小学家长学校全覆盖,83个社区均已成立了社区学校。

### 2.完善家庭教育课程体系,培养优秀师资队伍

制定出台《家长教育课程指导纲要》《家庭教育指导师培养与管理办法》,开发婚前教育、育前教育、学前教育等准家长教育、隔代家长教育、幼儿园、小学、初中、高中家长教育8个模块系列课程。鼓励学校结合实际情况,编制各具特色的家长手册和家庭教育读本。聘请专家顾问团队,培养

家庭教育指导师队伍，组建家庭教育志愿者队伍，建立年级长与班主任家长教育队伍，将家庭教育指导纳入教师继续教育必修系列内容。每个学校（园）重点培养4~6名合格的家庭教育指导师，作为家长学堂的骨干师资。

**3.开发终身学习管理系统，优化信息管理平台**

加强居民终身学习管理，制定《市民公约》，明确市民终身学习要求，推行"家长终身学习"模块课程合格证书制度。开展学习型家长、学习型家庭、学习型社区和学习型街道评选，在全区各个街道、社区掀起弘扬好家教好家风的学习热潮。构建大数据终身学习管理体系，建立星级家长认证制度，推行市民"终身学习卡"制度。为市民制作"终身学习卡"，市民凭卡片报名参加家庭教育讲座，登录在线学习。按照线下学习和线上学习的课时累计学分。建设学习数据中心，在线测试和评价，学分管理和等级评价，调查问卷和信息搜集及大数据分析。

**4.广泛开展家校社共育活动，合力推动家庭教育改革**

搭建各种家长教育活动平台，广泛开展家长教育和家庭教育活动，举办罗湖"百人千课万家"行动、"家庭教育沙龙""家庭教育大讲堂""家庭教育工作坊""家庭教育嘉年华"等活动。创新工作格局，各部门、社会力量联动，推出"世界与你童行"——儿童友好八大系列活动，包括非遗知识进校园、交响乐进校园、植物探索活动、故事妈妈团进校园、"五防"知识进校园、儿童身心健康活动、特殊儿童关爱行动以及儿童论坛，培养学生的良好习惯与核心素养，协助推动罗湖区教育领域综合改革创新工作。发挥示范引领作用，常态化开展寻找"最美家庭"活动，倡扬文明家风建设，在全区各街道社区掀起广大家庭弘扬好家教好家风的学习热潮，积极营造支持家庭发展的社会氛围。

## 三、基本成效

**1.家委会改革成为社会基层民主改革典范**

2016年，罗湖区正式注册成立了全国第一个区域家委会联合组织——深圳市罗湖区中小学家委联合会，全面推进家庭教育工作。该组织取得了深圳市社会组织最高等级5A级认证，被评为罗湖区突出贡献社会组织，开展的家长志愿教师培养项目和学生领袖培养计划获得了最具创意公益项目奖。

### 2.激发了群众积极参与"最美家庭"等家庭文明创建实践活动的内在动力

协同育人激发了家长参与家庭教育服务工作的热情，通过"故事爸妈进课堂"、亲子阅读、亲子跑团、"四点半社区课堂"等活动，极大地拓展了寻找"最美家庭"等家庭文明创建实践活动的深度和广度。罗湖区从2018年正式启动罗湖区家庭文化节活动品牌，大力倡扬文明新风，把培育和践行社会主义核心价值观落细落小落实到每个家庭。突出示范引领作用。翠竹街道叶素珍家庭获评2018年全国"最美家庭"、2016年广东省百户"最美家庭"；清水河街道银湖社区赵丽洁家庭获评2017年广东省百户"最美家庭"。2020年参与寻找"最美家庭"活动的家庭数量比上年翻倍。

### 3.协同育人工作得到了社会认可

《南方日报》、《深圳特区报》、《深圳商报》、《南方都市报》、《深圳晚报》、《晶报》、《南方教育时报》、《深圳青少年报》、深圳新闻网、奥一网等新闻媒体，都对罗湖区的家庭教育改革做了报道。翠北实验小学获得由全国妇联、教育部联合评定的首批"全国家庭教育创新实践基地"荣誉称号。翠北实验小学、南湖街道渔邨社区、清水河街道梅园社区、桂园街道桂木园社区获评"广东省家庭文明建设示范点"。

## 四、示范推广

深圳市罗湖区家庭教育改革工作赢得了家长、学校和社会的广泛好评，实践探索经验得到了家庭教育专家的高度肯定。近年来，深圳市罗湖区接待了来自全国各地的专家参访团超过100个；2018年，深圳市全面推进家庭教育工作现场会在罗湖召开，罗湖经验在全市得到推广；多次被中国教育学会邀请在全国家校合作高峰论坛上作典型经验发言；2019年11月，深圳市罗湖区承办了中国教育学会家庭教育学术年会，罗湖经验在全国产生了积极的影响。

# 广西

# "知书达理好家风"公益活动

南宁市妇联  南宁市家庭教育协会

2020年，南宁市妇女联合会联合非营利性社会组织南宁市家庭教育协会，整合优质家庭教育资源，汇聚服务力量，在全市开展"知书达理好家风"公益活动，在南宁市检察院、南宁家风馆、社区学校等开展系列公益活动，为南宁市民搭建一条常态化的家教学习道路。开展特殊家庭教育指导，解决难点家教问题，同时通过"周周故事会"活动，为市民创建和谐家庭氛围，提供专业优质的公益服务。

## 一、针对特殊家庭指导，以点触面，推进妇女儿童权益保护建设工作

联合南宁市检察院，通过组织专家开展两期亲职教育培训。一方面督促和引导家长承担自己的监护义务，另一方面提升家长的管教能力，预防未成年人犯罪和再犯罪。对2019年以来全市检察机关涉嫌盗抢，聚众斗殴，故意伤害，性侵害已作不捕、不诉、附条件不起诉处理决定的涉案未成年人的家长开展亲职教育，积极提升家长的家庭教育意识和能力，改变未成年人家庭监护环境，为未成年人教育矫治创造有利条件。

为特殊家庭教育家长，提供精心准备的具有针对性的课程，让家长意识到家庭教育的重要性，课前通过调查和宣传，积极发动家长学习，唤醒家长的成长动力，为孩子未来负责，寻找根源，重新出发。活动后，成

立家长学习小组交流群，通过后续学习，彼此赋能，参加定期举办的公益活动，不断成长。家长们通过学习，深刻意识到家庭教育的重要性。通过组织专业力量培训，为未成年人创造良好的环境，推进妇女儿童保护机制建设。

## 二、"知书达理好家风"周周故事会，以良好的家风故事、汇聚专业力量形成常态化学习阵地

重视家庭教育，弘扬好家风好家教，市妇联在南宁家风馆，通过周周故事会形式，普及家庭教育主题系列活动，在夫妻关系、亲子关系、传统家风家教建设等方面，普及科学家庭教育观念方法，形成常态化活动，计划开展30场，目前完成17场，累计受益家长近千人次。参加公益学习活动的人越来越多，家长们的家庭教育观念和意识越来越强，进一步提升了南宁市的家庭教育水平，促进儿童青少年健康成长。

## 三、立足全市家教水平，搭建资源平台，凝聚社会力量，推动南宁市家庭文明建设

家庭教育是一项长期的工作任务，市妇联将立足南宁市家庭教育现状，与市检察院、社会组织凝聚力量，形成常态化公益家教活动阵地，进一步树立科学教育观念，普及与时俱进的知识理念，不断规范行业发展，打造品牌活动，形成更多的学习触点，由点带面，逐步推进全市家庭教育水平提升，构建和谐健康家庭。

# 大流量实施文明家庭创建行动

柳州市妇联

近几年来,柳州市妇联积极贯彻落实习近平总书记关于"注重家庭、注重家教、注重家风"的重要指示精神,以开展寻找"最美家庭"活动为载体,以做好家庭家教指导服务为抓手,深入推进家庭文明建设工作,以家庭和谐促进社会和谐,推动形成爱国爱家、向上向善、共建共享的家庭文明新风尚,推动社会主义核心价值观在龙城大地千家万户落地生根,为建设美丽文明和谐柳州作贡献。

## 一、打造线上线下载体平台,大流量实施文明家庭创建行动

运用新媒体,打造"互联网+"宣传网络。利用网站、微信公众号等网络平台,开展"好家风、好家规、好家训"征集活动,共征集到家训家规2274条,"我爱我家"视频展示作品68件,一等奖作品《无言的爱》在腾讯视频专栏滚动播发,点击率突破百万。以"最美家庭故事""文明家庭故事""廉政家庭故事"等为主题,发布微信推文496条,宣传家庭故事100多个。2017年以来,开展线上"最美家庭"社会推荐活动、"最美家庭"标兵户候选家庭网络投票活动,投票量和访问量达50多万。截至2020年6月,共推选出"最美家庭"市级453户、自治区级50户、全国级10户。运用传统媒体,不断加大宣传覆盖面。从2016年开始,在《柳州晚报》开设"家庭版",每周刊发一期,设置有"最美家庭故事""三八

红旗手标兵故事""家教课堂""家有喜事""家有妙招""生日宝宝""反家庭暴力""晒晒我家书柜"等与百姓家庭生活息息相关的内容，成为读者喜欢阅读的家庭生活栏目。

## 二、广泛组织动员社会力量，多渠道实施家庭教育支持行动

与有关部门联动。联合市委文明办、市教育局、市文新广局等部门，持续开展"家和万事兴　争创文明城""童心向党　共筑中国梦""小手牵大手　共创文明城""我爱我的家　我爱我的国"等宣传活动，传播弘扬"最美家庭"精神力量，培育阅读悦美新风尚，"最美家庭"工作常态化开展。联合市教育局、市委文明办对"家长学校"实行星级化管理，目前，全市创建星级"家长学校"1856所，开展家庭教育、家庭亲子活动7446场，受益人数67万多人次。与社会组织联合。采取政府购买服务的方式，依托专业力量开展家庭教育工作。联合市家庭教育学会，开展柳州家教163微课堂，为广大家长学习家教知识提供最便捷的渠道。在柳州市文惠小学教育集团静兰校区成立柳州市首个家庭教育情景剧实验基地，常态化开展家庭教育情景剧创作、展示、宣传及推广。连续五年举办"我爱我家"——家风家训情景剧展示活动，把家庭教育指导服务融入寓教于乐之中，多个优秀节目在全区推广。

## 三、充分发挥阵地队伍优势，大范围提升家庭服务工作水平

充分发挥服务阵地作用。围绕柳州市2010—2020年妇女儿童发展纲要相关指标，大力推进全市"妇女之家"和"儿童家园"建设，截至目前已基本实现全覆盖，基础设施及专兼职工作人员都已配备，为下一步盘活相关资源推动各项工作打好了基础。印发了《广西儿童家园实操绘本》等读物，为家庭教育指导服务提供了有力保证。连续5年与市女企业家协会联合开展"紫荆护蕾"活动，在全市留守儿童较多的学校创建92支"紫荆护蕾"足球队；坚持9年与市女红协会联合开展"恒爱行动"，累计编织近万件毛衣为困境家庭、孤残困境儿童送去温暖。持续30年实施"春蕾计划"，累计发放助学款649万多元，资助春蕾女童1.5万多

人，其中3600人考上大学。充分发挥专家队伍作用。依托市家教指导中心的作用，先后邀请全国著名家庭教育专家李兆良等多名教授来柳讲课，同时组织本地家庭教育专家作家庭教育专题讲座300多场次，将最前沿、最优秀的家庭教育方法传递给广大的家长。成立广西首个市级婚姻家庭纠纷人民调解委员会，聘任了24名婚姻家庭咨询师、心理咨询师、律师等社会工作者为婚调员。婚调委成立以来共接待来电、来访群众295件，412人次，调解295件，调解率100%。承接政府热线转办41件，在每个月的全市联动网络单位办理政府热线工作考评中，热线服务满意率均达100%。

# 家校共育　共促成长

### 崇左市天等县妇联

崇左市天等县是劳务输出大县，每年外出务工创业人员达13万多人。2014年9月，在县委宣传部的领导下，县妇联联合县文明办、县教育局等部门，成立天等县家庭教育指导中心，组建一个由67名家庭教育讲师组成的团队，依托崇左市理论宣传的主阵地"大榕树课堂"平台，以"家庭教育"为切入点，围绕"宣传科学家教知识"这个大主题，深入开展家庭教育指导"四进"（即进村屯社区、学校、机关、企业）宣讲活动。截至2019年年底，天等县共开展大榕树家教课堂宣讲活动10季428场，直接受益人数约达13.3万人次。几年来，通过组织开展大榕树家教宣讲活动，家长们纷纷放弃了外出打工的念头，回乡创业陪伴孩子，努力营造有利于留守儿童健康成长的家庭环境和社会氛围，全县留守儿童已从2018年的1.2万人减少到2020年的8466人，更多的留守儿童变得自信自立自强。近两年来，据统计，家庭教育指导中心共接受家长咨询100多人次，成功转化了濒临辍学的留守儿童家庭，天等家庭教育指导中心实现了服务社会的最大化。

随着人们对美好生活的向往和追求，农村外出务工的人员在不断地增加，留守儿童也越来越多，而这些孩子逐渐成为教育的一个难点。这些留守儿童中普遍存在学习较差、性格缺陷、缺乏亲情、心理障碍、安全隐患等问题，孩子的成长不可逆，为此我们进行了以下的反思。

## 一、建立学校留守儿童爱心驿站，用关爱温暖留守儿童的心

学校作为学生学习、生活的主要场所，教师应该积极、主动地与学生进行沟通、交流，分享他们的喜与乐，分担他们的忧与愁，教师要担当起"朋友"和"父母"的角色，成为他们感情的寄托和依靠，随时了解他们的学习情况和心理动向，并对他们进行及时的引导教育，努力为他们营造近似完整结构家庭的心理氛围和教育环境。

## 二、完善家长学校，构建家校共管平台

每个乡镇学校都有家长学校，利用节假日对家长进行培训开会学习，利用寒暑假开设短训班，轮流培训每位家长，构建家校共同教育农村留守儿童平台，培训内容主要有三个方面：第一，教育家长转变观念，切实负担起责任，树立"孩子的教育和全面健康发展，需要家长的精心呵护和全面关怀"的理念。第二，教育有条件的父母，应该把孩子接到身边，让其在打工地接受义务教育，为孩子的健康成长提供条件。第三，教育父母要掌握较科学的教育方式，不能一味溺爱或过分严格。

## 三、建立农村青少年活动中心，丰富儿童生活，培养健康的兴趣

各有关职能部门积极谋划、筹措资金，建立乡镇级、村级青少年活动中心，为丰富儿童生活、培养健康的兴趣构建新的平台。

## 四、搭载家庭教育工作平台，做好儿童心理健康咨询及教育培养等服务工作

2014年以来，通过开展大榕树家庭教育课堂、家庭教育心理咨询服务等工作，切实为青少年儿童解决了许多心理难题，在父母如何教育和培养孩子方面对家长也做出了积极正确的引导。第一，充分利用家长学校阵地，通过开展家教讲座和亲子阅读活动、发放家教资料、设置家教宣传栏等形式对广大家长进行家教科学知识的宣传普及。2014年以来，县家教中心借大榕树理论宣传的载体，在全县共开展了428场家教宣讲活动，活动受益人数达13.3万人次，活动中共发放宣传资料约5万份。第二，家教中心咨询部通过受理来访咨询、家访等方式，积极开展家教帮扶工作，有效促进了家长和孩子之间的相互沟通，促使家长形成正确的家教理念。

## 五、抓家庭教育队伍建设，进一步提升家庭教育指导服务专业化水平，全力解决留守儿童家庭教育工作及心理健康难题

近年来，天等县在家庭教育服务队伍建设方面做出了许多努力，取得了一定的成效：第一，不断扩大家庭教育指导服务队伍，增强家庭教育指导服务力量。通过宣传发动，截至目前县家教中心讲师团成员已增加至67名。第二，对家庭教育师资队伍进行多途径、多方式的培训，努力提升全县家庭教育服务水平。2014年至今共举办家教骨干培训4期，培训骨干200多人次。此外，2018年共有25名讲师积极响应广西未成年人思想道德建设指导中心的号召，自费参加了"幸福家"种子师资培训班一期、二期、三期，有效提升了讲师队伍的家庭教育工作素质和实际操作能力。

只有我们不断地宣传家庭教育的重要性和方法，才能使我们的社会更加和谐、温馨、美好！

# 打响"海豚知音+"品牌
# 唱响家庭教育强音

钦州市妇联

为贯彻落实习近平总书记关于"注重家庭、注重家教、注重家风"的重要指示精神，促进《钦州市关于指导推进家庭教育的五年规划（2016—2020年）》顺利实施，进一步深化"家家幸福安康工程"，发挥妇女在社会和家庭中的独特作用，建设好家庭、涵养好家教、培育好家风，自2018年起，钦州市妇联启动"海豚知音+"家庭教育品牌，充分发挥妇联"联"字优势，多渠道、多形式持续普及家庭教育知识，扩大家庭教育知识宣传覆盖面，不断推进妇联家庭家教家风工作落地落细落实。

## 一、示范带动，整体推进

坚持"妇联+示范点+工作站"的家庭教育体系，打造"海豚知音+"驻检（检察院）工作站、驻地（青少年基地）工作站、驻校（学校）工作站，整合全国家庭教育创新实践基地、广西家庭教育示范点，联合社会组织、社区家长学校、儿童之家等，通过线上直播课程、线下主题活动的方式与广大家庭密切联动，围绕青少年儿童身心发展的特点以及家长关心的教育问题，开展优质的家风家教礼仪教育、夫妻亲密沟通、家庭正面管教、亲子阅读指导等活动，以幼儿课堂、青少年课堂、家长课堂、亲子课堂等形式打造优质的家庭创新教育平台，使全市家庭教育长期有序、有效、全面地开展，让全市家长在家门口就能享受到优质的家庭教育指导服务。

## 二、线上线下课堂，厚植良好家风

树立新时代家庭观，丰富发展新时代家风家教内涵。常态化开展寻找"最美家庭"活动，2020年结合疫情防控和"三八"节，寻找各级"最美家庭"106户，开辟"最美家庭"故事云展播专栏，讲好百姓身边的家风故事，用榜样力量带动家庭文明建设。线上举办"好家风好家训"云征集、"书香八桂父母同行"亲子阅读活动，探索家庭、学校、社会联动育人机制，开展家庭教育大讲堂、家校协同线上课程和"父母成长云课堂"，结合疫情防控，推出战"疫"动起来和战"疫"学起来系列专题，34节"海豚知音+"家庭教育公益课堂在钦州女性微信公众号展播。近两年，发布家庭家教家风相关信息236条，开展线上课堂57节，受益家长约5万人次。线下整合"海豚知音+"工作站、家庭教育示范点开展家风家教百场巡讲、绿色家庭创建、儿童预防性侵教育和政府购买服务"儿童之家"等主题活动，厚植良好家庭家教家风。近两年，组织开展垃圾分类、家庭教育、爱国教育等志愿服务活动285场，受惠家庭8万多户。

## 三、创新积分量化，提升家教成效

为进一步深化家庭教育，助推家庭文明建设、家庭教育支持服务、家庭服务等工作，2019年钦州市妇联、灵山县妇联创建全区首个"巾帼靓家"家庭银行，目前全市已创建3家。"巾帼靓家"家庭银行以家庭为单位，所有村民均可参与，并成立家庭银行工作领导小组和"储蓄积分"评比评定工作小组。以"创良好家风 促乡风文明"为切入点，积极探索推行"积分改变习惯、家风促进乡风"的"家庭银行"管理模式、环保妈妈积分制和巾帼志愿者星级评定等管理办法，打造家风家教宣传展示品牌活动。在环保妈妈志愿服务队、巾帼志愿者服务队的引领下，广大妇女发挥在家庭和社会中的独特作用，净化美化农村环境，树立积极生活理念，培育良好文明家风，通过积分制方式在家庭银行兑换日常物品，激发群众内生动力，形成人人参与绿色环保、家家不甘落后、户户争做最美、弘扬文明新风、共建美丽家园的良好风尚，"小积分"汇聚起振兴乡村"正能量"。

海 南

# 智慧圆梦研学路　快乐亲子每一步

三亚市妇联

为进一步贯彻落实习近平总书记关于"注重家庭、注重家教、注重家风"的重要指示精神，结合疫情防控的"特殊时期，特别家教"，三亚市妇联精心策划，5月30日至6月6日，开展主题为"六一圆梦，我为加快推进海南自贸港建设作贡献"的困境儿童户外研学活动；把培育和践行社会主义核心价值观融入研学活动全过程、各环节，通过家庭亲子活动，倡导广大家长承担起家庭教育的主体责任，陪伴孩子，在研学中和孩子共同学习、共同成长进步。同时，关心关爱困境儿童，让全市困境儿童在活动中体验新时代党和政府的关怀，体验新时代的幸福生活，共享海南自贸港建设成果。

## 一、创新形式，多主题开展研学活动

5期困境儿童研学活动，在三亚红色娘子军演艺公园、大茅远洋生态村、亚龙湾玫瑰谷、水稻国家公园和大小洞天景区，围绕着红色教育、欢乐亲子、海洋生物等主题开展。

### 1.烽火历史，红色教育

在三亚红色娘子军演艺公园，育才生态区的26组困境儿童亲子家庭穿上红军服英姿飒爽、朝气蓬勃，活动有重温海南红色娘子军传奇历史，分组参与模拟手榴弹投掷、独轮车竞技、学习大刀舞、掷手榴弹舞等。让孩子们在活动当中体会到当年红军严明的纪律、艰苦的生活和乐观向上的战斗精神，传承与发扬优良革命传统，学会感恩和珍惜当下来之不易的幸福生活。

### 2.生态之旅，科技体验

天涯区27组亲子家庭来到大茅远洋生态村，开启丰富多彩的研学旅程，有丛林穿越、会呼吸的蹦蹦云、高科技温室参观、无土栽培种植体验以及手工DIY风筝大赛等多项充满童趣、挑战、娱乐的项目。在无土栽培圣女果园体验环节，孩子们了解到圣女果的生长过程，通过采摘圣女果体验劳动的乐趣，感受收获的喜悦。值得一提的还有丛林穿越运动项目，它是集冒险、运动、娱乐、挑战于一体的户外运动项目，通过在林间设置并搭建各种难易不同、风格迥异、超强刺激的关卡课程，让孩子与家长们感受丛林攀爬与林间穿越的刺激，激发孩子创作的潜能，增强亲子之间协同合作的能力。

### 3.花香六月，欢乐亲子

在亚龙湾玫瑰谷，来自海棠区的13组困境儿童家庭在这里了解了玫瑰花发展历史以及玫瑰文化，参观沙生多肉植物园，掌握了香料植物及用途，也体验了一次花茶采摘和亲手制作并放飞风筝的乐趣。同时，亲子家庭还在园区自选花材插花，使用自采花朵进行创意大课堂，增强了孩子们的动手能力和想象力。

### 4.远古遐想，科普实践

吉阳区14组亲子家庭走进水稻国家公园。先后参观了二十四节气长廊、袁隆平水稻基地、南繁水稻科普长廊、村人易物研学课堂等了解水稻文化、了解"杂交水稻之父"袁隆平的成就、参观水稻标本，并用稻米进行手工粘画制作。在恐龙科普教育基地，孩子们在讲解员的带领下饶有兴致地了解与水稻同一时代出现的远古生物——恐龙，硕大的体形、丰富的种类、远古的遐想让孩子们流连忘返。

### 5.洞天福地，海洋生物

在大小洞天景区，崖州区19组亲子家庭通过充满欢声笑语的破冰团建活动迅速熟悉起来，景区"小洞天""钓台""海山奇观"等历代诗文摩崖石刻以及秀丽的海景、山景让孩子和家长们惊叹不已。了解了洞天文化之后，亲子家庭还观察海洋生物种群，进行团体合作互动小游戏等，在研学分享会上，小朋友们畅所欲言，带着满满的收获与大家分享参观、学习后的感想。最后，亲子家庭还前往大小洞天景区的网红打卡地——彩虹滑道，共同体验从彩虹滑道飞驰而下的"速度与激情"，培养孩子挑战自我的勇气。

智慧研学路，快乐每一步。研学活动中丰富多彩的户外研学课堂，让孩子们充盈了内心，丰富了阅历，磨砺了意志，提升了人文情怀，得到全方位的磨炼与成长；更让全市近百组亲子家庭共享独特的快乐亲子时光，留下了弥足珍贵的美好回忆，得到亲子家庭的一致好评，进一步深化了家庭教育，弘扬了良好家风。

## 二、示范推广，全面铺开寓教于乐家庭家教家风工作

在市妇联的示范引领下，全市各级妇联组织带领巾帼志愿者们组织开展了形式多样、内容丰富的家庭家教家风活动。天涯区妇联为孩子们带来了8节精彩的阅读与口才培训课程，吸引了众多儿童踊跃参加，让家长和孩子们更加重视阅读与口才训练，也提升了孩子们的自信心。崖州区妇联还组织30组困境儿童家庭走进崖州湾科技城，参观了解科技城的建设与发展，拓宽了孩子们的视野。

市图书馆依托全国家庭亲子阅读体验基地，组织开展"悦读童年·少儿成长悦读会"活动、关爱特殊儿童活动、电影赏析、科普活动、"故事领读人"文化志愿者培训等形式丰富新颖的特色活动。市市场监督管理局开展2020年儿童和学生用品守护行动，截至目前检查重点商超、批发市场88次。

通过以上系列活动，进一步巩固家庭家教家风建设成果，引领广大家庭共建共享社会主义家庭文明新风尚，推动社会主义核心价值观在广大家庭落地生根。

# 传承红色基因,争当新时代好少年

## 五指山革命根据地纪念园

五指山革命根据地纪念园位于海南省五指山市毛阳镇毛贵村,曾是五指山革命根据地的大本营——琼崖区党委等机关的驻扎地,也被称为海南的"西柏坡"。纪念园占地面积238亩,围绕"革命根据地""黎、苗民族风情"两个文化背景,弘扬革命精神,推介黎、苗民族优秀传统文化。纪念园已被列入全国"百个红色旅游经典景区名录"。该纪念园目前也是五指山市新时代文明实践中心分中心,经常性开展重温入党誓词、为革命烈士扫墓、上红色党课等活动。近年来,为深入贯彻习近平总书记"把红色资源利用好、把红色传统发扬好、把红色基因传承好"重要指示精神,五指山革命根据地纪念园紧紧依托红色文化,致力于红色基因传承,将老一辈革命家的精神薪火相传,引导广大青少年争当新时代好少年。

### 一、以活动为抓手,让红色文化滋润心灵

五指山市教育部门积极组织策划活动,"凤凰悦读荟——李成、邢月经典美文朗诵会"走进五指山革命根据地纪念园,与毛阳镇中心学校师生们一起用最美的声音和最真挚的情感,重温红色记忆、弘扬时代新风,传承中华传统家庭美德。诵读红色诗文,拉近了孩子们与革命英烈的距离,触动孩子们的心灵。通过讲述冯白驹、王国兴等历史人物的革命故事,追思革命先烈的丰功伟绩,进一步加强对孩子们的精神洗礼。通过活动,同学们学到的不仅仅是对革命前辈们的尊重,更是对现在生

活的珍惜，以及对未来生活的态度，是一次心灵教育之旅，更是一份红色精神的大礼。

### 二、以传承为推手，让红色基因薪火相传

五指山革命根据地纪念园立足于弘扬红色文化、传承红色基因。近年来，注重培养青少年的家国情怀。加强对"小小解说员"的培训工作，适时让当地的小学生对前来参观历史陈列馆的人员讲解革命根据地的"前世今生"。一个个英雄故事，一段段难忘的历史，在口口相传和潜移默化的熏陶中使孩子们获得了红色精神滋润，爱国情怀和民族自豪感在孩子们心中悄然萌芽并茁壮成长。

五指山市革命根据地历史陈列馆爱国主义教育基地坚持以人为本、服务大局，学干结合，踏实工作，依托馆内展陈突出青少年学生教育主体，开展丰富多彩的特色教育活动，充分发挥红色资政育人、传承文明的社会功能。陈列馆的使用还将与培育践行社会主义核心价值观相结合，与精神文明建设相结合，与基层党组织建设相结合，定期组织青少年开展一系列红色教育活动，用身边事育身边人，切实形成传承红色基因，弘扬时代新风，传承中华传统家庭美德。

# 以家教家风促村风民风

*屯昌县关工委*

### 一、案例背景

南昌镇五星村委会总人口2750人，有8个自然村、19个经济社。五星村曾经是屯昌出名的"横蛮村"。提起"横蛮村"，在屯昌是无人不知，

村中有相当部分的年轻人，游手好闲、不务正业，偷盗、打架时有发生，只要在南昌的社会治安案件，十有八九都有五星村人参与。近几年来，屯昌县关工委利用"五老"优势，经过家教家风六个专题和向上向善多次主题教育活动，五星村村民的家风、村风、民风都发生了很大的变化。

## 二、主要做法及成效

### 1.向上向善，厚德流光

在县关工委、镇关工委的积极引导下，五星村委会的父老长辈们都转变了思想观念，为了让子孙后代品行端正，防止儿孙误入歧途，走上邪路，他们利用宗族祠堂作为道德教育的场所，制定出合乎实际，崇德向善的村训、族训、家训作为子孙必须遵循的道德准绳和行为规范，以匡正子孙后代心身健康成长，以凝集人心，告诫广大村民、家长和青少年，从小要教育子孙后代拥有良好道德修养，向上向善，代代相传，厚德流光。在良好的村训、族训引导下，广大村民从自身做起，从家庭做起，以遵纪守法为荣，以违法乱纪为耻，以勤为本，勤劳致富，努力营造爱国爱家、向上向善、相亲相爱、和睦相处的社会主文明新风尚。

### 2.改变不良陋习，从家庭教育开始

一是对青少年进行法制教育。在县、镇两级关工委的指导下，镇委、镇政府的支持下，村委会与关工小组的"五老"同志把法制教育作为家庭教育的一项重要内容，发挥家庭教育对青少年的启蒙作用，要求家长从小就要重视孩子的健康心理教育和道德修养，逐步培养青少年良好的法律意识和法制观念，从小教育青少年懂法、知法、守法、用法，以遵纪守法为荣，以违法乱纪为耻。几年来，在家庭、学校和社会的共同努力下，现在五星村的青少年已基本上改变了横蛮的陋习，大大提高了青少年和广大村民的整体素质，形成文明健康的良好社会风气。

二是讲好家风故事，引导村民见贤思齐。在开展家风家教活动中，"五老"同志注重挖掘好家教、好家风典型，搜集身边孝亲敬老、传承孝道；崇尚知识，鼓励学习；以勤为本，勤俭持家；热心公益，积极助人的

好家教、好家风故事，做到以真实的典型感染人，用身边的榜样激发人。在村里有许多好家风小故事，都在家教家风活动中宣传，在村民大会上宣传，在党员活动中宣传，在村中茶余饭后人多的聊天处宣传，引导村民以身边人讲身边事、以身边事教育身边人。在广泛宣传中，一个个群众身边的好家风小故事，汇聚成社会正能量，引领村民见贤思齐，营造向上向善的良好社会环境。

三是倡导好学风，以读书为荣。近几年，在党和政府的重视下，在多个部门协作教育下，很多家庭的家长和青少年都深刻地认识到，知识是人生的第一道平台，读书人不仅让自己有文化、有出息，而且能富家强国。现在五星村的青少年都意识到读书能改变人生，知识能改变命运，所以家家户户都积极筹款供孩子上学，愿意为孩子进行智力投资。2018年全村推荐出教子读书好家庭54户，在这些好家庭中，有的家庭是三四个子女都考上大学；有的子女是读完本科后还继续攻读硕士、博士；有的子女成才后自行创业，开公司当老板；有的子女走上社会后成为有用之才。孩子们的成功成才，就是五星村人的骄傲。当今的五星村中，倡导好学风，以读书为荣，崇尚读书的良好学风也逐步形成。

### 3. 树立典型，用榜样的力量引领青年农民走上脱贫致富路

在五星村中，农村青年群体占大多数，是农村中年富力强的主力军。但是一直以来，由于没有很好地引导和发挥这些主力军的作用，大部分的农村青年总是游手好闲，总觉得在农村没奔头，没出路，情绪低落。在县、镇关工委开展"加强家风建设，助推脱贫攻坚"主题教育活动的启发下，村党支部和"五老"同志积极推荐勤劳兴家、勤劳致富的先进青年典型，以典型为标杆，发挥榜样作用，鼓励农村青年投身创业，大胆创业，在创业中实现自我价值。比如村中青年林阳，发扬敢想敢干、敢于担当精神，带领村里青年农民兴办瓜菜合作社，种植常年瓜菜，形成产销一条龙，解决30多名村民就业，取得了显著效果；林志清、林传孝，虚心请教黑猪养殖技术，克服种种困难，发展黑猪养殖产业，成为当地黑猪产业大户；林仕基兴办木材加工厂，解决村里20多名村民就业。在身边典型的引

领和带动下，家家户户充分利用自己的承包地发展特色产业，做到家家有产业，青年人人人有事做，家庭收入日渐提高，2018年实现全村脱贫。

### 三、示范推广情况

五年多来，县、镇关工委以家教家风为抓手，向上向善为动力，极大地提高了五星村村风、民风的文明程度，促进了家风、民风、村风的明显好转。2018年，五星村被县关工委、县文明办推荐为首批家教家风示范村，同时推荐出"孝亲敬老好家庭、勤劳致富好家庭、乐施好善好家庭"共87户，这些示范户将作为村里、镇里乃至全县的好典型、好榜样进行推广。

# 儿童友好空间家庭教育活动

## 儋州市城北社区综合服务中心

儋州市妇联联合儋州市城北社区综合服务中心以中心妇儿之家为依托，开展家庭家教家风工作，取得良好效果，2020年城北社区综合服务中心妇儿之家被全国妇联评为"全国家庭教育创新实践基地"。

### 一、基本情况

儋州市城北社区综合服务中心以党建为引领，以"七中心、一基地"为抓手和载体，集"党建服务中心、社区老人日间照料中心、社区文体活动中心、社区便民服务中心、妇女儿童活动中心、残障人士康复中心、青少年活动中心、社会组织孵化及社会创新实践基地"等于一体，为社区居民提供"一门式办理""一站式服务"。据统计，2019年至今，中心为社区提供各类亲子、长者、青少年服务，并展示不同领域、不同类型、不同时期的社会组织工作成果，共举办各类主题活动及日常活动200余场次，直接受益约7万人次，间接受益约26万人次，进一步把社区建设成为和谐有序、绿色文明、创新包容、共建共享的幸福家园。

## 二、开展家庭教育情况

城北社区服务中心妇儿之家每周开展1场活动，据统计已开展各类活动70多场次，直接受益约6300人次，间接受益约2.5万人次，受到家长和儿童热烈欢迎。中心引进了儿童友好空间项目，该项目由中国儿童中心家校教育部、国际计划（中国）和海南晨阳社会工作发展中心联合研究开发，是一个全方位儿童保护与关怀平台，以儿童需求为导向，以社区为依托，以实体空间为载体，整合国际国内在儿童健康、儿童心理、儿童保护、家庭教育等领域的资源，面向0~6岁儿童及家庭提供专业服务。儿童友好空间开展了家庭教育系列活动："二宝来了"主题活动以讨论的形式来引导家长如何解决二胎养育中孩子"争宠""打架""故意破坏"等行为问题。"正向交流"主题活动是针对疫情期间，社区家庭亲子关系的问题，给家长传递了家庭教育核心理念——家庭教育是家长和儿童共同成长的过程。孩子的问题在家长，扭转亲子关系，从正向交流开始，课堂上分享了"正向交流"的育儿案例与育儿方法。家长成长系列活动："管教孩子的方法"主题活动是讲授如何正确解读孩子的行为，温柔而坚定地接纳孩子，给孩子带来一个和善而坚定的教养环境，让孩子清楚知道父母是爱他的，让孩子跟着父母能够学会特别多的社会生存技能、与他人互动的方法。亲子沟通系列活动："孩子越大越说不听怎么办"帮助家长了解对儿童吼叫的危害、如何正确地处理吼叫等情绪，利用亲子沟通4大要点，管教的4C要点来科学管教孩子，最终达到管教的目的之一——教会孩子控制自己。我们家庭教育系列活动：主要是帮助家长找到合适的方法教孩子掌握复杂的生活和学习技能，家长想要取得成功，动机和练习是核心要素。

社区服务中心儿童友好空间是家校合作的纽带，弥补学校在家庭教育指导中的不足。它以标准的运营和操作模式，可复制、可持续、可监测，通过培训、上课、活动等形式，给予广大家长家庭教育实用性技能和方法，让大家重视家庭建设，注重家教、家风，促进儿童的健康发展。

# 依托人文资源，创建家庭教育实践基地

琼海市大园古村

大园古村是琼海市嘉积镇大礼村委会的一个自然村，是具有琼海特色的传统耕读文化名村，也是海南省青少年教育基地。2010年6月，琼海市妇联依托大园古村"举人村""博士村""教师村""华侨村"等人文资源，在市委、市政府大力支持下，与大园古村村民共同开展古村修复建设和文化传承工程，突出家庭家教家风创新特色，创建琼海市家庭教育实践基地，取得了非常好的效果。

## 一、以家风家训丰富文明家庭创建内涵

动员广大家庭积极参与家庭文明建设，以传承好家训、订立好家规、弘扬好家风为重点，征集展示家庭美德的家话家训家规和家庭温馨和谐的感人故事，村里每家每户大堂挂家训家规，其中"吃番薯饭也送仔读书""快乐每从辛苦得，便宜多自吃亏来""耕读传家勤为本，诗书继世友辅仁""精勤乐业，仁爱和家"等好家风好家训获得大家点赞，推动形成爱国爱家、相亲相爱、向上向善、共建共享的社会主义家庭文明新风尚，引导广大家庭大力弘扬中华优秀传统文化，积极投身家庭文明建设。

## 二、以阵地建设营造文明家庭创建氛围

结合当地资源特色和美丽乡村建设，积极挖掘、整理、运用大园古村

传统家风家训、名人故事等历史文化资源，打造富有浓厚家风家教氛围的世德园、功名园、春晖园、诗文廊等文化基础设施，其中有《弟子规》碑刻长廊、古训石、母爱丰碑、游子吟、百年大学生之母芳名录、家训碑苑等，展示了乡贤的家规家训和好家风故事，使市民、游客在游赏公园的同时，潜移默化地接受熏陶。该实践基地已成为琼海特色文化旅游品牌，先后荣获了"中国美丽休闲乡村""海南省文明村镇"等荣誉称号。

### 三、以典型示范激发文明家庭创建活力

大园古村深入开展"文明家庭""最美家庭""绿色家庭""好民风之村""好家风之家"等推荐评选活动，通过选树榜样，激发文明家庭创建的内在动力。近年来，黎红雷家庭被评为"文明家庭"，黎飞飞家庭被评为"最美家庭"，10多户家庭被授予"绿色家庭"，进一步发挥了示范典型作用。

### 四、以家庭教育筑牢文明家庭创建根基

为引导广大家庭成员弘扬和践行社会主义核心价值观，延续大园古村翰墨书香的文脉，定期开展家庭教育夏令营、企业家庭教育学班、古村家庭教育论坛、奖励母教活动、迎春送春联活动、文化节活动等特色家庭教育品牌活动。

每年暑假，以"亲子学国学，共建好家风"为主题，以《弟子规》为基本内容，通过开设经典诵读、礼仪规范、书法、武术、美术等课程，分别进行德行教育、养性修身、艺术欣赏等指导。每周六邀请当地志愿者老师，为孩子们举办阅读班，通过讲故事与阅读国学经典活动，来培养少年儿童的阅读兴趣，提高文化水平。

# 传承探花家风文化  读书成才蔚然成风

定安县龙湖镇高林村

定安县龙湖镇高林村在近三百年的"耕读传家、诗书门第"历史传统的熏染下、在清探花张岳崧家风家训的影响下，人人重视家庭教育，凡事以教育为先，鼓励子女读书成才，并且取得了可喜的成果。

作为国家历史名村，多年来，在政府和社会各界力量的支持和推动下，高林相继创建了社科普及教育示范基地、张岳崧廉政文化教育基地、探花故里翰林文化园、张岳崧书法研究中心等诸多弘扬民族文化、普及社科知识的示范基地，普及哲学社会科学知识，弘扬古村优秀传统文化，引导高林人继承和发扬宗祠文化的同时，弘扬忠孝仁义等中华民族传统美德以及历史名人张岳崧治学为政的勤谨廉忠等精神，对促进当地村民人文素质与文明水平的提升，有着积极意义。高林人作为家乡的主人，在探花家风家训影响下，时刻不忘感恩报德，牢记探花先祖祖训，弘扬其优良家风传统，发展庭院文化，振兴乡村。

充分发挥"张岳崧教育基金会"帮困助学作用。高林村崛起在教育的起点上。为弘扬张岳崧勤奋求学的精神，激励本村子女刻苦求学，鼓励大家关心支持村里的教育，"张岳崧教育基金会"应运而生。为保证基金会的可操作性与延续性，奖金来源一方面由该村外出工作人员及慕名参观张岳崧故居的社会人士的热心捐赠，另一方面从村里土地租金中每年抽出10%补充基金。目前，基金会发展势头良好，其目的在于让高林村每个贫困的孩子有书读、弘扬张岳崧为代表的历史文化以及由教育文化走向家庭经济的改善实现脱贫致富；充分发挥社科普及基地的辐射和示范作用。高林村是一个耕读文化遗产十分丰富的村庄。近年来，高林村相继筹备和创建了省级社科普及教育示范基地、定安县廉政文化教育基地和学生研学旅行基地等，立足城乡结合，借助高林村历史名人资源、地方高校和政府力量，开展探花耕读传家、社科知识普及、廉政教育建设、社会实践及志愿服务等一系列交流活动，互相借鉴学习，充分发挥高林文化教育的辐射和示范作用。

形成外出人员和在家农户一对一的帮扶帮带：一是一对一或一对多支持高林在家农户孩子上学读书，即外出人员家庭，大都会让村里亲兄弟姐妹的孩子，跟随自己家庭读书，这是高林村长时间坚持形成的特有传统，也正是如此，高林人才有机会获取优质教育资源而成长。二是一人有难，众人帮扶。比如为因突发事故受伤村民捐款，村民自发资助困难学子，提供教育帮扶等。

以传承"张氏宗祠"精神为载体的探花家风文化，经过高林村人一代又一代的发扬和继承，已深入人心。特别是在家庭教育方面，以张岳崧一家三代功名为代表的家庭成就，是海南历史上仅有的"海南第一家"，也是高林人祖祖辈辈激励村中学子刻苦求学的家训祖训，今后也会一直发扬和继承。在政府和社会各界力量推动下，大力发扬高林以教育为先的精神，推广和宣传其重视教育的种种措施和取得的成就，特别是社科普及基地、中心的建立，使得高林村越来越被更多的人关注，声名远扬。

高林村是当地有名的"才子村"，素有"一方水土三代功名"的美誉，张岳崧次子张钟彦登进士、四子张钟秀中举人、其孙张熊祥亦中举人，孙媳许小韫又是海南五大才女，堪称"海南第一家"。自基金会成立以来，高林村内挂有一张《光荣榜》，记录了高林村历年大学生子弟名单，基本平均每户都有大学生。其中，有考上燕京大学的张太天、美国亚特兰大学的张昌銮等。在这样一个生产力水平并不高的小村庄里，能够家家户户出大学生，对教育水平较落后的海南来说也是一项惊人的壮举。诸多社科普及基地的建立，更是充分肯定了高林村及其教育在当地，甚至是在海南发挥积极作用和影响，坚定了当地村民家家重视发展教育的自信心和决心,通过"高林村效益"营造人人认同、人人学而践行的良好氛围。

在清探花张岳崧家风家训的影响下,高林人人崇善向上,邻里之间形成互相扶持、互帮互助的帮扶帮带传统。张昌健夫妇利用业余时间在高林开设辅导班,义务提供教育帮扶,还成立教育基金帮助寒门学子无息借款渡过难关。

高林村传承探花的优良传统,重视教育,勤奋苦读,至今已有超过百人考上大学和中专,其中不乏名牌大学学生、海外留学生和国内名校继续攻读的研究生,他们中许多人毕业后,仍关心家乡教育事业发展,为村里提供教育帮扶、贫困学生资助等。也正是如此,高林村成为当地家喻户晓的"才子村"。特别是在政府和社会各界的大力支持和推动下,高林村全面创建并不断完善海南省社科普及教育示范基地、定安县廉政文化教育基地、探花故里翰林文化园以及学生研学旅行基地等,通过开展社科知识普及、廉政教育、社会实践等活动,提升村民自身科学文化素养和文明水平,为高林教育发展注入地方高校新鲜教育理念和资源,打造"高林教育"品牌效益,营造传承探花家风文化,读书成才蔚然成风的浓厚氛围。

# 立家规、抓家教、正家风,扎实推进"三个之家"建设

## 国家税务总局三沙市税务局

党的十八大以来,习近平总书记从党和国家事业发展全局和促进人的全面发展出发,就家庭家教家风建设发表一系列重要讲话,强调要注重家庭、注重家教、注重家风。三沙市税务局妇委会从立家规、抓家教、正家风入手,扎实推进干部之家、党员之家、人才之家"三个之家"建设。

## 一、产生背景

三沙市税务局是个年轻向上、朝气蓬勃的队伍,在人员少、妇女占了半边天的情况下,市局的税收事业发展,始终离不开妇女的积极参与和共同努力,也离不开每个家庭的支持。为此,如何充分发挥每个妇女在家庭中的作用,把妇女成长和干部成长联系起来,是三沙市税务局要解决的问题。基于上述考虑,三沙市税务局不断加强基层建设,充分发挥妇女的半边天作用,抓工作树形象。

## 二、主要做法和主要成效

### 1.强化组织领导,立起"家规"

一是完善组织架构。三沙市税务局现有职工28名,其中女职工12名,占42%以上。三沙市税务局党委把妇联组织建设纳入基层党建工作的重要内容,在省、市两级妇联指导下,三沙市税务局筹备并成立了三沙市税务局妇委会,选举产生第一届妇联组织人员,增强了女职工凝聚力。二是完善规章制度。制定妇委会日常工作职责、日常管理等制度,使日常管理工作有序进行。此外广泛利用各种社会资源,联合各方面做好工作,凝聚妇女工作新力量,促进妇女事业新发展。

### 2.强化思想建设,抓好"家教"

一是强化理论学习。以持续推进"两学一做"学习教育常态化制度化为抓手,把不忘初心、牢记使命作为全局干部职工的终身课题常抓不懈,拧紧思想"总开关"。按月召开党委理论中心组(扩大)学习及专题研讨,坚持贯彻落实"三会一课",坚定"四个自信",增强"四个意识",做到"两个维护"。扎实开展党的理论基础知识"日学习、周测试、月考核"活动,通过每日抽查每周测试,将学习教育抓在日常,严在经常。二是拓展知识学习。成立了以"共建共享"为主题的定期读书分享活动。通过分享时事政治、分享好书等让全体干部提升知识面。

### 3.强化作风建设，弘扬"家风"

（1）改作风，强执行

为改进市局各部门和全体干部的工作作风，切实提高干部职工的执行意识和执行能力，打造素质过硬、作风优良的三沙税务干部队伍，开展了"我谈执行力"系列活动。通过主题征文、大讨论、辩论赛等干部喜闻乐见的方式，推动对"执行力"及税收工作的学习实践，"以深入学习加深理解，以深刻理解推动实践，以实践指导学习"的闭环。同时，通过"我谈执行力"系列活动的开展，创新了"共建共享"的方式方法，让全体干部职工在轻松愉悦的氛围中收获知识，全面提升理论思考、语言表达等综合素质，促进学以致用、知行合一。

（2）树典型，扬家风

组织开展寻找2019年度、2020年度"最美家庭"活动，重点寻找推荐在爱国爱家、防疫抗疫等工作中表现突出、事迹感人、群众认可的家庭，进一步推进家庭文明建设，推动社会主义核心价值观在家庭落细落小落实。其中，2019年市局吴小杨家庭、陈颖霖家庭被评为全省"最美家庭"，2020年夏梦雅家庭被三沙市推荐评选全省最美抗疫家庭。

2020年7月7日，三沙市税务局党支部以"不忘初心弘扬优良家风"为主题，组织开展第二十一期共建共享学习会。活动由获得2019年度、2020年度"最美家庭"称号的三个家庭代表分享讲述家风故事，引导全体干部职工重视家庭、重视亲情、注重家教、注重家风，弘扬新风正气。

## 三、示范推广情况

通过持续推行家庭家教家风工作，让每名妇女干部在工作中扮演主要角色，使每个妇女干部参与其中、发挥作用、享受权利，在这项工作中切实做到"以人为本"，为妇女工作注入了活力，焕发出蓬勃朝气。下一步税务局将注重持续创新，加强总结提炼，将好的方式方法固化成制度，坚持不懈、持之以恒地开展下去，促进家庭家教家风工作科学化、规范化、具体化，持续夯实工作基础，不断增强妇女干部的凝聚力、战斗力。

# 创共享新模式 促家庭新教育

**东方市耀红文化传播有限公司**

## 一、依托平台、共融共通，开设家风家教新阵地

随着时代的发展，科技的不断创新，共享单车、共享经济、共享服务等共享概念正在改变着人们的生活理念。借此共享概念的有利契机，东方市耀红文化传播有限公司在东方市建立首个共享书屋。党的十八大以来，习近平总书记在不同场合多次谈到要"注重家庭、注重家教、注重家风"，强调"家庭的前途命运同国家和民族的前途命运紧密相连"，家庭教育的重要性日益凸显。共享书屋的公益性、全民性和文化性，和家庭教育有着诸多的契合点，因此，在市妇联的主推下，依托共享书屋这一平台，挂牌成立了"家庭教育示范基地""亲子阅读基地""妇女微家""家长学校"等多个与家庭教育相关的活动基地。

走进东方市耀红文化"家庭教育示范基地"，灰色的混凝土空间里布满错落有致的暖色书架和书柜，生机勃勃的绿植更是养眼，玻璃画室的色彩犹如春风，轻抚着每位读者的心。琳琅满目的书籍、明亮整洁的活动室让人眼前一亮，整体温馨舒适的氛围，让人在其中无比的轻松惬意。

## 二、整合资源、立足服务，打造"共享书屋"特色品牌项目

一间好的书屋，在城市之中，是温暖与精神坚守的据点。随着社会的发展，家庭教育的多元化、个性化需求日趋凸显，虽然家庭教育的价值

取向总体正面，但现实教育中依然存在教育环境参差不齐、教育内容和方式存在误区、教育态度两极分化等问题。耀红文化"家庭教育示范基地"紧紧围绕好家风好家训教育，通过亲子活动、体验沙龙等方式，营造多元化、和谐家庭氛围，促进社区家长和孩子共同成长，推动社区幸福家庭建设。同时发动和整合全社会的教育、文化资源为家庭教育服务，凝聚全社会力量支持服务家庭教育，更好地满足广大家庭的美好生活需求，为孩子营造更加美好的成长环境，让孩子沐浴在爱和关心中，拥有健康阳光的心态。依托"共享书屋"资源，带动"家庭教育示范基地""亲子阅读基地""家长学校"服务全市广大家庭。立足社会组织所想、妇女儿童所需，开展一项项形式多样、内容丰富、主题鲜明的活动，如开展了"书香飘万家"家庭亲子阅读活动、"把爱带回家"关爱儿童活动、迎"三八"线上线下活动、"我为加快推进海南自贸港建设作贡献"线上知识竞赛活动、新冠肺炎线上知识竞赛活动等。

东方市耀红文化"家庭教育示范基地"通过搭建平台、共享资源等多种方式吸引了全市近3万名女性成为"共享书屋"的常驻会员，500余组亲子家庭的积极参与，累计受赠图书达5000余册，儿童书籍共1800册，通过共享阅读，营造全民读书的良好社会氛围，提升城市品质内涵。如今"共享书屋"特色品牌微信群、公众号已发展为300余人和超过1万人次的阅读量，这不仅仅是活动信息发布、女性素质文化交流、亲子家庭育儿交流的平台，更是为广大家长提供科学、便捷的家庭教育指导咨询服务。针对广大家长在教育孩子成长过程中遇到的学习困难、心理障碍、品德培养等方面的热点、难点问题给予正确的指导和解答，针对中小学生在成长过程中家长的一些困惑等给予咨询、疏导和帮助，普及宣传家庭教育科学理念和方法，帮助家长用正确的方法教育引导孩子健康成长。

## 三、发挥优势、创新形式，增强示范带动效应

从家庭教育方式的认同度上看，与传统的说教方式相比，超过60%的家长更倾向于参加各种亲子活动，80%的家长和学生更愿意参加趣味性强的家庭类和参观类活动。通过基地的示范引领，为东方市广大家庭提供传

统文化传承、家风美德展示、家庭教育辅导、亲子文化活动等多种家庭文化教育服务，让广大家庭在文化熏陶和教育中取得提升和进步，形成传承家风美德、引领文明风尚的良好风气，为东方市城市文明建设营造浓厚的社会氛围，助力海南岛自由贸易港建设作出重要贡献。

2020年5月15日，在东方市耀红文化"家庭教育示范基地"开展了以"书香润德·阅伴万家"为主题的家庭亲子阅读活动。全民阅读活动是一项社会性、群众性很强的活动，是家庭文明建设、家庭教育建设的有效载体，通过读书会活动，让更多的市民和家庭都参与进来，实现阅读全民化，让市民素质和文明城市在知识积累中得到升华。

2020年8月1日，在东方市耀红文化"家庭教育示范基地"举办以"写好每一个字"为主题的"我与海南自由贸易港共成长"青少年硬笔书法公益课程。硬笔书法的学习，不只为了让孩子们把字写得好看，更重要的是在讲课的过程中让小学员们理解中国汉字的文化承载，在练习硬笔书法的同时，学习了解中国传统文化。

## 四、总结

家庭教育是国民教育的重要组成部分，是学校教育和社会教育的基础，是青少年健康成长的重要保证。东方市耀红文化"家庭教育示范基地"未来将与共享书屋深度融合，通过家长学校积极地开展更多的亲子阅读、家风家训和优秀传统文化讲座等活动，实现以书育人，以文化人，传播科学育儿理念，提高家庭教育的水平。

重 庆

# 三强化三促进　唱响家庭助廉主旋律

市妇联　市纪委监委机关　市委直属机关工委

"国无廉不安，家无廉不宁。"家庭是党员干部拒腐防变的第一条防线。习近平总书记多次强调，领导干部要带头把好用权"方向盘"，系好廉洁"安全带"，自觉为营造风清气正的政治生态作出贡献。为深入贯彻落实习近平新时代中国特色社会主义思想和党的十九大精神，加强党风廉政建设，重庆市妇联、市纪委监委机关、市委直属机关工委在全市持续深入开展"清风常伴　廉洁齐家"家庭助廉立德活动，通过抓组织实施、阵地建设、品牌活动，推动家庭助廉工作落地落实，引领全市党员干部家庭廉洁修身、廉洁齐家，以党员干部家庭的良好操守，引领全社会清廉风尚。

## 一、强化组织实施，促进家庭助廉纵深发展

突出思想引领，引导党员干部及家庭成员增强廉洁自律和明德守德意识，让家庭成为防腐倡廉的重要防线。统筹推进，市妇联、市纪委监委机关、市委直属机关工委每年联合下发工作要点，开展培育阵地、开设"清风大讲堂"、开展警示教育活动、进行廉政文化比赛、组织巡讲巡演，征集廉政寄语、集中展示"七个一"活动，将家庭助廉立德活动纳入年度重点工作；与市文联、报业集团、广电集团等单位加强联动协作，形成强大工作合力。上下联动，全市各区县、各市级机关积极行动，百万党员干部家庭踊跃参与，唱响家庭助廉主旋律。突出主线，紧紧围绕弘扬清风正气，爱党爱

国爱家主题，向全市党员干部家庭发出家庭助廉立德倡议书，组织党员干部家庭成员签订《廉洁立德承诺书》，开展千余场清风大讲堂，围绕"以案说纪、以案说法、以案说德、以案说责"开展警示教育活动万余场，通过专题讲座、参观警示教育基地、观看警示教育片、开展情景体验等，使党员干部及家庭成员实现自我教育，将家庭助廉内化于心，外化于行。

## 二、强化阵地建设，促进家庭助廉氛围浓厚

突出点面结合，分层次、全覆盖培育家庭助廉阵地，发挥阵地宣传教育功能，营造风清气正的良好氛围。培育廉政教育基地，在重庆市党风廉政教育基地开设家庭助廉立德专区，播放家庭助廉立德宣传片，摆放廉政教育资料，展示家庭助廉工作；各区县依托党风廉政教育基地、爱国主义教育基地、家风家教基地、名人故居等打造家庭助廉教育阵地，在阵地开展家庭助廉宣传展示活动，组织党员干部家庭参观学习；在市民休闲地建廉政公园、廉政文化长廊，在社区建廉政文化墙，让党员干部群众在休闲娱乐中、潜移默化中感受廉洁氛围。搭建网上阵地，积极整合社会资源，依托纪委"风正巴渝"、妇联"一网两微八号一频道"及442个新媒体矩阵，宣传家庭助廉先进典型，传播党风廉政教育"好声音"，打通党员干部家庭廉政教育"最后一公里"。拓展宣传平台，利用商圈、楼宇、轨道交通、景区显示屏、广告牌等资源，建家庭助廉宣传展示平台，展播宣传片、廉政文化作品、廉洁家书等内容，植廉于心。遍及渝州的多元化家庭助廉教育阵地已成为廉政教育不可或缺的一部分，让家庭助廉真正入眼、入心、入脑。

## 三、强化品牌活动，促进家庭助廉深入人心

突出育德于心，打造品牌活动，深化活动内涵，激发家庭道德教化作用，促进党员干部把家风建设摆在重要位置，以家风促政风。深化主题实践，开展"廉政亲情寄语"活动，征集万条廉政亲情寄语，通过书信、短信、微信、明信片等形式，将监督拓展到"八小时以外"；开展"以德立家，以德促廉"主题活动，通过巡展巡演、交流分享、主题宣讲等形式，着眼以文化人、以德润心；举办"壮丽70年　风正扬帆恰当时""清风润

万家"等征集评选活动,征集作品上千个,评选出一、二、三等奖及优秀奖,用光影涵养廉洁力量。发挥榜样力量,推选"廉洁家庭"典型杨志刚、袁振涛等家庭参加全国好家风巡讲,深入社区院坝开展微宣讲,用廉洁故事传扬清风正气。举办展示活动,每年举行集中展示活动,通过党员干部家庭展演廉政节目,表扬先进典型,展现党员干部家庭清正风貌,重庆电视台全程录制播出,《重庆日报》专版宣传,各大主流媒体对活动进行深入报道,让廉政清风浸润万千党员干部家庭。

# 用心用情　聚焦聚力
# 打通关爱服务儿童"最后一公里"

铜梁区妇联

散居孤儿和事实无人抚养儿童,是困境儿童中最困难、最需要帮助的群体。2015年,重庆市妇联在全市开展困境儿童关爱工作试点,铜梁区妇联主动作为,发动全区各级妇联干部以真心、付真情,通过"1+1+N"结对帮扶,从生活、亲情、心理上精准关爱困境儿童,推进优化有利于困境儿童成长的家庭及社会环境,成长路上不让一个孩子掉队。

## 一、突出妇联优势,探索"1+1+N"关爱帮扶模式

一是"一对一"实现全覆盖。群团改革中,村、社区撤妇代会改建妇联,选出的执委、妇女小组长壮大了妇联干部队伍。妇联主席首先带头担任"爱心妈妈",其他的分别由热心、文化水平较高的执委就近就地担任,与困境儿童"一对一"结对帮扶,实施"六个一"关爱活动,加强对困境儿童的日常关爱,弥补他们在成长过程中缺失的亲情和家庭温暖。

二是拓展社会帮扶力量。招募"爱心家庭"、班主任老师、镇街妇联干部、驻村干部等组成志愿者,签订《爱心承诺书》,形成"1+1+N"的多方帮扶体系,将家庭监护、学校教育、社会关爱与困境儿童帮扶工作无缝对接,让困境儿童"生活有护、学业有教、困难有帮、成长有助"。

三是建立保障督导机制。建立政府主导、部门协作的关爱机制,区财政每年拨付30万元专项资金。区民政、区教委、区卫生等相关部门,主动履职,各司其职,形成多部门合作的困境儿童关爱帮扶机制。建立了市、区、镇街三级督导机制,定期开展督查指导,确保关爱工作常态长效。

## 二、以"心"结对,当好成长路上"引路人"

一是多形式精准关爱。**底数清**。对困境儿童进行全面摸底,建立完善困境儿童关爱台账,实施动态管理。**常态化**。每年两次固定的夏令营、冬令营活动,对孩子开展团体辅导,做实、做细关爱工作。**形式新**。举办成年礼、集体生日会等活动,对孩子们进行励志教育、技能培训、安全自护教育等,积极培养良好品德和健全人格。

二是倾尽所能关怀。**明任务**。明确"爱心妈妈"日常关爱"六个一"责任:每周与孩子见一次面、每半个月与孩子谈一次心、每月与监护人交流一次、每季度与班主任进行一次沟通、每学期陪伴参加一次亲子活动、每年陪孩子过一次节,确保任务清、责任明。**讲方法**。事实孤儿没有父母抚养,一般身世凄惨、家庭困难,多数自卑、消沉、不容易接近。除了定期参加市、区、镇各级培训,"爱心妈妈"还经常相互探讨,借鉴经验,提升帮扶能力。

三是突破万难引导。**常扶志**。"爱心妈妈"经常性给孩子和家庭宣传国家好政策,传递党和政府的关怀,让他们树立脱困信心、充满生活希望。**解困境**。排除万难,多方协调,帮助解决住房、上学、生活照顾上的实际困难,让他们没有后顾之忧,安心上学。**重指引**。鼓励他们奋发图强,通过读书,走出困境、改变命运,和老师一起指导他们对自己的生活和人生进行规划。

四是永不停息帮扶。**具体帮**。困境儿童通常生活自理能力、卫生习惯、安全意识差,"爱心妈妈"从洗衣做饭收拾等生活技能教起,到个人卫生、自我防护、文明习惯。有的"爱心妈妈"还教养鸡种菜,传授劳动技能。**经常帮。**因困境儿童大多内向、自卑,稳定的帮扶关系对他们的成长支持尤为重要,因为有耐心、有温度、能持久帮扶,到后来家里的大事小情都能第一时间想到"爱心妈妈"。**持久帮。**在困境儿童成年后,爱心妈妈继续加强与他们的联系,经常了解学习、生活、工作情况,给予成长路上的陪伴和引导,帮助他们踏入社会自食其力。

### 三、凝聚各方力量,纵深推进关爱工作取得实效

一是加强宣传重引导。充分利用报纸、电视、网络、新媒体等宣传平台,加强对困境儿童关爱工作的宣传报道;邀请各界人士参与困境儿童集体生日会、"向您汇报,我长大了"恳谈会等活动,亲自见证孩子们的成长变化,亲身感受困境儿童关爱事业的无上光荣。

二是培树典型做示范。注重培树爱心妈妈典型,每年表彰奖励优秀"爱心妈妈",并通过座谈会、交流分享会等形式,加强示范引领,引导更多人士自愿加入到"爱心妈妈"队伍。

三是汇聚力量出实效。发挥妇联组织优势和"联"字作用,积极撬动各类社会资源,吸引一大批爱心企业和爱心人士主动加入到关爱行列中来,每年募集到各种社会资金20余万元,为孩子们送衣物、书籍等,就连曾受过妇联资助的贫困尿毒症母亲也主动给每个孩子织毛衣和围巾……在全社会形成了关心关爱困境儿童的浓厚氛围和良性互促。

五年用心、用情的陪伴和关爱,让这些昔日身处困境的孩子一步步得到了改变,他们从开始的自卑、内向、腼腆,变得阳光、开朗、积极,走入了学校,走进了社会,勇敢追逐自己心中的梦想。铜梁的困境儿童关爱工作也得到了各级领导的肯定和社会各界的认可,探索出的"1+1+N"关爱帮扶模式在全市乃至全国进行了推广。目前,中央电视台《新闻联播》《焦点访谈》等栏目,新华社、《重庆日报》等媒体纷纷进行了专题报道。几年的困境儿童关爱工作,体会最深的是:一要用心用情,才能用爱当好合格帮扶人;二要善于学习,才能有针对性地提供精准服务;三要

团结聚力，才能汇聚起关爱工作的强大动力；四要持之以恒，才能善始善终，取得良好的帮扶效果。

# 立体式家庭教育网络全覆盖

江北区妇联

2020年9月2日，开学第二天，一场别开生面的线上微课在重庆市江北区、四川省巴中市家庭教育微信群展开。针对孩子们开学不适应的情况，江北区妇联邀请家庭教育专家从分析表现、找到原因、给出解决办法三个步骤为家长答疑解惑，深受家长们好评。这样的课程，每周都在进行……

近年来，江北区妇联创新打造立体式家庭教育网络，通过线上微课、直播，线下"坐诊"、培训等方式，将科学的家庭教育理念送进了千家万户，在全区形成了传扬好家风、传承好家训、传播好家教的良好氛围。

## 一、唱响双城记，线上微课让家庭教育零距离

江北区作为重庆主城区之一，常住人口约89万人，其中，城镇人口约85.6万人，城镇化率96.2%。随着城镇人口增多，科技水平不断提高，人民对于美好生活的需求也越来越大，传统的家庭教育方式与理念已经不再适应家长需求。

如何将科学实用的家庭教育知识推广到万千家庭？江北区妇联近些年一直在摸索。自2018年开始，江北区妇联采用"互联网+"方式，创新设立家庭教育微信群，采用"问需—点单—送课"的形式，邀请家庭教育专家在微信群内定期授课答疑。2020年，又利用成渝双城经济圈建设契机，

增设四川省巴中市家庭教育群。截至目前,共建成家庭教育微信群6个,学员增至1840人,专家授课100次,参与学习家长达到15万人次。

为解决家长们因时间安排会错过"听课"需要"补课"的情况,江北区妇联还贴心地通过"江北姐妹"微信公众号开设"妇联微课堂"栏目,集合所有已授课程,家长可以随时随地,想听就听,方便快捷。

## 二、智慧新时代,网络直播让家庭教育广传播

网络直播也是江北区妇联创新开展家庭教育工作的手段之一。首先,2018年以来,江北区妇联利用妇女儿童活动中心、妇女之家、儿童之家等开展"周末课堂"进行试点,了解和收集家长们的需求和家庭教育难题。为了使更多的家长能够体验老师的现场教学氛围,精选家长们感兴趣的话题,如"孩子打人与被打,我要怎么处理?""如何激发孩子的学习内动力?""如何解决孩子的手机依赖症?"等,开通"周末课堂"直播,让6.23万家长"沉浸式"学习。其次,充分利用家庭教育日这个重要节点,整合资源,多部门协作,如2020年5月11日,在江北区第四个家庭教育日邀请4位家庭教育专家围绕"幸福家庭·共同成长"主题,现场为80多名家长、教育工作者、社区家庭代表解答养育难题,并通过线上直播互动以及推广"十万家庭幸福成长计划"等形式,引导家庭教育思想革命,倡议父母与孩子共学习,同成长。据统计,江北区妇联5次直播点击量达29万人次。

## 三、培育新人才,专业讲师让家庭教育全覆盖

了解到现代家庭很多是隔代教育,老一辈对于手机的使用功能还不能完全掌握。江北区妇联制定家庭教育人才培训规划,开设家庭教育讲师团,培训家庭教育骨干讲师87名,分赴社区、学校、校外培训机构开展家庭教育讲座,已覆盖53个社区和70所中小学幼儿园,覆盖群众2.4万余人次;成立家庭教育指导中心,招募组建专家团队,每周四"坐诊"免费提供个案咨询;开设"母亲学堂"和"蝶变"课程,通过开展亲子关系、情绪管理、性格养成等各类培训,提升家庭综合素质。5年来,共开展"母

亲学堂"和"蝶变"课程804节,受益家庭达3.2万人次。

家庭教育是人生整个教育的基础和起点,江北区妇联将不断完善家庭教育体系,探索新方法,让广大父母把家庭教育作为必修课,在新时代背景下与孩子共同成长。

## 四川

# "洁美家庭"助脱贫 文明新风进彝家

省妇联

### 一、提出背景

2018年11月2日，习近平总书记在同全国妇联新一届领导班子成员集体谈话时就妇女工作作出了重要指示。2019年春节前夕，全国妇联主席沈跃跃专程赴凉山州调研指导，要求四川妇联以只争朝夕、时不我待的精神认真落实好总书记关于凉山贫困家庭工作的重要指示。为深入贯彻习近平总书记重要指示精神，全面落实跃跃主席具体要求，四川省妇联立即开展蹲点调研、制定工作方案、细化目标任务，提请省委办公厅、省政府办公厅印发了《关于在凉山州开展"树新风助脱贫"巾帼行动计划（2019—2020年）的通知》，并提请省政府与省级群团部门联席会安排专项资金1.28亿元，以"洁美家庭"建设为抓手，在凉山州实施"树新风助脱贫"巾帼行动计划，全面推进贫困家庭养成文明习惯、实施科学家教、涵养优良家风，助推凉山州与全省、全国同步全面建成小康社会。

### 二、主要做法

聚焦"易懂"建标准，树立文明新风的意识深入人心。坚持以群众为主体、让妇女当主角，精准目标靶向，以易接受、易习得的"洁美家庭"创建为抓手，将"洗脸、洗手、洗脚、洗澡、洗衣服""环境卫生清洁美、物品摆放有序美、厨厕干净清爽美"等制作成图画,翻译成彝语发放到户,张贴上墙;抓住火把节、彝族新年、"6·26"禁毒日等集中宣讲总书记的牵挂、党中央的关怀、省委的惠民政策,宣讲义务教育法、计划生育政策、禁毒防艾知识;通过召开村民大会、群众性队伍入户、"村村响"喇叭播送、彝族"克哲"说唱艺术、达体舞会等形式常态化宣讲。仅2019年,就组织3万余人次的宣讲队伍开展集中专题宣讲10万余场次,接受宣讲的群众达500多万人次。

聚焦"易学"树标杆,践行文明新风的局面迅速打开。发挥妇联执委带头作用,组织3万余名村妇联执委率先创建洁美家庭,"一对一""一对多"带动贫困家庭创建,手把手教他们扫庭院、擦家具、叠衣被、堆柴草,教他们洗脸、洗手、洗脚、剪指甲。大力发展积极分子,选拔40.2万名妇女创建积极分子,开展互学互促1.5万余次,带动92%的家庭参与创建活动,85%的家庭被评为"洁美家庭";鼓励毒品、艾滋病受害家庭妇女勇敢站出来现身说法,通过"姐妹悄悄话"、走进戒毒所、面对面"四必谈"开展禁毒防艾宣传帮教。广泛动员各方力量,返乡农民工、大学生、退伍军人和驻村帮扶队员积极参与巾帼行动,把"洁美家庭"创建延伸到村容村貌整治。

聚焦"易行"抓常态,崇尚文明新风的氛围日益浓厚。坚持以常态化接力式创评活动为抓手,面向广大贫困家庭和妇女、身份为普通群众的执委,通过以工代赈、以奖代补的方式,激励贫困家庭和妇女参与创建活动,促进文明习惯的实践养成。通过组周评、村月评、乡季评、县半年评、省州年评,高频次开展创建评选活动,42万余户家庭被评为"洁美家庭"示范户;2万余名妇女被评为"最美家长""彝家好媳妇",5000多名儿童被评为"最美少年"。通过组织干部群众集体给示范户挂牌,利用彝族新年、火把节、赶集天、达体舞会等群众性集会,给先进戴大红花,发扫帚、脸盆、洗衣粉等,大张旗鼓进行精神表扬和物质奖励,激发广大家庭和妇女崇尚先进、追赶先进。建立创建活动常年积分兑现物资办法,通过争当"洁美家庭"、送孩子上学、禁毒防艾、做好人好事等存积分、兑清洁物资,努力形成"树新风助脱贫"的长效机制,深入推进创建活动持续开展。

### 三、基本成效

激发了广大家庭和贫困妇女脱贫奔康的内生动力，实现了从"要我做"到"我要做"的转变。通过争创"洁美家庭"，凉山州贫困家庭面貌发生明显变化，庭园整洁、室内有序和家庭成员脸手干净、精神面貌明显提升的良好局面初步呈现，不少妇女还积极参加技能培训实现居家灵活就业，用勤劳的双手实干兴家，带动家庭成员追求幸福美好生活，脱贫奔康追求美好生活的内生动力被极大激发。

形成了一支不走的妇女工作队伍，实现了从"建起来"到"活起来"的转变。指导11个县配齐配强妇联班子，优化增配县妇联执委322名；配齐乡村专兼职主席2753名、执委31685名。省州县乡村分别组建"巾帼卫生健康志愿服务队""巾帼家教志愿服务队""妇女卫生健康宣传队""妇女互助队""达体舞队"等群众性队伍1万余支、10万余人，在党建带妇建、市县妇联改革、组织有效覆盖、基层执委作用发挥等方面均取得了明显成效；组建村"三支队伍"变"服务对象"为工作力量，建立了一支扎根妇女和家庭，有凝聚力、战斗力的群众工作队伍，凉山基层妇联组织初步实现了从"建起来"到"活起来"的有效转变，形成了一支有战斗力的基层妇女工作队伍，为做好新时代我省妇女工作提供了有益的实践探索。

总结了一套行之有效的家庭工作方法，实现了从"探索"到"推广"的转变。在深化"洁美家庭"建设中，各级妇联大胆探索，面向家庭实行以奖代补、星级激励、积分制管理等工作方法，通过不断总结经验和改进不足，形成了有效工作机制，极大调动了广大家庭成员参与家庭建设、社会治理的积极性。

# 广联社会资源　发挥独特优势
# 共建有温度的家庭教育

*成都市妇联*

## 一、提出背景

当前，成都家庭教育工作存在着各自为政、资源分散、信息不畅、供给单一等问题，成都市妇联借鉴成都建设产业生态圈的工作理念，在全国率先提出"共建有温度的家庭教育生态圈"。在充分尊重教育规律，秉承开放、有序、合作、共赢的原则下，团结凝聚所有利于孩子成长的资源要素支持服务家庭教育，从而形成价值取向共同、资源优势互补、合作开放共赢、可持续发展的家庭教育生态圈，营造"生活即教育、社会即学校"的浓厚氛围。

## 二、主要做法

社区汇集了大量体制内外文化教育生活服务资源，是广大家庭希望获得家庭教育指导服务的主要场所之一。因此，通过社区试点，探索积累经验，我们形成了明晰顶层设计、健全工作体系、高效整合资源、夯实专业支撑、打造优质品牌的家庭教育生态圈建设模式，系统回答了生态圈建设中"谁来做""怎么做"和"做什么"三个核心问题。

### 1.组建"生力军",形成生态圈工作合力

一是夯实主干力量。以群团改革为契机,吸纳6.2万名优秀女性为各级妇联专兼职副主席、执委;制定系列文件规范履职标准;与市委组织部联办能力提升培训班,提升执委履职能力;为执委搭建展示自我、发挥作用的平台,以评先评优等多种方式激励她们主动作为,支持服务家庭教育。二是整合专业力量。吸纳心理学、教育学等领域专家194名,建立市级专家智库,定期举办联席会议、发布调研课题;打造推广专家精品课程,提升家庭教育吸引力和影响力。三是培育社会力量。打造成都市妇女儿童类社会组织培育服务平台,凝聚从事家庭教育服务工作的社会组织和社会企业200余家,推广优质家庭教育服务项目36个,引导各级妇联购买社会组织专业化家庭教育服务2836场次;组织3131名家庭教育骨干志愿者常态参与家庭教育活动。

### 2.完善服务网,拓展生态圈服务场景

一是完善基础场景。依托4396个妇女之家及3229个儿童之家,共建社区家庭教育指导服务站,提供问题咨询、课程培训、课后辅导等家庭教育服务。二是建设特色场景。吸纳成都博物馆、贺麟故居等本地文化场所、名人故里、产业园区,建立首批30个成都市家庭教育示范基地,合作推出61个专题900余课时的公益体验项目,策划34条"家庭文化之旅"主题亲子精品研学线路,组织活动290场次。三是打造线上场景。依托妇联系统网上平台,开设家庭教育专栏,发布143个专题、2888课时内容,点击量达90.1万人次;建设智慧服务场景,提供网上服务地图、亲子研学线路AR体验等服务。

### 3.打造"大超市",满足生态圈服务需求

一是扩大有效覆盖。开设"教子有方"家庭教育微信课程,每季一期"父母大课堂""名人大讲堂",每月一次"社区家庭日"等家庭教育活动。全年开展家庭教育基础指导服务6万余场,覆盖200余万户家庭。二是开展特色服务。在22个示范儿童之家举办了7类、40余场示范服务项目,引领带动全市儿童之家开展活动64.6万场次。持续开展寻找"最美

家庭"，广大家庭踊跃参与，评选专区点击量达181.2万人次，评论点赞3000余条。三是突出品牌引领。打造专业论坛品牌，举办成都国际家庭教育高峰论坛，邀请13名国内外顶级家庭教育专家会聚成都，把脉成都家庭教育工作。打造"童心飞扬"特色活动品牌，承办中国儿童戏剧节，2019年39部中外优秀儿童剧目、113场演出吸引观众5万余人。22个区（市）县因地制宜，形成了家庭教育海洋计划、兰心读书会等57个区域性家庭教育生态圈特色工作品牌，累计开展活动1000余场次，服务70余万家庭。

## 三、基本成效

成都共建有温度的家庭教育生态圈实践，引入产业生态圈工作理念，既遵循了教育的科学规律，又满足了家庭需求和供给方发展诉求，得到宣传、社治、教育、文广旅等部门和社会各界的充分认同和大力支持，具有创新性、科学性、先进性和可持续推广价值。儿童之家示范服务项目、家庭教育亲子精品研学线路等家庭教育服务产品的推出，实现了家庭教育与文化旅游的深度融合，有力促进了当地旅游、文创等相关产业发展，带动产生了一定的经济效益。妇联以家庭教育为切入点，参与社区发展治理，对于贯彻落实党的十九届四中全会精神，助力成都建立完善全面体现新发展理念的城市现代治理体系，建设高品质和谐宜居生活城市，具有积极意义。

据统计，全市妇联系统、相关行政部门、有关社会力量累计10万余人次参与生态圈建设，1000万人次家庭成员受益；在第三方机构的满意度测评中，参与家庭满意度达90%。生态圈的做法还得到了国务院特殊贡献津贴专家、著名青少年教育专家陆士桢，新东方教育集团董事长俞敏洪等多位家庭教育专家的高度评价。全国妇联主席沈跃跃、副主席黄晓薇给予肯定性批示，《全国妇联简报》予以转发。成都市委办公厅将经验做法作为改革经验上报中共中央办公厅。《中国妇女报》等中央、省、市媒体多次进行专题报道。

# 环保生态巾帼行 垃圾分类进家庭

成都市金堂县妇联

## 一、提出背景

为深入贯彻习近平新时代中国特色社会主义思想及习近平总书记关于"垃圾分类工作就是新时尚"的重要指示,推动《成都市生活垃圾分类实施方案(2018—2020年)》落地生根,在成都市妇联的指导下,金堂县妇联创新举措,全面动员和组织金堂妇女儿童及家庭参与生活垃圾分类,为成都公园城市和美丽乡村建设贡献巾帼力量。

## 二、主要做法

主动融入垃圾分类中心工作,立足家庭主阵地,切实发挥妇联组织和社会企业引领妇女的作用,深入开展"环保生态巾帼行 垃圾分类进家庭"活动,带领广大妇女和家庭投身生活垃圾分类实践,成效明显。

### 1. 加强宣传,树立垃圾分类环保观念

家庭是生活垃圾产生的源头,是实施生活垃圾分类的最基础单元。县妇联加强宣传,提升市民环保观念。一是发倡议。在县融媒体中心面向全体市民刊发了《垃圾分类巾帼行 百万家庭共参与》《从家庭做起 制止餐饮浪费》倡议书,引导全县妇女和家庭参与垃圾分类,共建美丽家园。二是印发垃圾分类宣传画册等。印发了《家庭生活垃圾分类指导手册》《垃圾分类从家庭做起》宣传画等,制作环保袋,分发到城镇农村、居民

小区。三是开展活动。乡镇妇联将保护生态环境纳入家庭教育内容，编成快板节目表演，举办垃圾分类知识讲座、户外垃圾捡拾体验、知识竞答等活动，引导全县妇女及家庭减少舌尖上的浪费，固化环保理念。

### 2.建环保教育基地，普及推广垃圾分类方法

县妇联主动争取社会资源，在淮州新城成都大爱环保科技园建立金堂县妇联家庭环保教育实践基地，该基地被评为全国科普教育实践基地、成都市环保教育基地、金堂县亲子研学旅游教学点。基地引导群众树立"只买我需要 不买我想要"的理念，从源头上实现垃圾减量。在环保教育展示厅，设有流浪地球反省视听区、塑料瓶变身记、电器拆解重生区、餐厨垃圾之酵素魔法室、巧手布艺坊等功能区，面向市民和学生常态化免费开设环保课堂300多场，3万多人参与，寓教于乐地开展"手"护地球、抢救1.5摄氏度、"塑"战速决英雄联盟等普及环保知识闯关特色活动，普及推广垃圾分类方法。

### 3.建志愿者队伍，引导市民变废为宝

为了推动垃圾分类的有效实施，县妇联指导各乡镇妇联成立了垃圾分类巾帼环保志愿队，下设宣传组、指导组和监督组，宣传组负责培训垃圾分类知识，指导组负责入户指导垃圾分类的具体操作，监督组负责劝导纠正乱丢垃圾等不文明行为。巾帼志愿者引导机关干部、小区住户将可回收垃圾贴上二维码兑换成绿色积分，在金海岸小区设立生活垃圾分类便民超市，在农村地区倡导垃圾分类的生态化处置方式，变废为宝。

### 4.寻找"最美"，用典型加强示范带动

县妇联常年在全县开展寻找"最美家庭"、清洁家庭、低碳家庭、最美院落阳台等评比活动，引领全县家庭参与垃圾分类，让垃圾分类成为新时尚。我县的夏位刚家庭被评为四川省"五好家庭"、成都市低碳环保类"最美家庭"。在夏位刚的家，废手机电池代替了干电池用在燃气灶上，废旧衣物也在重复更新利用，他们的"小手牵大手"活动，吸引着学生和家长加入到低碳生活的行列。

## 三、基本成效

**1. 垃圾分类活动在全县实现常态化开展**

在全县各乡镇常态化开展引导家庭和妇女儿童进行垃圾分类的公益活动，持续推动着市民垃圾分类意识的提升。官仓街道妇联制作垃圾分类联系卡，举办"小手拉大手"家庭环保作品展，做到"教育一个孩子 带动一个家庭"。全县累计开展垃圾分类宣讲培训活动千余场，参与市民达8万人次。2019年11月，成都市妇联"垃圾分类生态行、百万家庭在行动"推进会在金堂召开，号召妇女带领家庭主动融入垃圾分类这一中心工作。

**2. 垃圾分类已成为市民的日常生活习惯**

垃圾分类意识深入人心，已逐渐成为市民的生活习惯。在金堂家庭环保教育基地的带动下，淮口镇的失地农民集中安置区洲城花园和瑞光社区如意港等小区，在每周二、周三开展垃圾分类集中回收活动，从80多岁的大爷大妈到几岁的小朋友都加入到垃圾分类的行列中。官仓街道的甘大姐，将废旧塑料瓶等制作成精美摆件，成为金堂环保界的巧手。县妇联在赵镇街道持续开展寻找"最美阳台、最美小区、最美院落"活动，2019年吸引网络投票超30万人次，受到网友追捧。

**3. 参与垃圾分类推广的社会力量蓬勃发展**

全县已成立了16支垃圾分类巾帼环保志愿队。市级志愿服务示范队——清江镇荣华村范家院子绿色低碳环保巾帼志愿队，组织开展环保小卫士、"爱护环境人人有责 垃圾分类从我做起"亲子互动绘本阅读、美丽庭院创意装扮大赛、DIY院落创作微更新等主题活动，广大家庭主动践行低碳环保绿色的生活方式，"美丽乡村、文明家园"建设成效明显。金堂县家庭环保教育基地志愿者主动走出县域，对成都市其他区县的垃圾分类进行培训近100场，还在遂宁、雅安等10多个市区发展环保志愿者近60人，宣传垃圾分类的环保理念，成为川内闻名的环保教育基地。

# 涵养和美家风 建设秀美村庄

巴中市平昌县驷马镇当先社区

## 一、产生背景

驷马镇当先社区辖区面积7.2平方公里，辖8个农业合作社，人口460户1658人，是省级"四好村"，也是驷马水乡国家4A级旅游景区的核心区。2014年脱贫攻坚以来，当先社区群众的居住环境与基础设施条件得到极大的改善，家庭有了基本的物质保障，为真正意义上实现薪火相传、生生不息，当先社区牢牢把握培育和践行社会主义核心价值观这个根本任务，围绕习近平总书记关于家庭建设的重要讲话精神，突出家风、民风、乡风"三风"，大力推动农村精神文明建设，以文明乡风、良好家风、淳朴民风助推乡村振兴，让群众在乡村振兴中拥有更多获得感、幸福感。

## 二、主要做法

### 1.突出家风文明，建设甜美家庭

坚持把家风文明建设作为培育践行社会主义核心价值观的重要抓手，大力培育和凝聚家庭正能量。充分发挥妇女群众在家庭中的独特作用，以幸福美丽家庭建设为主题，通过"新二十四孝"行动标准，采用宣传牌"图说"、道德讲堂、家长学校等形式，加强家风家教家庭建设的宣传教育。深入开展以"礼孝人和、庭洁院美、身健心乐"为内容的星级"幸福家庭"评选活动，为获得者量身定做"幸福家庭"奖牌，激发了群众的创建热情，全村已累计评选"幸福家庭"近300户，覆盖面达70%以上。利用丰富的村志、族谱、家谱历史资料，收集、展示具有当代价值和传承意义的家训家规200余条。同时，围绕个人美德建设，开展"最美家庭""好媳妇""好婆婆""身边好人"等评选表彰活动，形成了崇德向善、见贤思齐的浓厚氛围。

### 2.突出民风文明，建设秀美村庄

坚持民风文明建设，切实解决群众身边不文明、不健康、不科学的突出问题。加强宣传教育，倡导文明健康的生活方式，组织开展文明礼仪、文明环境、文明交通、文明旅游、文明经营"五大行动"，从农民群众日常生活和生产经营行为入手，推动文明理念进村入户、入脑入心。特别是结合幸福美丽新村的深刻变化，注重文化味、泥土味、人情味，入情入理的宣传教育受到了群众普遍欢迎和切身践行，农民文明素质和农村文明程度得到了整体提升，成功评选文明家庭40余个、文明商铺12个。探索建立农村垃圾"户分类、村收集、乡（镇）转运"的工作机制，常态保持村庄清洁。着力强化内涵、提升品位，打造巴山新居文明综合体，建设乡村大舞台、文化院坝、道德文化墙、孝道文化长廊等设施，建设秀美村庄。

### 3.突出乡风文明，建设和美社会

坚持以社会主义核心价值观为指引，引导农民群众内心有尺度、行为有准则，促进人际关系和谐，促进整个社会和美。通过户外广告、文化墙、宣传栏、农村广播等宣传载体，采取以图叙事、以图说理、以图抒情的"图说"方式，运用倡导、提示、劝勉等有温度的语言，深入开展社会主义核心价值观、中国梦、文明新风宣传。始终注重新乡贤的培育和选树，将先贤先哲、革命英雄、现役（退役）军人、志愿者、"最美家庭"、创业标兵等群众推崇、信服、效仿的先进典型作为新乡贤进行培树，通过报告会、巡讲、设立好人榜等多种形式，广泛宣传他们的美好德行，使群众学有榜样、赶有方向、比有标准，用他们的嘉言懿行垂范乡里，涵养文明乡风。坚持依法治村与民主治村相结合，组织引导群众自我教育、自我管理、自我约束、自我提升。组织群众讨论并提炼形成《文明公约》10条，探索建立了"四议四调四评"和"三双向一质询"机制,有效破解了农村基础设施建设和公共事业发展的老难问题,真正形成了村民自治的崭新局面。

### 三、主要成效

好家风是家庭和谐发展的内在动力,也是基层社会治理创新的巨大推动力。家风是民风、社风、党风的发端,家风好带来民风淳,民风淳引导社风正,社风正促进党风清。驷马镇当先社区以培育和践行社会主义核心价值观为根本任务,通过开展传播好家风,传颂家庭好故事等家庭建设工作,提升了广大群众对传承好家风好家训的重要性认识,引导广大群众注重家庭建设,树立良好的家庭风貌,以好的家风促进民风、社风、党风的转变,在全社会形成向上向善的良好风尚,为增进社会和谐稳定和创新社会基层治理发挥了积极的作用。

# 儿童之家"6点半课堂"

## 德阳市旌阳区孝感街道银山路社区

### 一、提出背景

孝感街道银山路社区位于德阳市城北,辖区面积3.6平方公里,东至宝成复线,南至翠竹文化广场,西至涪江路小学,北至德阳第十中学。社区总人口5580人,其中常住人口3810人,流动人口1823人,其中妇女1560人,儿童868人。银山路社区妇联现有执委15名,主席1名,兼职副主席2名。

近年来,银山路社区妇联在孝感街道党工委的正确领导和旌阳区妇联的有力指导下，坚持"党建带妇建、妇建服务党建"的原则，在"带"字上下功夫，在"建"字上抓落实，不断推进社区妇联组织建设标准化、管理规范化、服务常态化、功能实效化，形成了"党妇共建、互相促进、带促结合、共同发展"的生动局面。社区先后荣获德阳市"党建示范社区"、德阳市先进"精神文明建设"社区、旌阳区"先进党组织"、德阳市示范妇女之家等荣誉。

家庭是哺育子女成长的社会细胞，父母是子女天然的思想启蒙者，对子女成长的影响具有潜移默化的作用。因此社区妇联将"提高家教水平、提高家长整体素质、更好地培养下一代、造就新一代高素质的人才"作为妇联工作的重点，大胆探索、努力开拓、积极开展工作。

2018年7月，在上级妇联的关心和指导下，社区建立"儿童之家"，坚持从家庭和未成年人教育出发，整合辖区资源，招募一批优秀的志愿者老师，通过向社区广大家长进行意愿调查，制定出一系列课堂方案，不断满足辖区家长、儿童的需要开展活动，为积极营造人人懂家风、守家规、遵家训良好氛围，以"培育好家风　传承好家训"为主题开展了系列家风家训活动。

## 二、主要做法

### 1.建"坚强阵地"，筑"温暖之家"

社区儿童之家有120平方米，分别设立儿童游乐室、阅览室、活动中心，并配备桌椅及空调，为社区儿童提供温馨的活动场所。建立了儿童工作领导小组，建立健全管理人员工作制度。由社区妇联主席负责，兼职副主席及工作人员为成员，吸纳社区优秀志愿者，逐步壮大师资力量，紧紧围绕游戏活动、课后托管、健康教育、品德行为指导、心理社会支持、儿童保护等基本职能开展各项服务。

### 2.常态化开展活动，筑"关怀之家"

社区儿童之家自建立以来，结合社区实际，通过发动宣传，了解居民所需，建立"6点半课堂"，常态化开展以针对周末作业辅导、书法练习、阅读指导、未成年人健康知识讲座等内容的活动，极大地满足辖区儿童的周末文化生活。在志愿者老师的指导下，暑期开展以"童心向党·爱在中国""书香润心灵·阅读促成长""我健康·我快乐"健康知识讲座等主题活动，社区近420名儿童积极参与。2019年全年开展活动52次，2020年上半年开展活动32次，深受辖区居民的好评，进一步营造出和谐的社区氛围。银山路社区儿童之家将进一步创新工作方法，拓宽思路，为辖区儿童提供更加优质的服务。

### 3.家校共育，促家教家风

一个家庭或家族的家风要正，首先是要注重以德立家、以德治家。习近平总书记指出："家庭是社会的基本细胞，是人生的第一所学校。不论时代发生多大变化，不论生活格局发生多大变化，我们都要重视家庭建设，注重家庭、注重家教、注重家风，紧密结合培育和弘扬社会主义核心价值观，发扬光大中华民族传统家庭美德。"为弘扬家庭美德、树立良好家风，将社会主义核心价值观融入社区家庭的日常生活，社区充分依托儿童之家阵地，开展不同形式的家长活动、亲子活动。定期开展家长会，调动家长积极性，开展家庭故事分享会，把优良家风家教、儿童教育经验进行分享。充分利用元旦、儿童节等节日开展迎新年亲子活动、"童心童梦同向党"等活动，通过观看视频、发放宣传资料等形式，帮助家长掌握科学的家教理念、品格素养、儿童教育等知识，进一步增进亲子感情，活动取得良好的效果，深受居民好评。

# 好家风带民风促社风助治理

宜宾市翠屏区大观楼街道仁和社区妇联

## 一、提出背景

近年来,宜宾市翠屏区大观楼街道仁和社区妇联认真贯彻落实中央、省委和市委决策部署,依托社区"家长学校""妇女之家""儿童之家""妇女微家",以巾帼志愿服务为重要抓手,以"最美家庭"为示范引领,通过开展丰富的活动,引导广大妇女和家庭传承好家风好家教,让社会主义核心价值观植根于每个家庭,推动社区家庭文明建设,弘扬尊老爱幼、男女平等、夫妻和睦、勤俭持家等家庭美德,以好家风带民风促社风助治理。

## 二、主要做法

### 1.建好四大阵地,夯实工作基础

规范提升"家长学校"阵地。社区"家长学校"做到有机构、有制度、有场所、有活动、有学习资料、有工作台账及档案资料。通过广泛开展寻找"最美家庭""家和万事兴"、好家风好家训讲座、"父母大课堂"、家庭亲子阅读等系列活动,培育优良家风家教。规范提升"妇女之家"阵地。仁和社区把"妇女之家"建设作为妇女学习培训、素质提升、代表履职的重要载体,为社区广大妇女开展活动提供保障。在抓好社区"妇女之家"硬件建设的同时,通过进一步规范完善妇女议事等制度,引导社区妇女充分利用"妇女之家"这一平台参政议政。规范提升"儿童之家"阵地。通过制定完善的"儿童之家"学习、活动、联系和责任等制度，实现了"儿童之家"的制度化、科学化、规范化，充分发挥其功能，确保儿童在活动中参与、在参与中受益、在受益中发展。规范提升"妇女微家"。社区探索在居民小组、社区网格等妇女群众生产生活的最小单元建立"妇女微家"，充分发挥凝聚、引领、服务妇女群众的功能和作用，将"微家"打造成姐妹们"家门口"的服务站。

### 2.打造三支队伍，助推工作落地

领导队伍带头培树示范典型。以寻找"最美家庭""好婆婆""好媳妇"、评选"五星文明户""书香之家"等活动为抓手，加大对先进典型的培树和宣传。通过妇联主席带头宣讲、设立宣传栏、光荣榜等，在基层群众（家庭）中发现"最美"，推选"最美"，在社区治理中唱响了崇德守法、向上向善的"最美"之声，用榜样力量带动广大家庭对"真善美"的追求。服务队伍注重特色品牌推动。考虑社区家庭的分布特点，建立多元化、多类型、多功能的家庭教育阵地，在家长学校开展"周末公益课""爱萌滔客"语言口才训练活动、"'齿轮科学实验室'科普进社区活动""智亲协会快乐生活风采秀""爱心托管基地"等特色家庭品牌活动，充分发挥社区家长学校作用。宣传队伍做好线上线下宣传联动。用好互联网新媒体，依托"仁和社区"微信公众号、"社区亲子1+1"微信群和"社区家长学校"微信群等，策划推出"讲好家教家风——网课分享""讲述仁和女性好故事""全民阅读之亲子朗读"等活动，每月发布最美故事、家风家训、家教信息30余条，依托社区32个小区微信工作群，实现每周网上互动1500余人次；在省、市、区内主流报纸、网络媒体刊登典型事迹和活动信息50余条；多次配合参与省、市、县级妇联经验交流、工作考察等活动。

### 3.引入三种力量，深化工作内涵

父母榜样力量培育良好家风家教。开展"父母大课堂"家庭教育公益讲座活动，建立家庭教育微信交流群，分享名师经验，帮助家长与专家老师交流沟通，推动家庭教育指导服务不断升级；开展"契约精神，培养孩子自律"亲子讲座和"大手牵小手，我们共成长"等主题活动，促进亲子关系提升及科学教子知识学习分享，提升社区家庭教育服务水平。家风传承力量营造书香文明社风。以"书香润德"亲子阅读活动为载体，依托社区"儿童之家"，开展"我爱我家·同悦书香"亲子阅读活动展示、"自小不凡"故事会、"庆六一·童心向党"绘本分享主题活动，吸引、带动更多家庭参与到亲子阅读活动中，营造"书香仁和"全民阅读氛围。巾帼关爱力量情暖千家万户。社区妇联组织以服务群众为中心，组织开展法律咨询、婚姻调解、困境帮扶、心理健康、绿色环保等志愿服务活动，把关怀与服务送到群众心坎儿里；认真落实"文明亲子行""大手牵小手·共享蓝天"等公益项目，每年牵头组织社区"六一"儿童节庆祝大会，联合相关部门开展志愿服务，为企业、社会团体和爱心人士搭建奉献爱心的平台，为困境妇女儿童送去人文关怀和精神抚慰。

## 三、基本成效

仁和社区妇联积极发挥组织优势，以宣传发动作先行，志愿服务作保障，"传承传统文化，弘扬文明家风"作为践行社会主义核心价值观的重要抓手，紧紧围绕"破难行动"和"创建全国文明城市"要求，以"最美家庭""文明亲子行"等活动为载体，通过好家风好家训系列活动的开展及宣传，激励社区广大妇女及家庭积极投身社区治理。社区妇联调动社区广大家庭、巾帼志愿者参与基层治理的积极性，2020年，已成功调解居民纠纷8起，用实际行动扎实推进"好家风带民风促社风助治理"活动的开展，工作获得省、市妇联的肯定，被评为"翠屏区社会主义核心价值观示范社区""市级亲子阅读示范基地"等。

贵州

# 家庭教育"遵义模式"助力家庭家教家风建设

遵义市妇联

## 一、产生背景

孩子问题根植于家庭，发现在学校，危害在社会。家庭是孩子的第一所学校，家长是孩子的第一任老师。家庭教育在孩子身心健康成长中起着决定性作用。2015年春节团拜会上，习近平总书记提出关于"注重家庭、注重家教、注重家风"的重要指示精神。为全面贯彻落实习近平总书记重要指示精神，遵义市妇联提出探索打造家庭教育"遵义模式"的构想，得到了市委、市政府的高度重视和省妇联的大力支持。2016年4月，市委办组织召开遵义市家庭教育联席会议，专题研究家庭教育指导工作。5年来，遵义市家庭教育工作取得长足发展。2018年，遵义市家庭教育指导中心师院中心、职院中心两个中心分别被省妇联命名为贵州省家庭教育教学培训基地、贵州省家庭教育科研基地；2019年，全省首个家庭教育学院获编办批复；2020年，遵义市家庭教育指导中心师院中心被全国妇联、教育部授予首批"全国家庭教育创新实践基地"；同年7月，遵义市家庭教育学院挂牌开展工作。

## 二、主要做法

### 1. 在"联"字上出实招,构建"四位一体"普实普惠"遵义模式",家庭教育不断向纵深推进

遵义市妇联历任领导高度重视家庭教育工作,充分发挥"联"字作用,高位推动全市家庭教育工作。2016年,两办出台了《遵义市关于加强家庭教育指导工作的实施方案》,在全省率先成立了以市委副书记为组长,市委常委、宣传部长、市人民政府副市长为副组长的遵义市家庭教育指导工作领导小组,办公室设在市妇联。形成了以市家庭教育领导小组为管理机构,市妇联为牵头单位,市直相关部门为成员单位,市家庭教育指导中心、市家庭教育学院、市家庭教育学会为技术支撑的家庭教育服务体系;构建起了党委引领,政府主导,家庭、社会、学校共同参与的"四位一体"普实普惠性家庭教育服务"遵义模式"。

### 2. 在"实"字上下功夫,搭建"三三七七"科学体系,家庭服务内涵不断丰富

一是"三驾马车"拉动遵义市家庭教育大发展。遵义市家庭教育指导中心、遵义市家庭教育学院、遵义市家庭教育学会,分别开展教学、科研、基地建设、在校学生学历教育、孵化社会组织、家长培训等工作,撬动大量高校专业人才参与服务,"三驾马车"共同拉动家庭教育大发展。二是"三级网络"实现家庭教育指导服务机构全覆盖。建成市级家庭教育指导中心2个,县级家庭教育指导中心15个,建立了308人的市、县两级骨干团队;社区家长学校(家庭教育服务站)292所,校园家长学校1089所,实现了市、县、社区(学校)家庭教育指导服务机构全覆盖。三是"七进"活动推进家庭教育普适普惠。以市为主开展家庭教育"进机关·进企业·进网络"活动,以县为主开展家庭教育"进学校·进社区·进农村·进家庭"活动,通过"七进"活动广泛普及家庭教育科学理念和办法。5年来,市县共开展家庭教育宣讲4700余场次,获得了社会、家长的高度肯定。四是"七个实验园"确保"遵义模式"科学可行。5年来,开展家庭教育课题研究108个,全面了解家庭教育现状,找准不同年

龄段家长对家庭教育的客观需求。为推动研究成果的转化和运用，在中心城区学校、社区建立覆盖不同年龄段的家庭教育实验园7个，"七个实验园"建设已进入行动研究阶段。

**3.在"干"字上求突破，抢抓机遇努力创新，家庭工作不断开花结果**

遵义市妇联系统心怀家国情怀，上下一心，凝心聚力不断推进家庭教育向前发展，实现了在全省率先成立家庭教育领导小组，率先组建了家庭教育指导中心，率先实现了家庭教育指导服务机构三级网络全覆盖，在全省实现了城市社区、学校家庭教育全覆盖，率先挂牌成立家庭教育学院的五个突破。

## 三、基本成效

经过4年的探索和努力，遵义在全国开启了党政引领，高校发力，部门参与，上下联动，齐抓共管家庭教育的新格局。基本走出了一条有别于东部，不同于西部的家庭教育新路，即构建党委引领，政府主导，家庭、社会、学校，共同参与的"四位一体"普实普惠性家庭教育服务"遵义模式"。工作得到全国人大、全国妇联、省妇联、省文明办的高度肯定，省首批家庭教育课题研究基地、教学培训基地落户遵义；全省首个家庭教育学院获省编办批复；市家庭教育指导中心师院（职院）中心已经省教育厅、省妇联联合推荐为全国首批家庭教育教学实践基地。《中国妇女报》、《贵州新闻联播》、《当代贵州》、"学习强国"等媒体，对家庭教育"遵义模式"进行刊发和报道。

## 四、示范推广情况

历经4年的努力，目前遵义已建成市级家庭教育指导中心2个，市级家庭教育学会1个，市级家庭教育学院1个，县级家庭教育指导中心15个，社区家长学校（家庭教育服务站）292所，校园家长学校1089所；发展市级骨干教师49人，县级骨干教师308人；开展市县骨干教师150余课时1300

余人次65天的专业系统培训,面对面开展家长培训4700余场次;108个家庭教育科研课题研究得以展开;覆盖0~18岁各年龄段家长,集培训、教学、科研为一体的实验基地建设全面启动。

# 大坝:耕读传家演绎乡村文明

安顺市妇联　安顺日报社

在大坝,风是凉爽的,人是温暖的,邻里是和睦的。在这里,看不见斗酒赌博,听不见骂街吵架,有的只是村美人和,人心思齐。随着产业基础的不断夯实和美丽乡村建设的不断加快,社会主义核心价值观已经潜移默化地渗透到了大坝产业发展和群众的生活之中,并逐渐转化为村民们的自觉行动、信仰和习惯。

## 一、移风易俗除陋习

由贫困户到住上大别墅,村民许忠义家的生活发生了翻天覆地的变化。为了庆祝这来之不易的好日子和答谢党的好政策,搬进新家的那一天,许忠义摆上十几桌,邀请远亲近邻前来祝贺。但他事先声明:只请客,不收礼。在乡邻的见证下,许忠义一家高高兴兴地住进了别墅,开始了新的生活。

许忠义喜事新办,是大坝村移风易俗、治理滥办酒席呈现出的一种新风尚。曾几何时,红白喜事大操大办,搬家、剃头等名目繁多,哪家有亲戚办酒,还要向隔壁两邻约礼。攀比之风泛滥成灾,吃酒做客、人情往来成了群众最大的负担。

"大操大办带头禁,移风易俗我先行。"大坝村开展治理滥办酒席后，村里出台规定，规定只办婚丧嫁娶红白喜事，礼金不能超过200元。时间和钱都节约出来了，大家腾出更多的精力放在生产发展上，日子越过越红火。如今在大坝村，办个红白喜事，比的不是谁家更有钱，请的桌数多，送的礼金多，而是谁家更节俭、文明与和谐。

仓廪实而知礼节，衣食足而知荣辱。"以前村里逢年过节或者是农闲时节，村民们没事就聚在一起打麻将、闷金花、斗地主，赌博成风，由此引发了不少矛盾，甚至还出现打架事件，"村支书陈大兴说道，"现在产业发展了，村民们各有各的事情做，根本没有时间去赌博。"

## 二、寨风家训扬美德

作为"三川四码头"逃荒而来的"展家人"，大坝村民多年来已形成互助守望的传统民风和寨风，他们邻里和睦，长幼有序，敬老爱亲。

上家有事下家帮，一家有难大家来。这已经成为大坝村民邻里相处之道。村民李大伦家去年采收金刺梨时，有一天天快黑了，采摘的很多刺梨未来得及收拾。有五六个从地里收工回家的村民看见后就七手八脚地上前帮忙。为了感谢大家，李大伦准备支付工钱。"好大点事情哦，就是顺路搭把手，拿钱就见外了。"帮忙的村民执意不肯收。

"忠孝传家，积德向善"是大坝人世代延续的家训。这在大坝村也得到生动的展现。老党员杜贵诚儿子儿媳常年出门在外，每次回家，杜贵诚都要告诫儿子，要遵守国家法律法规。出门在外，有损国家和人民利益的事情坚决不能做，要学会以人为善，与人打交道不能斤斤计较。

为充分培养人才，发挥先进典型的示范作用，每年都要为村里考上大学的学生发放奖学金。为全村180多名60岁以上的老人缴纳医保，并在每年重阳节组织这些老人进行座谈，向他们宣传党的方针政策，告知村里的发展现状，动员他们教育好子女。

优良的寨风家训，在大坝已蔚然成风。村里先后开展了文明家庭、好人好事评选活动，定期表扬村里在助人为乐、遵守村规民约等方面做得好的村民。开展"道德讲堂"活动，邀请全国"最美家庭"肖兴英等各类道德模范到大坝村，向群众开展爱国、爱党教育。坚持"以身边人说身边事,以身边理教育身边人",根据受教育对象不同,设立了先贤榜、乡贤榜、积德榜"三榜",不断引领全村精神文明建设,使践行社会主义核心价值观,积极传递正能量蔚然成风。

### 三、文化为魂重传承

为补齐文化建设短板,近年来,发展中的大坝村不断从优秀的传统农耕文化中,充分挖掘其蕴含的思想观念、人文精神及道德规范,用以引导广大群众传承创新优秀传统文化和乡土文化,培育文明乡风、良好家风、淳朴民风。

安顺地戏作为中国戏剧的"活化石",在西秀区的大部分村寨都有地戏队,大坝村也不例外。为了让地戏得到有效的传承,村委拨出经费重新组建地戏队,吸引年轻队员加入。现在有十多名队员,年龄最小的22岁,最大的50岁。

"公路修得宽又长,大车小车开进来;感谢党的政策好,家家户户住洋房。"在大坝村,一些老年妇女在农闲时会三三两两地聚在一起"念福",以前的内容多为一些劝诫人们修身养德、向上向善的内容。后来随着时代的进步,新创作了很多颂扬党恩国策的内容,表达了生活在新时代过上新生活的喜悦之情。每当村民家办红白喜事时,就会摆起长桌,请她们去"念福"恭贺。

为了传承"念福"这一文化,大坝村委组织成立了"福头协会",由在村里具有一定威望的老年妇女担任"福头"。李树珍就是村福头协会推选出来的"福头",还有很多教子女孝敬老人、教子孙发奋读书、教邻里和睦相处的。她说:"静下心来学习'念福',能学会很多做人的道理。现在'福头协会'成立起来了,我将发动更多的年轻媳妇学习。"

云南

# 通过"同悦书香·相伴成长"系列活动弘扬文明之风

**昆明市妇联**

近年来,昆明市妇联紧紧围绕习近平总书记关于"注重家庭、注重家教、注重家风"的重要指示精神,以传承和弘扬良好家风家教为重点,传播科学有效的家庭教育理念和方法,主动作为,大胆创新,在结合上找定位,在特色上显活力,在品牌上下功夫,在实干上见效果。为帮助昆明市青少年儿童与广大家庭搭建一个学习交流和展示的平台,帮助青少年儿童养成良好的阅读习惯,积极促进全民阅读、构建书香家庭、共建书香春城,弘扬文明之风,昆明市妇联自2016年起启动创办了昆明市"同悦书香·相伴成长"亲子阅读活动,截至2020年共举办了五届。

## 一、活动宗旨和意义

"同悦书香·相伴成长"亲子阅读活动的宗旨是以书为媒、以阅读为纽带,引导昆明市广大儿童和家长在亲子阅读中陶冶爱国情操,传承良好家风,并以多角度、全方位的方式进行展示和交流,帮助昆明市广大家庭与青少年儿童通过亲子阅读增强民族自豪感,培养爱党、爱国、爱乡、爱家的优秀品质,树立正确的世界观、价值观、人生观。

## 二、注重品牌建设，打造"同悦书香·相伴成长"品牌

只有打造好"同悦书香·相伴成长"品牌形象，才能提升广大家庭对"同悦书香·相伴成长"活动的认知和认可，才会有更多的家庭参与进来。市妇联为打造好活动品牌，采取了系列措施：一是树立品牌形象。每年下发关于开展昆明市家庭亲子阅读活动通知的相关文件，树立"同悦书香·相伴成长"活动在广大家庭中的第一印象。二是加强合作共建。市妇联与市文明办、市妇女儿童活动中心、市家教会、新华书店、春晓图书、云南森蓝阅读推广工作室、云南儿童网等单位建立合作关系，通过组织读书会、捐赠书籍、公益阅读活动、创建亲子阅读体验基地等方式，深入开展品牌活动。三是持续打造品牌形象。市妇联抓住世界读书日、国际家庭日、"六一"儿童节、寒暑假等时间节点，通过推荐家庭亲子阅读优秀书目，建立亲子阅读体验基地等方式开展系列活动，以亲子阅读的形式，让家长和孩子共同培养阅读习惯，感受阅读魅力。

## 三、创新形式开展活动，不断扩大品牌知晓度和覆盖面

市妇联为增强"同悦书香·相伴成长"活动的吸引力、参与度和获得感，通过进社区、进校园、名家大师诵读分享、情景表演、每日读书打卡、网络知识竞赛、网络评选、亲子阅读指导、主题讲座等方式开展了一系列内容丰富的活动，具体如下：一是开展学龄前儿童家庭早期教育。针对欠发达地区的家庭、幼儿园、社区进行学龄前儿童家庭早期教育干预，开展"云南省贫困少数民族地区0～5岁儿童亲子阅读项目""爱育未来"公益项目，通过公益服务，探索家庭早期教育发展模式，解决家庭教育指导"最后一公里"的问题，项目点共完成75场亲子阅读活动，890人次参与活动。二是开展"同悦书香·相伴成长"家庭亲子阅读网络评选活动。以家庭为主体，收到全市62个单位和个人517户家庭的投稿，累计音视频、图片作品1106个，亲子阅读心得147篇，通过网络投票评选50名"最美亲子悦读家庭"及28名"2020亲子阅读领读家庭"。三是开展家庭亲子阅读指导活动。4月23日，在新华书店滇池书城开展世界读书日"与

你共读"家庭亲子阅读活动直播，共计15万人次收看直播。同时，组织全市2万户家庭收看央视网直播《读书好，读好书》家庭亲子阅读云活动。6月21日，在春晓图书城举办亲子阅读主题讲座，邀请名师以"如何通过朗读提高孩子的表达及理解能力""把孩子领进阅读的殿堂"为主题现场开讲，35组家庭，120人参加。四是开展"同悦书香·相伴成长"线上线下家庭亲子阅读分享活动。以家庭亲子阅读体验基地以及1066所社区家长学校、395个家庭教育指导服务站等阵地为依托，围绕"同悦书香·相伴成长"主题，以亲子原创故事分享、亲子共读经典，开展家长和孩子共同参与的朗读、演讲、情景故事会等主题活动442次，参与人数达10452人。五是建设昆明市爱心图书加油站，开展"同悦书香·相伴成长"关爱困境儿童亲子阅读活动。全市妇联组织开展317次关爱活动，共关爱留守、困境儿童6724人，捐赠113.8万元物资。为扶贫点开展"美丽乡村读书会"活动，与孩子们一起读诗、分享有趣的读书故事，为贫困儿童送去389册儿童绘本图书，儿童文学作家与孩子共读童书。为东川区大树脚小学送去价值1万元的爱心图书、书柜。

## 四、成效显著，让更多家庭受益，让书香飘满春城

市妇联自创建"同悦书香·相伴成长"以来，受到了广大家庭和少年儿童的关注与欢迎，通过系列活动的开展，实现了社会主义核心价值观和文明新风的传播。一是阵地建设效果明显。市妇联着力打造昆明本地特色阅读空间，共推荐创建家庭亲子阅读候选基地32个，国内知名教育悠贝阅读、童画等机构纷纷开设少儿阅读沙龙、儿童阅读基地等。2020年获评全国家庭亲子阅读体验基地2个、省级3个。二是在社会上和广大家庭中营造出浓厚的读书氛围。这样有助于培养少年儿童的阅读习惯，让他们在良好的环境下健康成长。

# 强阵地 抓示范
# 多措并举共促家家幸福安康

玉溪市妇联

围绕全国妇联、省妇联有关家庭工作的安排部署和市委、市政府的中心工作,玉溪市妇联将家庭作为深化基层社会治理的重要着力点,于2019年6月5日在全省率先启动"家家幸福安康工程",并争取市级专项项目经费10万元推动"家家幸福安康工程"创建,2020年5月15日召开了全市"家家幸福安康工程"现场推进会,围绕家庭文明、家庭教育、家庭服务、家庭研究开展了大量卓有成效的创建工作。2020年8月18日,省委常委、省纪委书记到玉溪随机调研时,对玉溪开展"家家幸福安康工程"工作给予充分肯定。

一是建阵地、抓示范,突出特色层层抓创建。2019年3月,市妇联在江川区江城镇侯家沟村委会张家头、陈家头村民小组开展示范创建,组建69人的巾帼志愿者队伍,划分18个网格区,建立张家头、陈家头2个村民小组妇女之家,形成"每天清扫10分钟"人居环境整治制度,开展了家风家训评议展示、亲子彩绘、家庭教育讲座等系列活动,昔日的脏乱村庄变成了如今的美丽花园。张家头、陈家头成为全市人居环境整治中花小钱办大事的典型示范。红塔区上牟溪冲设立教子园,将家风文明融入社区建设,开展了"晒家风、传家训,讲述最美'她故事'"等活动,带动乡村旅游产业发展。经过两年的创建,目前玉溪市共创建市、县、乡三级家家幸福安康工程示范村87个,形成特点突出的创建工作。

二是家风家训点亮家庭文明。市妇联在华溪镇开展"亮家风家训·展桔乡风采"家风展示,通过家风故事分享、赠送家风字帖,使家风家训融入群众生活。峨山县打造以彝族刺绣为特点的创建工作,开设刺绣工作室、制作网络刺绣课程,开展"绣家规·树家风"系列活动,将收集整理的优秀家规以彝族刺绣展示出来,一针针一线线弘扬传统家风。江川区九溪镇六十亩村开展"点亮全家福·牵手共成长",通过为60户家庭拍摄全家福、讲家风故事传承家风。各级妇联启动绿色家庭创建、持续深入寻找"最美家庭",开展家风家训巡讲、收集整理家风家训,讲好家庭故事传承好家风,涌现出了封正文、谢金文、吴亚磊等"最美家庭"代表。

三是体系化建设提升家庭服务。加强阵地建设、培养骨干队伍、推动家长学校课程化、开设父母成长课堂,推动家庭教育深入开展。2019年11月,牵头下发《玉溪市社区家长学校建设指导意见》《玉溪市社区家长学校管理办法》,建成社区家长学校648个,建设率达到92%以上。组织开展全市党群服务中心暨"两家一校"社区骨干培训48名社区干部,提高妇女儿童工作项目化、专业化水平。依托社区家长学校,通海县连续四届在社区开展"童成长·嗨起来"儿童服务项目,开设服务点40个,615名志愿者参与服务,2943名儿童在项目中受益。2019年,市妇联牵头组建57人市级家庭教育骨干队伍。开展家庭教育课程化,计划用3年左右的时间,针对全市0~18岁的儿童开发家长学校课程,探索家教评价机制,提升家长学校教学水平。组织玉溪市家庭教育课程化研讨暨骨干培训,培训骨干150人,完成第一轮课程申报58个。2020年,面对突如其来的疫情,市妇联积极探索"互联网+"家庭教育知识宣传,推送"智慧家——每周家庭套餐"16期,开展家庭教育讲座10期。联合开展"让爱更有智慧"家校共育云课堂网上家庭教育讲座,近6万人受益。华宁县通过购买社会组织"单翅飞吧"的服务,在全县开展亲职教育,并在四个城市社区开设"父母成长课堂"。江川区下营社区开展"妈妈夜校",澄江县仪凤社区开展亲子阅读。各县区利用"双报到"等资源,围绕社区家长学校开展了丰富多彩的生命教育、亲职教育、亲子沟通、心理调适等讲座,每年培训家长30余万人次。

四是家居环境大整治扮靓农家。市妇联将脱贫攻坚工作与乡村振兴、人居环境整治有效衔接，以点带面，持续深入推进"巾帼共建美丽家园行动"。2020年5月12日，市妇联、华宁县妇联联合在华溪镇黑牛白村委会启动"巾帼共建美丽家园行动"助力脱贫攻坚行动。新平县在曼哈社区、桃孔村、南蚌社区等地开展美丽家园·清洁庭院行动，通过互评互比互助，形成了家家户户栽花种草，村村寨寨比学赶超，村庄面貌焕然一新，村里还发展起了乡村旅游。市、县区妇联开展了家居收纳培训，制作家居收纳小视频，建立巾帼志愿者队伍229支，深入到建档立卡户家中开展家居整理大清洁活动，人居环境持续改善。

# 组建好家风促进会，助力基层社会治理

*昆明市盘龙区妇联*

盘龙区青云街道青裕社区紧邻昆明"第二只眼"白沙河湖畔，面积0.98平方公里，有万科白沙润园等6个居民小区、云南新兴职业学校等7家公共单位、花之城1个五星级旅游文化综合体，辖区居民4918户、16229人，其中公职人员家庭2311户、占47%，妇女儿童占总人口比79%。习近平总书记在2015年春节团拜会上指出："家庭是社会的基本细胞，是人生的第一所学校。"盘龙区妇联认真贯彻落实习近平总书记关于"三个注重"的重要指示精神，推动社会主义核心价值观在家庭中落地生根，不断丰富发挥家庭家教家风在基层社会治理中的重要作用。

## 一、青裕社区家风家教"着眼三点"，以机构助推家风建设

### 1. 着眼支撑点，厚植家风建设"土壤"

2018年1月，社区为让家风建设从社区走入居民和家庭，形成合力，

组建了由德高望重的白沙润园居民杨光洪任会长、社区妇联主席任常务副会长、6个小区的50名居民任成员的"好家风促进会",促进会中妇女占比68%,成为社区弘扬优秀家风的牵头主体,发挥着重要作用。深入居民中心与居民亲切交谈,开展妇联家庭建设行动、女性参与社会治理工作和群众家庭生活情况,夯实思想引领的家庭责任,通过促进会商议、家内形成自觉、社会共同监督"三道锁",不断提高人文素养,全方位保障妇女儿童权利。

**2.着眼关键点,保障家风建设"生根"**

好家风促进会发挥家风宣传、开展群众活动、组织评比表彰、研讨家风课题的职能,让好家风"立"起来、"活"起来、"传"起来。促进会年初制定季度主题活动内容,每季度召开一次工作推进会,总结上季度活动成效,分析现阶段家风建设活动存在的问题,布置下季度活动任务。2020年一季度、二季度分别开展主题为"疫情防控不松懈,居民健康有保障""助力复工复厂,开启美好生活"的活动。小区成员分为6组,围绕主题开展文明行为引导、健康知识宣传、爱心蔬菜到家等活动。同时,根据年龄阶段和居民爱好,设置了儿童、中青年、妇女、老年4个课题组开展"好家风"建设课题研究,多渠道、多途径、多方位了解社区居民,特别是妇女儿童的意愿。近年来,邀请盘龙区妇女联合会讲师团优秀讲师开展亲子阅读、亲子教育、女性健康等讲座36场。

**3.着眼出发点,培育家风建设"结果"**

促进会分别以"尊老爱幼、男女平等、夫妻和睦、勤俭持家、邻里团结"和"爱国守法、遵德守礼、平等和谐、敬业诚信、家教良好、家风淳朴、绿色节俭、热心公益"为评选标准,通过居民自荐、邻里举荐、单位推荐、社区挖掘"四力共进",组织开展"寻找'最美家庭'和'文明家庭'"活动。三年来,社区共评选出"最美家庭""文明家庭"16户,其中12户家庭选送区妇联、区文明办,有9户家庭分别获得区级"最美家庭""文明家庭"荣誉称号。

## 二、"四位一体",以活动传递家风力量

### 1."头雁"效应指引,让优秀老党员讲一讲

社区注重发挥典型模范在家风建设的"头雁效应",寻找社区里的"老英雄""老劳模",广泛宣传"老英雄""老劳模"等革命先辈、优秀老党员对党忠贞不渝、坚守初心、不改本色的故事和事迹,发挥他们在优良家风传承中的营养剂作用,引导社区居民群众和党员干部以他们为榜样,完善自我品行。

### 2.优秀家庭示范,把优秀家风故事亮一亮

将区级"文明家庭"的事迹,以"家风讲坛"讲故事、宣传长廊展示的方式,号召社区党员干部、居民弘扬优良家风、做好社会表率。通过宣传栏、社区自己创办的《家在青裕》社区月刊、社区微信公众号、家风活动倡议书等,宣传家风传统文化,激发社区居民"严正家风、廉洁从政"的家内自觉意识,发挥"廉内助""廉子女"正面"助廉"效应,巩固公职人员廉政"后防线"。

### 3.学校教育传承,将美德薪火传一传

社区坚持家风教育从孩子抓起,把辖区内3所幼儿园作为家风教育阵地,开设家风教育课。通过开展亲子活动、背诵《弟子规》《千字文》、展演"我们的家风"、讲述"爸爸妈妈怎么说"等活动,引导孩子学习传统家风文化知识,传承优良家风家训。同时,社区与云南新兴职业学校联动开展校园道德楷模评选活动,展示学生优秀家风家训,促进学校人文环境良性发展。

### 4.社会激励宣扬,把思想灵魂净一净

社区在自主创办的《家在青裕》社区月刊上开设"善小大爱""人物风采"栏目,创设家风专刊,组织家风家教、家庭讲堂等活动,传播优良家风社风;成立"青裕艺术团"开展丰富多彩的群众文化和体育活动,宣传好家风、凝聚正能量;在小区宣传栏、楼栋电梯间等醒目位置设置图文并茂的家风宣传画,根植优良家风因子,倡导社区党员干部和居民群众重视家风、遵守家规、践行家教。

青裕社区通过家教家风建设作为社区综合治理的"切入口",在弘扬良好家教家风中深化了工作制度规范化、社区管理民主化、家庭教育经常化、作风建设常态化,不仅有效发挥妇女"廉内助""贤内助"的作用,整合集聚妇联资源,实现了"目标同向、行动同力",收到了良好成效。

# "童成长·嗨起来"儿童假期志愿服务项目

*玉溪市通海县妇联*

为了有效解决村(社区)儿童假期离校不离教,有人管,有人教,有人帮的问题,培养孩子从小养成尊重知识、热爱学习的良好习惯,让假期成为儿童快乐成长的黄金期、关键期和安全期,也为志愿者搭建平台,让志愿者在活动中锻炼自我、提高自我,实现儿童与志愿者共同成长,同时也为各级党委、政府赢得民心民意,在党和人民之间架起连心桥。通海县妇联延伸工作手臂,创新服务模式,以社区家长学校为载体,以"家家幸福安康工程"为契机,拓展家庭教育服务渠道,创新家庭教育服务手段,把服务大局、服务妇女和服务家庭结合起来,充分整合学校、家庭、社会各方面的资源,自2019年寒假起,组织开展"童成长·嗨起来"儿童假期志愿服务项目,为努力构建"学校—家庭—社会"三位一体服务模式贡献巾帼力量,通过该项目团结各方力量做好"家"字文章。

该项目借助"党群服务中心""儿童之家""妇女之家"等活动阵地,以"不忘初心、回馈家乡、服务儿童"为宗旨,坚持"一村一策""一带一、一带多"的形式开展服务活动。在县妇联的指导下,由各乡镇(街道)妇联根据自身工作安排,在寒暑假前夕,通过微信公众号等发出志愿者招募公告并对报名的志愿者进行审核，通过对志愿者进行岗前培训后，志愿者在乡镇（街道），村（社区）妇联的指导下进行志愿服务活动。活动结束后召开全县总结会，颁发志愿者证书并表彰优秀志愿者。目前已经形成了一个比较成熟的运作体系，并制定了项目操作指南手册。

活动内容主要是：第一，为少年儿童开展社会主义核心价值观、遵纪守法、无私奉献、人生励志、好家庭、好家教、好家风等方面的正确引导。第二，为少年儿童提供假期作业辅导、兴趣特长拓展辅导、以"我的大学生活"为主题做一堂分享课、结合自己的专业或特长开设一堂特色课程。第三，为需要帮助的特殊青少年（留守、单亲、孤残）提供心理健康帮扶。第四，至少开展一次"实施乡村振兴，巾帼共建美丽家园"或者其他志愿服务活动。第五，充分利用党群服务中心功能室、党建文化长廊等红色阵地给志愿者、儿童和家长上一堂特殊的党课，引领家庭厚植家国情怀。

截至2020年8月，在全县9个乡镇（街道）都开设了服务点，四届项目共开设服务点40个，招募到615名志愿者为2943名儿童提供服务。

# "百千万"家风宣讲
# 让热区宾川文明之花更加绚丽

### 大理州宾川县妇联

为认真贯彻落实习近平总书记关于"三个注重"的重要指示精神，大力营造"争做好家庭、涵养好家教、培育好家风"的良好氛围，让社会主义核心价值观在家庭中落细落小落实，宾川县妇联以脱贫攻坚和乡村振兴为统领，充分发挥妇联的组织优势、工作优势，找准切入点，开展"百千万"家风宣讲活动，让文明之花在热区大地更加绚丽。

## 一、主要做法

### 1.找准载体，用活方式，"百千万"家风宣讲齐发力

2018年，县妇联通过聘请老师、开展家风宣讲员培训班等方式在全县10个乡镇和90个村（社区）开展了"巾帼建新功·百场家风讲堂"。2019年，在总结"百场家风讲堂"经验的基础上，开展了"千场家风宣讲进万家行动"。县乡两级共开展家风宣讲骨干专题培训11场次，培训家风宣讲员150名。他们充分利用农闲时节、晚上空余时间、农村客事办理等有利时机，用群众听得懂、喜欢听的语言讲身边的"最美家庭"事迹，讲优良家风家教，并融入"国家大事""家国情怀"。两年来，全县共开展家风宣讲1478人次，受教育群众达8万人。

### 2.聚焦重点，强化思想引领，汇聚正能量

一是聚焦"最美家庭"。联合县委宣传部、县纪委、县文明办开展寻找"最美家庭""廉洁家庭"活动，全县评选出100户"最美家庭"、67户"廉洁家庭"，并从中选择部分典型事迹作为宣讲素材，用身边人身边事教育影响身边人。二是聚焦优良家风家训和科学家教。通过讲好"最美家庭"故事，将"艰苦奋斗、勤俭节约、尊老爱幼、家庭和睦、邻里团结"等良好家风及重视家庭教育、科学育儿等观念传递到家家户户。三是聚焦法治宣传。在宣讲过程中，重点宣讲婚姻法、妇女权益保障法、反家庭暴力法、未成年人保护法等法律法规，进一步提升群众的法治意识、维权意识。四是聚焦党的十九届四中全会精神的学习。借助家风宣讲的有利时机组织广大妇女群众学习党的十九届四中全会精神，让广大妇女群众进一步知晓我国国家制度和国家治理体系的13个显著优势，增强"四个意识"，坚定"四个自信"，做到"两个维护"，更加坚定地感党恩、听党话、跟党走。

## 二、取得的成效

思想意识的转变是一个春风化雨、潜移默化的过程。宾川县妇联通过开展"百千万"家风宣讲，让基层妇联的每一个"神经末梢"动起来，把

"触角"延伸下去,让社会主义核心价值观在家庭落细落小落实,让文明之花在宾川热区大地竞相绽放,把广大家庭更好地凝聚起来、团结在党的周围,汇聚宾川决战决胜脱贫攻坚、高质量发展的正能量。

金牛镇大龙阁社区妇联主席钟绍梅说:"我们开展的千场家风宣讲活动,在不知不觉中,群众的家风、社区的民风都在发生着变化。村间的道路维护得干干净净、绿化植被整洁优美,人与人之间和气友善。以前农户们只知道埋头苦干,挣钱供孩子读书,现在越来越多的人意识到了家庭教育的重要性,相互之间还会交流教育孩子的一些方法,还积极参加社区组织的'书香家庭'亲子阅读活动。"

平川镇古底村党总支副书记、妇联主席赵莺说:"自古底村开展家风宣讲后,我发现有了一些明显的变化,比如,永和小组村民罗某某以前喝醉酒后经常打骂妻子,聆听家风宣讲后他知道了动手打妻子是违法的,而且妇联组织是专门帮助维护妇女权益的,以后不能再打骂妻子了。"

力角镇大海良村的李某某说:"以前,我与婆婆相处总有隔阂,有时还出现争吵情况,自从被选为村妇女议事会成员,特别是这次亲自参与千场家风宣讲,我学习了身边'最美家庭''最美母亲'的事迹,再通过自己向群众宣讲后,感觉自己心境也宽了,与婆婆的关系也越来越好了。婆婆常说'家风宣讲'让她和我变成了'母女俩'。"

大营镇大营村二组村民王健美说:"我非常荣幸地参加了大营村妇联组织的'千场家风宣讲进万家行动宣讲会'。我原以为国家制度建设离我们村民很远,没多大关系。听了宣讲后,我明白了每个人都是基层社会治理的一分子,都应该积极参与,发挥作用。"

### 三、经验和启示

#### 1.解放思想,以新眼界审视是前提

干好妇联工作,必须改变"小部门"的眼光,拓宽"大组织"的视野。必须改变过去那种认为妇联部门小、人手少、资源少、不受重视等固化思维。宾川县"百千万"家风宣讲之所以取得成功,前提就是解放思想,敢

想敢干,以新眼界来审视新时代的妇联工作,用新举措来推动工作开展。

### 2.发挥优势,找准载体是关键

妇联工作具有组织优势、家庭工作优势、密切联系群众的优势。妇联改革后,基层妇联执委力量壮大,为开展家风宣讲打下了坚实基础。广大家庭对家风家教的需求、各级各部门的重视支持使家风宣讲取得了实实在在的成效。

### 3.抓"头雁"带队伍,激发活力是保障

妇联工作优势在基层,资源在基层。全县1356名基层妇联执委是妇联开展家风宣讲的人才资源。县妇联抓实"领头雁"培训,加强干部队伍建设,充分激发基层组织活力,保障了"百千万"家风宣讲圆满完成,把组织优势转化成工作效能,服务全县中心大局,促进高质量发展。

# 巡讲+直播
# 城乡家教水平提升的"强推剂"

*红河州建水县妇联*

## 一、产生背景

"天下之本在国,国之本在家"。家庭是社会的基本细胞,家庭是人生的第一个课堂,父母是孩子的第一任老师。古人说"爱子,教之以义方","爱之不以道,适所以害之也"。由此可见,家庭教育是未成年人健康成长的重要环节,良好的家庭教育,对人的影响不可估量,也不可替代。党的十八大以来,习近平总书记在不同场合多次谈到要"注重家庭、注重家教、注重家

风"。红河州建水县地域宽广、人口众多，是农业大县，一定程度上存在城乡家庭教育发展不均衡的问题，县妇联积极发挥部门职能，以促进儿童健康成长为目标，以提高家长素质特别是农村家长素质为主线，以项目为支撑，以基地为阵地，以特色活动为载体，全面深入地开展家风家教巡讲活动，提升家教水平，助推孩子成长，涵养良好家风，传承传统美德，构建社会和谐。

## 二、主要做法及基本成效

### 1."项目+团队"，助推家教工作专业化

县妇联以项目为依托，以社区为切入点，以党员活动室、儿童之家、家长学校、家教基地为平台，实施为期两年的家庭教育水平提升项目，成立工作领导小组、家长委员会和儿童委员会，聘请教育、卫生、文化、司法等部门的17名专家人员为家庭教育专家团队讲师，组织讲师参加省州妇联开展的家庭教育专题培训，明确讲师团队职责，为家庭教育工作提供坚强的人力保障和组织保障。编写《家庭教育读本》，探索专业化、常态化的家庭教育模式，并提炼总结项目经验在全县范围内推广应用，着力推动全县家庭教育工作全面发展。

### 2."必修+选修"，突出家教工作自主化

自2018年以来，建水县妇联以提升妇女素质、助力孩子健康成长为目标，开展家风家教巡讲活动，14个乡镇每年至少举办一场讲座，向广大妇女普及推广思想政治、家庭教育、脱贫技能、儿童安全、禁毒防艾、养生保健等知识。讲座内容包含必修课（家庭家教方面）和选修课（思想政治、妇女健康等方面），各乡镇结合工作实际和妇女需求选择讲座内容，既引领妇女提高政治站位和政治素养，又突出家教工作的自主化和多样化。截至目前，全县已举办家教巡讲活动近40场，4600余名家长聆听讲座。

### 3."城市+农村"，力促家教工作均衡化

县妇联举办"家庭家教家风建设研讨会"，对当前家庭教育现状、存在问题和困难进行分析。坚持问题导向，针对城乡家教工作不平衡的问题，因地制宜开展工作，逐步形成了党委、政府重视，党员示范带动，

家长积极参与,社会大力支持的家教工作局面。在城市,用活用好建水文庙、县图书馆等省州县级家庭教育基地,组织100户家庭参与"三礼"活动,传承儒家传统文化,涵养家风;开设"家长课堂",针对不同年龄段的孩子家长举办家教讲座,让家教工作更科学化、精准化;实施"春芽工程"项目,开展亲子阅读和早教进社区、进乡村活动14次,600余名家长参加,提升早教水平;开展科技馆、博物馆参观活动,引导孩子增长知识、扩宽视野、树立志向。在农村,开展"自强诚信感恩""小家传大爱·共筑家国梦"宣讲活动,号召全县广大家庭听党话、跟党走、感党恩,升华爱党爱国爱家乡情怀;开展"书香飘万家"亲子阅读活动,引导家长和孩子读好书、好读书,爱上阅读。全县选树省级"五好文明家庭"2户、州级"最美家庭"9户、州县级"民族团结进步示范家庭"220户、"文明新风家庭"150户,示范树立良好的家风、家训,注重家庭文明建设。

**4."线上+线下",多种形式开展家教工作**

建水县妇联在开展巡讲的同时,为扩大家庭教育的受教面、缩小城乡家庭教育差距,积极探索新的教学形式和途径,于近日以现场教学、同步视频和手机直播的方式,突破地域限制、会场限制、人数限制等瓶颈问题,实现全县14个乡镇家庭教育讲座的同步共享,直播链接点击率400余人次。在建水女性微信公众号开设"家庭教育"专栏,专门推送家庭教育文章,截至2020年9月共发送184期,关注人数3836人。

## 三、在当地示范推广的情况

建水县妇联家风家教巡讲活动自2018年正式启动以来,全县广大妇女和家庭积极参与,效果显著,也充分发挥了示范带动作用。一是家庭教育巡讲成为每年的常规工作。以农村家庭为主,针对早婚早育、留守儿童教育等问题不断改进巡讲内容。二是家长家教意识明显提升。家教讲座从原来的"不愿听""不想听",变成了"我要听""我要学",深受广大妇女和家庭的喜爱和欢迎,各乡镇、村委会(社区)特别是偏远山区的村寨,主动联系建水县妇联或者家教团队的讲师,走进农村讲解家庭教育、家风建立、亲子沟通等知识,每次讲座几乎座无虚席,会后主动向老师讲述心中的苦闷和烦恼,咨询解决问题的办法。三是家教传播方式不断创新、受教面不断扩大。现在采用视频同步和手机直播的方式,以更现代化、更便捷化的特点深深吸引着广大妇女,极大地扩宽了家庭教育的受教面,家教理念更加深植人心,家教水平不断提升,注重家庭、注重家教、注重家风,在千年古城建水这片历史悠久、文化底蕴深厚的大地上已蔚然成风。

# 家风传承谱写幸福家园篇章

### 保山市腾冲市清水乡妇联

蔺家寨自然村隶属于清水乡良盈社区,位于清水乡西北部,辖6个村民小组,有农户262户、1102人,全村现有党员36人。2018年人均纯收入9400元。蔺家寨历史气息浓厚,整个村落形成于明代,2016年被列入中国传统村落名录,村庄青山环抱,苍天古树遍布村内,民居建筑分布协调。古朴自然的建筑风貌至今仍保存得比较好,电视剧《大马帮》及电影《武侠》均以蔺家寨为主要取景点。

蔺相如是蔺家先祖,《将相和》的故事家喻户晓,其中彰显出的宽容团结、和谐向善更是千百年来学习的典范。蔺家后人一直以此激励自己,秉持和睦、向善的精神风范。蔺家寨自然村将蔺氏"64字家训"即:

| 培植心田 | 勤劳创业 | 禁止赌博 | 婚姻随缘 |
| 品行端庄 | 切忌游荡 | 严惩窃攘 | 恩爱情长 |
| 破除迷信 | 扶贫帮困 | 争讼酗酒 | 孝顺父母 |
| 奋志芸窗 | 和睦邻乡 | 四时谨防 | 教子有方 |

镌刻墙上，让群众能接受家风洗礼，温家训、传家风。这，也可以说是蔺家独有的村规民约，是蔺家寨家文化的落脚点和出发点。

作为航空入腾的第一站和极边名城的前庭花园，清水有着悠久的历史和厚重的文化，全乡仅六个行政村，却有七个国家级传统村落。良盈社区，国家级传统村落更是多达三个，还曾走出了腾冲五位进士之一的江舻。蔺家寨传承传统文化和优良家风，让优良的家风家训成为"大家"共同的精神营养，成为清水美丽乡村建设的亮丽风景，成为乡村振兴的重要动力。

## 一、举办"好家训好家风"道德讲堂，让家庭美德内化于心

习近平总书记指出，家庭是人生的第一个课堂，家风是一个家庭的精神内核，是社会风气的重要组成部分。可以说，良好的家风家训对于社会而言，就是一种道德力量。为了将家文化与文明创建相结合，建设文明之家，蔺家寨将党和国家领导人关于家风家训建设的重要论述、家风家教家训小故事等在合适的墙面上进行展示，举办"好家训好家风"道德讲堂，让大家知礼仪懂感恩、明事理懂谦让。

好家风是一种酵母，而家训则是家风的凝练和总结。为了充分发挥党员在家风家训传承中的引领作用，蔺家寨支部定期组织党员开展"家风家训大家谈"活动。聚焦党员的先进性、纯洁性，说一说、议一议自己的家风、家训。每一名党员都要写出一条家训，在家门口亮出来，接受群众监督，逐步形成一股比家风、晒家训、争上游、促和谐的良好氛围。同时，我们还积极开展"文明家庭"评选活动，让重视家庭教育、敬老爱幼、相敬如宾、兄友弟恭、妯娌和谐、克勤克俭等"文明家庭"成为榜样和标杆。

## 二、开展"好家训好家风"典型推介，教育基层群众见贤思齐

通过开展"党建+家庭文化"主题创建，最终是要实现管理同心、发展齐心、幸福贴心、睦邻暖心的目标。因此，我们还将家文化与志愿服务

相结合，营造和谐之家。支部所有党员亮身份、亮职责、亮承诺，主动参与到扶贫济困、环境卫生综合整治、矛盾纠纷调解、脱贫攻坚"两个短板"补齐等志愿服务中。通过开展"最美（文明）家庭"及"典型示范家庭"创建活动，引导广大家庭踊跃参与，晒家庭幸福，议家风家训，讲最美故事，在寻找过程中发现最美、感悟最美、学习最美，全村共创建"最美（文明）家庭"5户、"典型示范家庭"12户。开展"好爸爸""好妈妈""孝顺儿媳""孝老爱亲模范""幸福钻石婚老夫妻"评选，即争做孝老爱亲的好子女、争做恩爱互敬的好夫妻、争做和睦共处的好婆媳、争做相亲相爱的好妯娌、争做团结友爱的好邻里，以身边人讲身边事的形式感化和教育基层群众，不断在全社会营造传祖训、正家风的良好氛围。

### 三、丰富"好家训好家风"活动内容，引导全乡人民崇德向善

家文化与产业发展相结合，打造幸福之家。结合脱贫攻坚工作开展需求和蔺家寨外出务工人员较多的实际，组织开展劳动力培训，进一步促进劳动力有序输出。结合传统古村落保护和美丽乡村建设，充分利用现有的古村落优势着力培植农家乐和民俗，发展乡村旅游，实现就业不离乡、致富在家门。

家文化与基层自治相结合，建设民主之家。结合"五美一最"工作的开展，蔺家寨支部党员带头践行"门前三包"，共同打造整洁干净的居住环境；结合"平安建设"工作，充分发挥党员在矛盾纠纷调解等方面的作用，实现了矛盾不出村、纠纷不上交。

蔺家寨目前已打造出符合自身特色的立家规、明家训、正家风、爱家人传统文化示范点，既帮助蔺家寨村民增收致富，同时在当地的基层党组织建设中也起到了良好的示范引领作用，为蔺家寨村民谱写了幸福家园篇章。

# "家风"带"寨风" 文明新韵谱新风

保山市龙陵县龙山镇妇联

"家风"是一个家庭的灵魂,"寨风"是一个寨子的特殊文化,好的"家风"有利于好的"寨风"的形成。云南龙陵县龙山镇杨梅山村放马场安置点的村民就将家风家训张贴上墙,有效传递正能量,构建了积极向上的新家风,谱写了文明和谐的新寨风。

杨梅山村地处云南保山龙陵县龙山镇东部,村里的放马场安置点上居住着99户搬迁户。这99户村民来自不同的寨子,原来的居住地受到地质灾害威胁,为了保障村民的人身安全,拓宽生存和发展空间,于是这99户村民享受项目补助,搬到了放马场安置点上开始了全新的生活。

但是,由于这99户人家之前居住分散、交通不便、生活习惯不同,村民与村民之间的交流不多、来往不密,即使来到新寨子,大家的心还是不能很好地聚在一起。"如何让村民更好更融洽地生活在一起,构建起良好的寨风"成了大家一直思考的问题。于是相关部门和镇村经过商讨研究,积极引导各家各户结合各家实际,制定"规矩"粘贴上墙,时时刻刻警醒每家每户向善向上。

陈付明是2018年度的全县脱贫攻坚光荣脱贫户,他家的家风家训是"尊老敬贤、扶危济困、严以律己、宽以待人"。谈到家风家训,"以前我们对家风家训没有多少认识,后来在相关人员的引导下,我们觉得家风家训相当重要,对于我们上有老、下有小的家庭来说,良好的家风家训是我们家的'根',只有把这个'根'守住,这个家才会兴旺发达!"陈付明说,"自从我们家的家风家训上墙以来,我们整个家庭都以这个家风家训为标准,积极向这个家风家训靠拢,我们尊敬老人、关爱小孩,夫妻两个也和睦相处,整个家庭和谐幸福!同时,我们寨子里的人家,一般都是老老小小几代人,我们既要尊敬老人、爱护家庭,又要对有困难的、上进心不强的家庭,积极去做他们的思想工作,在寨子上发挥带头作用,这样整个寨子才会好起来。"

家风家训上墙以后,不仅仅是挂在墙上就解决了,大家还用自己的方式诠释践行着自家的家风家训。杨美凤一家共有七口人,夫妇两个养猪种地,两个儿子外出务工,大儿媳在家照看两个孩子和料理家务,全家和谐相处、齐心协力发家致富。她家的家风家训是"见人必恭,见难心及。见功思过,见利思义"。谈及家风家训的意思,杨美凤用自己的话这样解释:"待人要有礼貌,困难面前要想方设法去克服,取得进步时要想想还有哪些不足,要用仁义之心与人相处。"问及她如何按照这个家风家训来为人处世?杨美凤表示:"全家人经常念着共产党的好,方方面面都考虑得很周到,帮我们从山坎坎上搬到这么舒服的地方,我们要更加勤奋努力,将日子过得更好。同时要严守家风家训,我们教育好儿女,儿女又教育好他们的儿女,世世代代才会更好。"

龙陵县龙山镇杨梅山村放马场安置点的家风家训上墙以来,"家风"有效带动了"寨风","软教育"的作用已经慢慢显现出来。据杨梅山村村委会主任王安林介绍:"整个安置点上'等靠要'的人少了,'自立自强'的人多了,大家都讲诚信、讲文明、讲感恩,时时刻刻都念着党的好。"

家风的好坏关系到一个村寨、一个社会、一个国家的和谐与稳定。党的十八大以来,习近平总书记在不同场合多次谈到要注重家庭、注重家教、注重家风。不论时代发生多大变化,不论生活格局怎样,我们都要重视家庭建设,紧密结合培育和弘扬社会主义核心价值观,发扬光大中华民族传统家庭美德,促进家庭和睦,促进亲人相亲相爱,促进下一代健康成长,促进老年人老有所养,使千千万万个家庭成为国家发展、民族进步、社会和谐的重要基点。

如今,走进龙陵县龙山镇杨梅山村放马场安置点,漂亮的民房整齐划一,干净整洁的水泥路直通每家每户,一排排绿化树、一丛丛景观花、一盏盏路灯、一块块文化墙、一户户幸福人家、一股股积极向上的力量,家和万事兴、天伦之乐、尊老爱幼、贤妻良母、相夫教子、勤俭持家、勤耕苦作、不等不靠不要等现状,都谱写着整个寨子的"美丽"与"文明"。

# 注重家庭家教家风　共创幸福生活

### 保山市隆阳区兰城街道办事处

为深入贯彻习近平总书记关于"注重家庭、注重家教、注重家风"的重要指示精神,认真落实中国妇女十二大,在全社会大力弘扬新时代家庭观,兰城街道积极响应号召,按照《关于开展2020年家风家教主题宣传活动的通知》文件要求,紧密结合工作实际,组织开展主题宣传活动,现将活动开展情况总结如下。

## 一、提高认识,明确目标意义

按照文件要求,街道主要领导及分管领导高度重视,立即组织会议传达了此次家风家教主题宣传活动的文件精神,全面安排了宣传活动相关工作,落实了责任分工,要求大家提高认识,认真执行,切忌敷衍。希望通过一系列宣传和教育活动,激发众多兰城街道家庭的家国情怀,改掉一些陈旧的家风家教陋习,展现新时代家庭的良好风貌,促进魅力兰城、幸福家园的建设。

## 二、紧扣主题，扎实开展活动

**1.组织廉政家庭警示教育现场参观**

1月17日，组织社区干部、街道二级班子成员及其家属110余人前往隆阳区检察院廉政警示教育基地现场参观。通过浏览从古至今的反腐故事，一一细闻因过不了"金钱观""权力观""亲情关""美色关""朋友关"而身陷囹圄的贪腐案例，观看职务犯罪宣传片，带给领导干部一次别开生面的警示教育。结合参观内容，兰城街道党工委书记王阳说："通过参观，要有所得，算好政治、经济、名誉、家庭、亲情、自由、健康七笔账，常将廉政放心头。"

**2.组织家风家教主题宣传活动**

8月24日，兰城街道开展习近平考察云南重要讲话精神学习现场教学暨街道家风家教宣传活动，街道、社区干部及其家属，一行94人赴腾冲交流学习。在清水乡中寨司莫拉佤族村，大家感受总书记对边疆群众的殷殷关切；在滇西抗战纪念馆，大家同仇敌忾，重燃爱国之心、报国之志；在和顺图书馆、和顺乡风文化建设长廊和艾思奇故居，大家发现对历史文化的持续传承和挖掘孕育出深厚博大的力量；而在茶博园和根雕艺术博物馆，大家看到了产业发展与增强党的建设的契合点。通过重走习近平总书记访问腾冲的足迹，大家深切感受到了总书记深厚的家国情怀。无论时代如何变化，无论经济社会如何发展，对一个社会来说，家庭的生活依托都不可替代，家庭的社会功能都不可替代，家庭的文明作用都不可替代。

**3.开展绿色环保主题实践活动**

在"六一"国际儿童节和6.5世界环境日期间，在街道妇女儿童工委的统筹指导下，兰城街道各社区开展"我的妈妈""我爱我家"等主题的丰富多彩的儿童节活动，围绕"清洁、绿色、健康、文明"的目标，引导广大家庭树立绿色环保理念，自觉践行简约适度、绿色低碳的生活方式，养成好习惯、形成好风气，争创"最美家庭"。

**4.开展家庭亲子阅读活动**

各社区以社区"儿童之家"为阵地，组织辖区内有阅读能力的家庭到

"儿童之家"参加亲子阅读活动,同时联合中心校以班级为单位开展亲子阅读活动,努力营造爱读书、读好书的良好氛围,帮助广大家庭及成员养成良好的阅读习惯。

通过一系列活动的开展,对街道的民俗民风,特别是家风家教的改善起到了积极的作用,有利于更好地促进乡风文明的建设和发展。但由于群众的知识有限、认识不高,在活动宣传和推进的过程中,仍然有不少家庭认识短浅,不愿接受和改变,导致活动的参与度不高。因此,在以后的工作中,街道妇联将进一步加大宣传力度,深入群众,结合实际,因户因人施策,以情动情,努力为街道的妇女和家庭送去温暖和实惠。

西藏

# 依托家庭教育
# 促进全市精神文明建设活动

*日喀则市妇联*

## 一、背景

为深入学习贯彻习近平新时代中国特色社会主义思想,贯彻落实党的十九届二中、三中、四中全会精神,聚焦家庭社会基本细胞,对标人民群众对家庭建设的新需求、新期盼,进一步营造全社会重视支持家庭建设的浓厚氛围,进一步推动社会主义核心价值观在全市广大家庭落地生根,市妇联根据区、市两级"家家幸福安康工程"实施方案要求,以创建日喀则市家庭教育示范基地为抓手,积极作为,主动创新,在推动全市家庭文明建设、深化开展家庭教育工作、积极提升家庭服务质量等方面发挥妇联积极作用,团结引领和联系服务广大家庭,共同推动家庭工作向纵深发展,成为全市家庭教育的工作品牌。

## 二、活动内容

### 1. 严格标准,精心打造家庭教育示范基地

"父母是孩子的第一任老师。"家庭教育是一个人接受最早、时间最长、影响最深的教育。建立家庭教育示范基地,意义重大而深远,市妇联

结合"家家幸福安康工程",结合家庭教育工作实际,深入基层,调查民情、了解民意。通过调查,了解到桑珠孜区彭确社区在我市家庭教育方面发挥了积极向上的带动和影响作用,树立了典范,经验做法值得复制推广。在市妇联的指导与支持下,彭确社区依托社区家长学校活动阵地,精心打造了260平方米的家庭教育场所,设置了快乐儿童之家、舞蹈教室等4个功能室,开设了非物质文化遗产观摩等特色班,以继承优良家风家教、传承非物质文化遗产、教育观摩为主要内容,打造家庭教育的特色品牌,在推进社区家庭教育的全面发展等方面做出了有益的探索,形成了家庭、社区、学校三位一体的家庭教育模式。2020年5月29日,围绕家风家教宣传月和"六一"儿童节重要节点,市妇联在桑珠孜区彭确社区开展了家风家教宣传活动暨日喀则市级家庭教育示范基地揭牌活动。

### 2.细化措施,丰富家庭教育工作内容

市妇联按照区妇联关于家庭工作的安排部署,结合妇联各项业务工作,紧扣市委"6677"总体工作思路,依托家庭教育示范基地打造了家风家教文化宣传长廊、"最美家庭"和五好文明家庭光荣榜、家风家教工作图展、非遗文化进家庭展厅等宣传教育板块,在全面反映家庭工作成果的同时,为各级妇联同步开展家庭工作提供了示范样本。为了充分发挥桑珠孜区彭确社区家庭教育示范基地的作用,市妇联积极联合相关部门,组织开展丰富多彩的家庭文明建设活动,家庭代表通过参加活动,接受各类专题培训,进一步增强了对家庭教育和家庭文明建设重要性的认识,齐心协力,以家庭和谐促进社会稳定。

### 3.创新形式,增强家庭教育示范实效

一是通过举办专题讲座,引导广大家庭重视家庭教育。日喀则市家庭教育示范基地坚持以举办专题讲座向家长宣讲家庭教育知识,引导广大家庭树立科学家教意识,重视家庭教育。二是通过各种宣传渠道,争取家庭、社会广泛参与家庭教育。市妇联通过印发宣传资料、开设家庭教育专栏等方式扩大家庭教育知识宣传的覆盖面,开展咨询,解答家长教育子女中的困惑,帮助家长掌握正确教育子女的方法理念。三是通过座谈会、培

训会等多种形式构建家庭教育交流平台。广泛宣传家庭教育在促进未成年人思想道德建设中的重要作用，坚持把家庭教育工作与"学习型家庭创建活动"相结合，提高全社区对家庭教育重要性的认识和家庭教育实效性。截至目前，该教育基地共接待各级各类家庭代表450余人次参观学习，举办培训2次，受益220人；召开座谈4次，受益120人。

## 三、主要成效

### 1.加强组织领导，健全工作机制

市妇联通过积极参与推动建立彭确社区家庭教育基地，进一步增强了与教育局、学校、文明办等部门的密切联系，有效推动了构建家庭、学校、社会齐抓共管的局面，通过多部门共同合作，定期分析、研究家庭教育工作，凝聚家庭教育工作的强大合力，进一步加强了对家庭教育示范工作的组织领导。同时，通过工作示范引领，进一步引导各级妇联组织、有关部门高度重视家庭教育示范基地建设工作，把家庭教育纳入德育建设的总体规划，把办好家长学校作为学校德育工作的重要组成部分，作为加强与家长沟通的有效平台。

### 2.优化家教环境，关爱儿童成长

市妇联通过在家庭教育工作基础较好、成效明显的社区建立示范基地，发动和整合全社会的教育、文化资源为家庭教育服务，凝聚全社会力量支持服务家庭教育，更好地满足广大家庭的美好生活需求，为孩子营造更加美好的成长环境，让所有孩子都在爱和关心中成长，拥有健康阳光的心态。同时，以打造基地为契机，对社区妇联开展家庭工作乃至其他业务工作进行面对面指导，给社区党支部和妇联工作以极大鼓舞，激发了社区党组织和妇联对家庭工作的重视支持，激励了社区妇联的工作积极性、主动性和创造性。

在下一步的工作中，市妇联将进一步加强家庭教育指导服务阵地建设，提升家庭教育指导服务，以家庭教育为着力点，以家庭权益保护为补充，立足基层，积极探索，全面推进家庭工作落实各项内容，满足家长和儿童需求，受惠于家庭。

# 开展"从小听党话
# 永远跟党走 红色书籍进家庭"活动

林芝市妇联

## 一、背景

习近平总书记在同全国妇联新一届领导班子成员集体谈话并发表重要讲话,指出要发挥妇女在社会生活和家庭生活中的独特作用。沈跃跃同志要求各级妇联组织坚决落实习近平总书记重要讲话精神,坚定不移跟党走,奋力建功新时代。2020年,林芝市妇联抓住3月28日"西藏百万农奴解放纪念日"这一节点,联合市图书馆开展了"从小听党话 永远跟党走 红色书籍进家庭"活动,受到了参与家庭的欢迎。

## 二、基本情况

西藏林芝市位于雅鲁藏布江中下游,被称为"西藏江南",平均海拔3100米,辖区面积11.7万平方公里,总人口23.3万人,世代生活着藏、汉、门巴、珞巴等11个民族和僜人。党的十九大以来,林芝市坚持和完善党的领导,落实总书记治藏方略,按照创新、协调、绿色、开放、共享的发展理念,在2019年年底顺利完成脱贫攻坚工作任务的基础上,不松劲、不懈怠、不停步,无缝对接乡村振兴战略,同步部署产业发展、社会治理、生活宜居、乡风文明、生活富裕等工作,林芝与全国人民一道步入小康生活。在"富口袋"的同时,党中央、区党委要求基层解决好群众"富脑袋"的问题。第一，加强思想政治引领，团结带动各族干部群众感党恩、听党话、跟党走的问题；第二，加强"五个认同"教育，打造"中华民族一家亲，同心共筑中国梦"的发展生态问题；第三，教育引导群众消除宗教消极影响，追求健康科学文明的新生活的问题等。市妇联立足习近平总书记关于"注重家庭、注重家教、注重家风"的重要指示精神，力促家庭成员之间相互教育、相互影响、相互促进，发挥家庭在加强民族团结，建设美丽西藏中的积极作用。

## 三、具体做法

一是选准时机，开展活动。3月28日，是西藏百万农奴解放纪念日，是进行党史、革命史教育和开展"五观"教育的有利时机。特别是2020年，因疫情影响，学生暂未开学，居家上网课，外出相对较少，父母和孩子共居共学有了充足的时间，市妇联联合市图书馆，选准3月下旬策划适合家庭阅读的主题活动。

二是明确主题，开展活动。市妇联以培养担当民族复兴大任的时代新人为着眼点，在家庭工作中找准立德树人的切入点，有针对性地做好支持和服务家庭教育工作，帮助孩子扣好人生第一粒扣子，引导孩子从小听党话、永远跟党走的要求，派生出"从小听党话 永远跟党走 红色书籍进家庭"活动选题。

三是共同出资，形成合力。市妇联把此项活动纳入妇女儿童发展项目，市图书馆把此项活动纳入全民阅读内容，各出资1万元，共2万元，用于开展此项活动。

四是选出好书，分类打包。市妇联、市图书馆选派专人到市新华书店、爱心书屋两家实体书店，挑选党史、革命史、西藏史、英模人物传记和中华传统经典书籍共1000余册，由图书管理人员适当搭配后，分包成100个小书包。

五是走进社区，送书到户。以大的社区为基点，由社区工作人员召集社区内三至五年级学生到家门口领书，教育孩子多读书、读好书，和父母亲一起读书并交流读书心得体会。

六是跟踪问效，拓展成果。5月份，"国际家庭日"前后，市妇联请市电视台采访部分家庭，跟踪送书成效，受访家庭家长和孩子们反映，很喜欢这些充满正能量的书籍，基本上已全部阅读。家长说，休息时间，和孩子一起泡壶茶，一起读书、交流读书的感受，和孩子共成长，家庭成员也亲近了许多。他们很欢迎这个活动，希望能长期坚持下去。7月份，在市纪委监委开展的党廉宣教月活动中，市妇联组织开展了"一字一诗一故事，家庭爱廉说"活动，7个家庭以诵、唱、演等形式，分享了家庭读书故事，发挥了示范辐射的作用，检验了家庭读书成果。

# 在市直机关党员干部中开展"立家规　树新风　促和谐"活动

林芝市妇联

## 一、背景

为贯彻落实习近平总书记关于"注重家庭、注重家教、注重家风"的重要指示精神，落实市委关于加强基层党组织建设的总体部署，进一步推进"基层党组织组织力巩固年"工作，巩固拓展"不忘初心、牢记使命"主题教育成果，不断提高党建带群团建设质量和水平，大力弘扬中华民族传统美德，培育和践行社会主义核心价值观，传递向上向善的正能量，以良好家风促进社风民风，淳正党风政风。

市妇联和市直机关工委于5月1日～6月30日联合开展"立家规　树家风　促和谐"活动，引导广大党员干部对标"四讲四有"，把"忠诚干净担当"好干部标准落实到具体工作中，从自身做起、从家庭做起，在讲道德、守规矩、传家风、重家教等方面发挥先锋引领作用，为决胜全面小康社会和建设"五个林芝"提供坚强保证。

## 二、活动内容

### 1. 开展"党员讲家风"暨我的家风故事展演会活动

5月1日~6月19日,联合市直机关工委、市委宣传部开展"我的家风故事"展演会,以援藏风采、强基惠民、脱贫攻坚、疫情防控、民族团结等方面表现突出的本市人物为主线,通过朗诵、演讲、快板、话剧等多种形式,讲述家规家训家风故事。

### 2. 开展"好家风好作风"征文活动

5月1~30日,以市直党员干部家庭真实故事为素材,全面展现日常生活中好家风、好作风,向社会传递以德治家、以学兴家、文明立家、忠厚传家的生活理念。

### 3. 举办"共产党员家书家训展"活动

7月1日~9月30日,在廉政文化街举办"共产党员家书家训展",共设置92块展板,分不同的板块集中展示《民法典》《党章》中关于家风的表述,习近平总书记对家庭、家教、家风的论述,习近平总书记与群众在一起的亲密瞬间,以及"民族团结进步模范区"创建内容。同时,向社会集中展示林芝市干部职工的家风故事(20个)及在抗击疫情、脱贫攻坚、守土固边等涌现出的先进事迹(20个)。此次展览还联合教育局组织学校分十二个专题由家庭共同制作手抄报,展出120余幅。

## 三、主要做法

### 1. 提前谋划,活动多样

2020年是"基层党组织组织力巩固年",年初,市妇联结合党建带妇建工作起草了《党员干部"立家规 树家风 促和谐"活动实施方案》,围绕"立家规 树家风 促和谐"主题,明确了"党员讲家风""我的家风故事"征文及"立家规、树家风、亮身份"三项活动,联合市直机关工委,在"七一"前夕开展"党员讲家风""好家风好作风"征文及"共产党员家书家训展——下篇"三项活动。

### 2. 明确步骤，分工对接

活动于5月1日正式启动，市直机关工委于4月29日印发《关于在市直机关党员干部中开展"立家规 树家风 促和谐"活动的通知》，明确了三项活动的具体时间、活动对象及具体内容，为活动的开展画出了时间表和路线图。市妇联、市直机关工委先后10余次就征文篇数、筛选、推送，展演会节目收集、预决赛事宜及"家书家训展"中的具体内容进行商讨，并在"微林芝"上向全市干部职工征集优秀文稿，为各项活动的开展奠定了坚实的基础。

### 3. 协调沟通，开展活动

在活动开展中，注重集思广益，拓展思路，使广大干部职工的优秀家风故事出现在群众视野。市直单位各党支部大力支持、积极参与，上报征文80余篇，市妇联、市直机关工委联合市文联评选出15篇优秀征文；联合市委宣传部开展"我的家风故事"展演会。活动自5月份启动以来，40多个党支部积极参与，经过初赛、决赛，评选出优秀家风节目一等奖1名、二等奖2名、三等奖3名、组织奖7名。积极与市直机关工委对接"共产党员家书家训展"明确办展思路和具体内容，筹备完成92块展板的布展工作。

### 4. 广泛宣传，扩大影响

对评选出的15篇优秀文稿，在"微林芝""林芝组工微讯""林芝微女性"等公众号推送，并将20个优秀家风故事纳入"共产党员家书家训展"中展出。"共产党员家书家训展——我们和群众在一起"展期3个月。7月1日，市直机关工委组织全市各党支部参观学习。截至目前，已为18家单位、300余人讲解。

"家是最小国，国是千万家"。家风优则作风优，家风正则党风正，家风纯则政风纯，家风清则社风清。通过此次"立家规 树家风 促和谐"主题活动，充分发挥妇女在家庭廉政建设中的重要作用，进一步引导家庭成员大力弘扬家庭美德，筑牢拒腐防变的家庭防线，注重传承优良家教，努力营造反腐倡廉的良好家庭氛围和社会环境。

陕 西

# 传承红色基因 树立圣地好家风

延安市妇联

为深入贯彻落实习近平总书记关于"注重家庭、注重家教、注重家风"的重要指示精神，全面展示延安市家庭文明建设工作，推进好家风工作创新发展，延安市妇联重点开展新时代延安各类家风馆建设，将家风馆作为创新和推进家庭文明建设工作的突破口，让其成为促进良好社会风气形成的"播种机"，成为培育良好家风和践行社会主义核心价值观的有效载体，推动特色亮点家风工作建设。

## 一、延安新时代家风馆产生背景

党的十八大以来，习近平总书记在不同场合多次谈到"注重家庭、注重家教、注重家风"。2015年10月，"廉洁齐家，自觉带头树立良好家风"，首次写入《中国共产党廉洁自律准则》。2016年10月，党的十八届六中全会通过的《关于新形势下党内政治生活的若干准则》明确要求："领导干部特别是高级干部必须注重家庭、家教、家风。"12月，习近平总书记在会见第一届全国文明家庭代表时指出："家风好，就能家道兴盛、和顺美满；家风差，难免殃及子孙、贻害社会。"新时代延安家风馆的建设为充分发掘和弘扬优良家风、传承延安红色基因、弘扬社会主义核心价值观提供丰厚的文化土壤、注入旺盛的生命活力，并不断凝聚起实现中国梦的磅礴伟力。

## 二、延安新时代家风馆建设情况

市妇联按照中央和省关于家风家规建设的部署要求，结合实际，认真谋划，按照坚持"古今结合、上下结合、正反结合"的思路，高标准、高起点做好家风馆规划建设。第一，通过省妇联民生项目资金建设延安税务家风馆、黄陵县仓村家风馆、甘泉县劳山乡杨庄科村家风馆、延长县张家滩镇下盘石村、罗子山镇佛光村家风馆、安塞区家风主题公园（共6个项目，其中延长县罗子山镇佛光村家风馆为2020年项目，正在建设中）。第二，通过各级妇联组织主动作为自筹资金建设延川县云居家风馆、高家大院家风馆、县家风馆，黄陵县店头镇家风馆、子长县林虎山、余家坪家风馆、宝塔区凉水井社区家风家训馆、安塞区曹凯家庭、张莲莲家庭家风馆（共10个）。第三，打造特色家风馆——延安税务家风馆，被省妇联、省文明办共同授予"陕西省家风培育体验示范基地"。各级各类家风馆的建立为优良家风提供了具象化的载体，让家庭文化建设有直观感受、有学习榜样、有活动阵地、有集中展示，起到了示范带动更多的家庭崇德向善、见贤思齐，做优良家风传承的传承者、践行者的重要作用，同时也起到了动员全社会各行各业共同关心关注家庭家教家风建设的重要作用。

## 三、依托延安新时代家风馆创新开展家庭家风工作

近年来，延安市妇联通过家风馆这一载体创新开展家庭建设系列活动，大力培树新时代文明家庭新风，推动社会主义核心价值观在家庭落地生根。一是将各级家风馆建设成为青少年思想品德教育基地、市民社会主义核心价值观教育基地。通过家风馆生动讲好延安故事、传承红色基因，开展"好家风、好家训"系列巡讲活动，充分发掘和弘扬优良家风，邀请荣获"圣地最美家庭""三秦最美家庭""全国最美家庭"代表参加，通过以"家风馆里话家风"宣传典型示例，向当地群众讲述"最美家庭"故事来宣传圣地好家风，为延安创建文明城市作贡献，在全社会形成崇德向善、见贤思齐的浓厚氛围。二是以家风馆为载体，推动本地红色旅游产业及特色手工业发展。发挥优势带动特色产业脱贫，推动发展黄土风情民间

手工艺品产业，成立手工艺品合作社、公司、协会等49家，广泛开展带动地方特色小吃烹饪等各类实用技能培训，吸纳手工艺人才1200余人，辐射带动3000多名妇女从事手工艺品生产。三是家风馆承载着道德文化和促进优秀文化传承的"助推器"。举办"好家风润圣地"延安市首届家庭文化艺术节，并为部分家风馆授予第二批"延安市家风培育体验示范基地"，家风馆建设直观地将传统文化的博大精深展现在参观者的眼前，通过文化特色结合推广体验能让广大群众参与其中去体验传统文化的魅力。目前已有8万多人参观了这些家风馆，充分发挥家风馆在家庭家教家风建设中的独特作用，坚持以小家庭和谐共建大社会和谐为主线，大力实施"家家幸福安康工程"，统筹创新推进家庭建设。

# 以家庭文明建设推动基层社会治理

## 汉中市妇联

近年来，市妇联围绕中心，服务大局，充分发挥妇联职能优势，找准定位，主动作为，守正创新，注重发挥家庭在基层社会治理中的重要作用，以"家家幸福安康工程"为抓手，把家庭、家教、家风建设作为参与基层社会治理的主攻点，推动家庭工作深度融入基层社会治理，让好家庭、好家教、好家风成为基层社会治理的"稳定器"。

### 一、背景与起因

近年来，我们从"注重家庭、注重家教、注重家风"出发，赋予传统家庭工作新的活力，大力开展形式多样的文明实践活动，转变作风，实践新风，建设好家庭，传承好家教，弘扬好家风，提升城乡家庭文明水平，积极参与基层社会治理，以良好家风助推文明社风民风，实现家庭工作与基层社会治理实践同频共振。

## 二、做法与成效

### 1.部门协同、促廉政家风创建

联合市纪委等相关部门，在全市党政机关、企事业单位开展"树家国情怀·育良好家风""树清廉家风·创最美家庭"主题活动，通过召开主题活动动员会、发放主题活动倡议书、征集"好家风好家训"、上廉政教育党课、举行表彰会、举办家风故事分享会、流动家风馆巡展等方式树立家国情怀，培育清廉家风，传承家庭美德。表彰市级"好家风，好家训"家庭51个、"最美家庭"82个、健康家庭5000个。联合市委政法委、市委文明办等单位共同举行汉中市"最美战疫家庭""三八红旗手（集体）"揭晓表彰暨平安家庭创建启动仪式，通过启动2020年"平安家庭"创建工作，向全市广大家庭发出《汉中市深化"平安家庭"创建活动倡议书》，并为市巾帼法治巡讲小分队授旗，营造平安汉中、全民共创的浓厚氛围。同时，联合市发改委、市扶贫办、市直机关工委等部门开展寻找汉中市"绿色家庭""战贫家庭""最美家庭""五好家庭"活动，引导广大干部职工和家庭成员参与生态文明建设，培育传承优良家风，争做汉中"最美家庭"。

### 2.宣传引领、让优良家风传承

将家庭工作与家风传承有机结合，与《汉中日报》等主流媒体开设"最美家庭"故事专版，依托市妇联公众平台"汉家妹子"开设专栏专题集中宣传"最美家庭"榜单和事迹。在疫情期间，通过微信平台推送"爱相随，同战疫""最美家庭走在前""宅有千般，最美家庭这样做"等系列家庭抗疫事迹宣传信息，放大"最美家庭"的示范引领作用，累计选树在抗击疫情、复工复产中涌现出的家庭典型58户。开展"真美汉中，好爸、好妈、好家风"分享交流会；"讲最美家庭故事、议良好家风家训"主题活动；评选表彰"汉中市教子有方好家长"；编纂出版汉家妹子系列丛书《扣好人生第一粒扣子——汉中市家庭教育工作成果汇编》，刊登82篇教子有方好家长事迹和32篇家教骨干心得文章；《好家风支撑好社风》，收录了伟人的家风故事、陕西和汉中名人的家风故事以及征集评选出的51个汉中市"好家风好家训"故事。与市纪委、市委组织部、市委文明办、市直机关工委结合以案促改教育活动，举行"廉政文化进家庭"主题活动暨《好家风支撑好社风》发行仪式，促进党员领导干部立家规、严家教、正家风，在家庭内部形成崇廉尚洁的良好氛围，以党员干部廉洁文明家风促党风政风、带社风民风。

### 3.巾帼美家、助推农村人居环境整治

"不忘初心、牢记使命"主题教育开展以来，市妇联进一步完善积分制管理的"巾帼美家行动"扶贫工作模式，建立积分兑换式"巾帼美家"超市，组成"巾帼美家"志愿服务小分队，切实发挥"超市"的"小积分、大撬动，小积分、大能量"作用，以此来激发群众开展环境卫生整治的主动性和积极性。召开"巾帼美家"推进会和动员部署会，号召动员全市各级妇联组织以试点为引领，进一步强化措施，全力推进，不断做大做强"巾帼美家行动"工作品牌。与市委组织部、市委宣传部、市教育局、市扶贫办联合下发了《关于深入开展"巾帼美家行动"助力脱贫攻坚的通知》，助推脱贫攻坚各项工作任务圆满完成。

### 4.项目示范、推动家风馆建设

积极争取项目、整合资源，挖掘本土家风文化，展示优良家规家训，指导支持县区依托博物馆、图书馆、村史馆、文化公园等场地按照统一布局、标准和内容打造"家风馆"，目前汉台区、西乡县"家风馆"已建成对外开放。举办的"树家国情怀·育良好家风""树清廉家风·创最美家庭"流动家风馆主题活动巡展，集中展示近年来全市家庭文明建设成果，全市共有40余家单位组织党员干部参观展览，累计参观人数达到2万人次。

### 5.品牌塑造、打造家庭教育新模式

成立汉中市巾帼家庭教育协会，吸纳会员130余人，为更好地开展家庭教育理论研究、推进家庭教育工作常做常新提供了理论指导和人才支

持。充分发挥"网上妇联"联系服务妇女儿童新优势,在"汉家妹子"微信平台开设"天汉父母微课堂"专栏,近年来,先后推送80余名家教骨干原创文章,累计阅读量100万+,深受粉丝欢迎。线下创设"天汉父母大讲堂",通过专家列课表、基层来选择,开展菜单式家庭教育系列讲座。

# 将家风家教工作融入志愿服务之中

咸阳市彬州市妇联

近年来,彬州市妇联创新形式,将家风家教工作融入志愿服务之中,多层次、全方位引领妇女和家庭自觉践行社会主义核心价值观,争做好家庭好家风好家教的营造者、示范者和传播者,取得了初步成效。

## 一、动员志愿组织着眼家风家教

为了关爱留守儿童,彬州市妇联于2011年成立了爱心妈妈志愿服务队,2017年,拓展为爱心妈妈志愿者协会。协会以关爱留守儿童为宗旨,主要为留守儿童提供亲情抚慰、心理疏导、学业辅导、经济帮扶。协会在全市各镇、村、机关单位建立爱心妈妈志愿分队185支,拥有成员600多人。9年来,协会先后组织爱心妈妈结对帮扶留守儿童300多名,争取社会资金10多万元,开展节日送温暖、点亮微心愿等关爱农村留守儿童活动130多次,使4000多名留守儿童受益。在爱心妈妈志愿服务活动中,我们紧紧结合传播家风家教,开展志愿服务活动。组织爱心妈妈向结对帮扶的留守儿童监护人宣传家庭教育知识,邀请教子成功的爱心妈妈为监护人现身说法传授教子经验,引导他们科学教子。组织爱心妈妈和留守儿童一起诵读、共唱经典诗文、优秀家风家训,为留守儿童讲授抗疫英雄、优秀志愿者的事迹，教给孩子做人的知识，引导留守儿童健康成长。组织妇联各类"最美家庭"志愿者、家庭教育志愿者深入村组、学校发放家庭教育知识宣传资料、宣讲"最美家庭"事迹，义务书写家风家训。

## 二、引领社会组织弘扬家风家教

一是协调市内志愿服务组织在志愿服务活动中积极传播家风家教。市妇联依托众帮公益协会活动阵地成立了彬州市家庭教育指导中心、"留守儿童之家"，市妇联为指导中心配备设备、家庭教育书籍，培训志愿者，由志愿者组织家长学习家庭教育知识，为家长提供免费咨询，保证了家庭教育指导中心的可持续发展。市妇联联合众帮公益协会开展了"我与故事同成长""亲子阅读赛"等家庭教育实践活动，引导家长与孩子共同成长。联合市作协开展了家风家教征文活动，联合市书画协会城区分会多次免费为群众书写家风家训。二是协调市外志愿组织在志愿服务活动中弘扬家风家教。我们先后联合中国狮子联会三友服务队、百灵队举办狮爱夏令营、研学夏令营、航空夏令营6期，组织彬州300多名留守儿童、困境儿童第一次走出彬州，走进大学校园，在书城体验阅读，用英文交流，制作蛋糕，学习制作机器人，游览八路军办事处、科技馆、博物馆、兵马俑、城墙、乘坐地铁、品尝美食、体验帐篷露营，开阔他们的眼界，培养他们的家国情怀，激励他们自强自立。2020年8月20日，彬州市妇联协调中狮联会蜂鸟队举办的灯塔计划公益项目（免费培训彬州市村级小学老师）中，安排了九种性格孩子的沟通方式等家庭教育培训内容。

## 三、组织大学生志愿者助推家风家教

多年来，我们先后组织西安财经学院、西安外语学院及彬州籍大学生志愿者利用寒暑假深入偏远山村义务支教，与村民、学生座谈，调研当地家庭教育现状，向村民讲述父母教育自己的经历，宣传家庭教育知识，有力地推动了当地家风家教工作。

# 小红旗"夺"出大净美

延安市甘泉县妇联

## 一、背景情况

随着城市经济的持续健康发展,城市和农村发展不协调、不平衡的问题,乡村环境"脏乱差"现象普遍存在。创建"净美夺旗行动"是调动千家万户参与支持人居环境整治最直接的举措,是打造美丽乡村最关键的基本单元,是实施乡村振兴战略的重要抓手。甘泉县认真贯彻落实中央和地方政府关于人居环境综合整治要求,制定出台了《甘泉县2019年农村人居环境整治实施方案》,积极动员、引导农民群众和社会各方力量积极行动,在全县上下掀起了"净美夺旗行动",使"净美家庭"创建成为承载家庭幸福、提升美丽宜居村、留得住乡愁的文化承载,将其打造成"大美甘泉"的文化符号和名片。

## 二、主要做法

2020年以来,在大力实施乡村振兴战略、全面建设生态宜居美丽乡村的热潮中,甘泉县把"净美夺旗行动"融入美丽乡村建设的大局中,以"净美家庭"创建为切入点,以"小红旗"为依托,按照"突出亮点、彰显特色、精雕细刻、打造精品"的要求,使创建工作在基层落地生根,呈现全面发动、整体推进、多点开花的良好局面。

### 1. 部门联动,有"力"可聚

坚持打组合拳,统筹协调各种资源,细化工作职责、目标,形成创建合力。在"净美夺旗行动"创建中,坚持"政府主导、家庭主体、妇联牵头、部门协同、社会参与"的工作格局,形成"部门联动、政策集成、资源整合"的推进态势。在制定《甘泉县农村人居环境综合整治"净美夺旗行动"实施方案》的基础上,还制定严格的时间进度表和评判标尺,确保创建工作迅速掀起高潮。各乡镇(街道办)召开了工作推进会,发动包村单位和四支队伍参与进来,坚持全域打造"净美家庭"示范带,培树点、线、面,形成了内涵丰富、具有本村特色的"净美庭院"品牌,让"净美家庭"宛如颗颗明珠,镶嵌在美水之乡每个角落,串珠成链、全面开花。

### 2. 注重宣传,有"美"可宣

采取多渠道、多方式宣传发动,营造净美夺旗浓厚氛围。全县上下发扬钉钉子精神,一户接着一户抓、一锤接着一锤敲,用心讲、反复讲,将"净美夺旗行动"入脑、入心、入行动。同时,建立"门前三包",激发农民群众的积极性、主动性和创造性,切实扭转了"政府一头热,村民冷眼看"的局面。累计发放宣传资料4500份、倡议书1000份,"净美家庭"门帘500块。充分利用妇联微信公众号、"净美家庭"微信群、抖音短视频等新媒体传播手段,不定期晒创建成果、晒庭院美图,分享"他山之石"成功经验,通过线上线下与群众实现互动;组织广大妇女和家庭开展"跟着抖音赏庭院"、美丽庭院随手拍等活动,做到周周有展示、月月有主题。"千里修书只为墙,让他三尺又何妨",循着这精彩的演绎声,这是妇联策划开展的一系列有特色、接地气的家风传承活动,通过经典家风故事的表演,来进一步挖掘"净美家庭"的文化内涵,倡扬崇德向善的文明家风。

### 3. 多措并举,有"料"可融

创建"净美家庭",不仅要"面子"好看,更要"里子"美丽。"净美家庭"不仅承载着人们对家的美好向往,更是传播良好家风的重要载体。全县采取因地制宜、分类指导的举措,将"最美家庭""书香家庭""健康家庭""好婆婆""好媳妇"等融入"净美夺旗行动"中来，用典型来引导村风民风。"这可是我们村子里的第一面流动小红旗，它来到我家让我们一家人都觉得特别高兴，虽然丈夫瘫痪20多年，但是有他在，家就不会倒"，劳山乡杨庄科村郭明英，二十多年来，用柔弱的肩膀扛起家的重担，呵护着家的完整，守候着家的内涵。她的心像一缕灿烂的阳光，温暖着家人、感动着邻居、激励着身边的人，她的行为不仅干净了自己的家，并且净化了村风，营造了"家家践行好家规，人人传承好家风"的良好氛围。

### 4.全面对标，有"旗"可夺

"净美家庭"不仅成为亮丽的观赏景观，更成为乡村文明的重要载体。村民在参与的过程中"晾一晾"庭院美景、"晒一晒"良好家风、"比一比"创建进度、"推一推"经验做法，形成比学赶超、户户争创、户户受益的氛围，让流动红旗真正动起来。石门镇和平村、梁庄村等"净美家庭"示范户家中，很多庭院的设计十分别出心裁，闲置水缸成为鱼池、砖头摆成了花墙，瓶瓶罐罐变身插花种绿的神器，这些变废为宝、变破烂为神奇的设计，使小小的庭院变得多姿多彩，充满活力，形成一院一景的乡村新景象。真正使"净美夺旗行动"实现形神兼备、美丽于行、魅力于心、留住乡愁。

### 5.制定办法，有"法"可依

采取流动红旗月评比方式，实行"一月一评比"的机制。截至目前，全县共开展夺旗70场次，表彰奖励650户"净美家庭"示范户。

### 6.鼓励激励，有"制"可障

"阶段美"实难得，"长久美"尤可贵。为了提升"净美夺旗行动"的创建成果，全县上下形成了党政"一把手"亲自抓、分管领导直接抓、一级抓一级、层层抓落实的工作推进机制。同时，确定分片包抓，各成员单位包抓乡镇、包村单位包抓村、"四支队伍"包抓户，实现所有行政村组包抓全覆盖。同时，把农村人居环境整治工作纳入年终目标责任考核的重要依据。

# 培人才 稳阵地 重引导 求实效
# 在探索中推进家庭家教家风工作新局面

汉中市汉台区妇联

近年来,汉台区妇联把家庭家教家风建设作为一项长期抓、坚持抓的基础性工程,以培育和践行社会主义核心价值观为根本,以"注重家庭、注重家教、注重家风"为着力点,通过"人才、阵地、引导、实效",突出创新工作方法、贴近人民群众,切实搞好家庭家教家风建设,努力开创全区家庭家教家风建设工作的新局面,为汉台强区建设提供强大精神动力和丰厚道德滋养。

## 一、培人才——队伍专业化

"让专业人干专业事才省时省力",区妇联探索建立汉台区"3+X"巾帼志愿服务队伍,集合了在家庭教育、心理健康、家庭关系建设等方面突出的专家人才,组成了三支巾帼志愿者服务队;"X"即由网格员、网格妇情联络员、女性社会组织等组成的巾帼志愿者队伍,开展各类巾帼志愿服务活动。该队伍自2019年成立以来,以组织建设为基础,以机制建设为保障,以品牌打造为重点,以创新发展为动力,其中,家庭教育指导志愿服务队员在所服务辖区开展家庭教育大巡讲或定期开展教育咨询服务,帮助辖区学生家长树立正确的家庭教育观念,掌握科学的家庭教育方法,提高教育子女的能力和素质。同时,依托家庭教育指导站、"三八红旗手"工作室等,由在家庭教育行业中专业突出的先进典型和资深教师,辐射培养一批具有家庭教育资质和专业知识的家教辅导员，以培育一批人服务一群人为理念，为辖区家庭带去专业、细致、实用的家教服务。

## 二、稳阵地——载体创新化

充分发挥全区330余所家长学校（家庭教育指导服务站），积极开展家庭教育、婚姻家庭、儿童成长、帮扶救助、特色家庭创建等特色服务，累计开展各项主题活动600余场，近3万余名妇女儿童受益。以"家家幸福安康工程"为依托，组织全区近30余名家庭教育专家深入全区15个镇办组织开展以"怎样教育和关爱留守儿童，如何经营幸福和谐家庭""与孩子沟通的技巧""好家风成就好人生"等讲座45余场，将科学的家庭教育理念精准到每个层次的人群中，鼓励广大家长通过学习提高自身素质，用身教为孩子做示范，建设良好家风。2020年来，区妇联在七里办事处、汉中路办事处、铺镇、汉王镇建立"木兰学堂"和"妇女夜校"，组织家长、孩子开展家风传承、家庭教育讲座和亲子活动为内容的儿童课堂、父母课堂20余场，让更多妇女姐妹走进"木兰学堂"学习，提升生活品质，增强文化自信，实现政府、社会、家庭、妇女多方联动共赢。

## 三、重引导——宣传立体化

依托区妇联微信官方平台"汉中女子"推出"木兰有约""木兰学堂"和"家风馆"栏目，结合国际家庭日等节点，精心策划"为爱而生，聊聊家庭那些事"线上直播活动，特别邀请各位嘉宾分享她的家风故事和温情诉说，让更多人感受家的力量。线上木兰学堂推出父母课堂，并定期开展"木兰学堂线下开讲"活动，社区、学校、单位点单下单，由各家庭教育志愿者老师提供专业课程，及时送学上门。通过开展"大手拉小手"活动，采取让"流动"家风馆进学校、进社区、进企业，让学生、家长走进汉台区家风馆实地参观等多种形式，让他们感受历史文化，传承良好家风。在端午、春节等传统节日，邀请辖区家庭代表在家风馆参与亲子巧手做香包、鼠年剪纸乐等互动活动，在活动中促进亲子沟通交流，弘扬传统文化。探索开发"智慧妇联"——"汉台区妇女儿童云家"小程序，将妇联组织架构、妇女儿童基础数据、女性服务项目等按统一数据格式导入数据库，使妇联组建、巾帼志愿者注册、妇女儿童权益保障咨询、心理援助等"娘家"服务项目拓展到了"云端"，让"她"动动手指，就能了解妇联工作、申请妇联服务，实现了网上网下、实体虚拟两大空间共同开展妇女群众工作的生动局面。

## 四、求实效——服务项目化

区妇联以深化妇联改革为契机，延长工作手臂，携手汉中市蒲公英协会，积极争取中国妇女发展基金会"家庭成长计划"公益项目，10名具有教师、心理咨询师等资质的志愿者针对贫困儿童普遍存在的学习能力不足、亲子关系一般等问题，不仅帮助孩子纠正不良的生活和学习习惯，还为孩子带去关爱和温暖，从而实现精神和物质的双重扶贫，提升家庭内生动力，受益家庭20户。联合汉台区栀子花妇女儿童服务中心实施汉中市福彩公益项目"木兰夕学"项目，组织家庭教育指导志愿队对农村留守妇女进行婚姻家庭教育的培训，从而转变她们固守的家庭育儿观念，接受科学方法，增强留守妇女自尊、自信、自立、自强，以自身的改变带动孩子及家庭的成长，受到了辖区妇女群众的一致认可。联合汉台区社工协会实施"携手呵护儿童　共筑一片蓝天"项目，对汉王镇光华村12名隔代教育的农村留守儿童通过家访了解了服务对象的具体情况和需求后，社工们制订了详细的服务计划，进行了一对一个案服务。

通过探索和实践，汉台区家庭教育工作基本实现了有队伍、有阵地、有载体、有实效，但此项工作是一项长期工作，需要不断创新形式，适应新时代的新要求。下一步，我们将发挥妇联优势，继续在体制机制、个案服务、方式方法上完善和提高，努力推进家庭家教家风再现新局面。

青海

# 智慧母亲讲堂

玉树州玉树市隆宝镇妇联

"玉树牧区智慧母亲讲堂"于2016年国际扫盲日开设,在国家已实施的扫盲基础上,隆宝镇妇联利用周末时间通过网络为牧区妇女教育"补给营养",经过三年的努力,学员已由起初的只有隆宝镇的50余名牧民,扩展到玉树州六县乡镇,并设有初级、中级和高级识字班、早期教育之系列幼儿藏族谚语讲堂、家庭教育之系列母亲讲堂五个群,学生人数达800余人。

"智慧母亲讲堂"的创办人巴桑,是一名土生土长的玉树人,对基层牧民有着深厚的感情,对基层工作有着极大的热忱。今年49岁的她,提及读书学习,眼神里依旧闪烁着光芒。1995年夏天,巴桑从青海师范专科学校毕业,正值桃李年华的她原本有着更多的选择,但她毅然决然地回到了自己的家乡——玉树。巴桑十分注重母亲教育,她说:"母亲在外貌上可以不够出众,但在思想上一定要自立自强、自尊自爱,只有这样才能更好地教育子女,使其成为对社会有担当的人。"为了教育和引导妇女摆脱传统思想的桎梏,帮助她们丰富生活内涵,提升生活质量,更好地融入社会,2016年,巴桑借助网络平台开设了"玉树牧区智慧母亲讲堂",开启了她的"微课堂"教学之路。为了提升教学效果,巴桑每周只在微信群里教10个简单常用的生字,在学员已掌握的这10个简单生字的基础上,通过加减笔画认识新字,起到了温故而知新的效果。她在家庭教育群里,常用大家喜闻乐见的藏族谚语作为学习内容,为母亲们发送图片、视频和语音，将藏族谚语与家庭教育知识融合在一起，通过母亲学到的藏族谚语和家庭教育知识，直接教授给自己的孩子，让大手拉小手活动在牧户家庭中开花结果。如，藏族谚语中"树根不烂，枝叶茂盛"，其中把树根比作父母，枝叶比作孩子，道理简单易懂。巴桑说："我们的牧民妇女文化程度不高，很难走出家庭再去重新学习，现在加入讲堂学习后，她们能准确地写下全家人的名字，看懂简单的街道标语、学校、医院等公共场所的名称。她们用自己学到的知识，尝试着融入社会，这些变化是对我最好的回报。"才拉永吉和才仁德吉是巴桑"微课堂"最早的学员，在巴桑的印象中，一开始她们学习很吃力，但她们是学习最积极的母亲。2019年母亲节，隆宝镇政府为牧区智慧母亲讲堂的32名母亲颁发了优秀学员奖，其中就有才拉永吉和才仁德吉。

提及"玉树牧区智慧母亲讲堂"的未来规划，巴桑表示，在隆宝镇党委政府和上级妇联的领导下，通过微信群这个平台，将为热爱学习的母亲们进行更高层次的培训，让她们走出家庭，看看祖国的大好河山，感受国家的强大与伟大，激发她们努力学习的热情，并通过她们自身的努力，开创更加美好的生活。

# 突出阵地作用，打好家庭教育组合拳

## 海西州德令哈市河西街道朝阳社区居委会

近年来，朝阳社区在打造"家庭教育指导中心"的基础上，针对老人、妇女、儿童等不同群体，成立"巾帼"志愿者服务队、青年服务队，拓展家庭教育和服务，打造特色家庭教育实践基地。2020年5月上旬，被全国妇联命名为全国家庭教育创新实践基地。

传播家庭教育新理念。为社区居民订阅《中国妇女报》《婚姻与家庭》《中国妇运》等读物，充实社区阅览室，充分利用社区内大小宣传栏、宣传牌，定期更新、丰富宣传栏宣传内容，使社区居民经常自我"充电"，及时掌握家庭教育新理念新知识。依托社区家长学校，不定期举办家庭教育培训班，深化社区居民文明家庭、绿色家庭创建意识，营造重视家庭教育的良好社区氛围。

丰富家庭教育服务活动。利用不同节点，针对不同群体开展服务活动，在重阳节，以"关爱老人"为主题，举办预防疾病健康知识、"崇高科学，破除迷信"科普知识讲座，倡导老年人要有科学的生活方式和健康的心理素质；"三八"妇女节，针对妇女开展"婚育新风进万家"系列宣传活动；结合母亲节，组织开展"温情五月天，感恩母亲节"为主题的亲子活动；元旦、春节、"六一"儿童节，以"关爱留守儿童，欢度节日"为主题，通过亲子阅读、手工折纸制作、小游戏、赠送益智图书等开展别开生面的联谊活动。

家庭共育呵护青少年健康。在寒暑假期间针对性开展青少年思想道德、人身安全、心理健康等教育，组织青少年开展"学雷锋、讲文明、除陋习、见行动"活动，培养青少年爱劳动、爱科学以及尊老爱幼的传统美德；利用儿童快乐家园举办"小制作"等活动，培养青少年"爱国、守法、诚信、知礼"的意识及动手动脑的能力；设立"妈妈我想对您说"心语橱窗栏，及时了解孩子的思想动态、心理状态，并做好有效的引导；举办"关爱留守儿童，让世界充满爱"节日游园活动；开展"平安过寒假，一起学消防"主题活动，邀请德令哈市消防队官兵与社区儿童开展互动联谊，宣传国防教育、消防安全知识等，助力青少年健康成长。

宁 夏

# "五情"开展暑期关爱活动

自治区妇联

守护童年,牵手共成长。暑期里孩子们的安全健康是每一个家庭的牵挂和责任,也是社会各界的担当与守护。为深入贯彻落实习近平总书记视察宁夏重要讲话精神以及2020年"六一"儿童节重要指示精神,宁夏各级妇联倾"五情"上下联动开展暑期关爱活动,陪伴留守儿童度过一个健康、安全、文明、愉快、有意义的假期。

## 一、全情启动,让关爱"同频道"

宁夏妇联"守护童年 牵手共成长"暑期儿童关爱服务活动于7月7日上午,在全区5个市的7个县的57个行政村(社区)同时启动。各地也相继启动,精心组织,周密安排,通过开展家庭教育进社区、生命安全法治教育课、捐赠爱心物资、自护教育等形式,切实织密儿童关爱"爱心网"。贺兰县妇联围绕"守护童年牵手共成长"主题,开展炫彩微课堂之快乐微课堂、国学微课堂、科普微课堂、志愿微课堂、巧手微课堂系列活动;泾源县妇联通过"把温暖关怀带回家、把安全知识带回家、把自立自强带回家"三个方面开展暑期关爱活动;平罗县聘请社会第三方力量,在全县13个乡镇、26个社区全面开展"守护童年 牵手共成长"暑期关爱儿童活动。

## 二、真情走访，让关爱"底数清"

底数清才能措施实。宁夏各级妇联组织村（社区）妇联主席、执委、巾帼志愿者集中开展大走访大排查，走村串户详细了解每个家庭的基本情况、生产生活实际困难，以及潜在的婚姻、家庭矛盾等各种需求，并形成台账。尤其在留守儿童家里，深入了解他们的监护状况、学习情况和困难问题，和家长共同探讨孩子的安全问题，耐心地给留守儿童宣传防溺水、防性侵等自护知识。此次全区"保护儿童 安全携手共同成长"2020暑期儿童关爱服务活动，共有法官、检察官、公安民警、律师、教师、医护人员、儿童主任、妇联执委、"五老"队伍、志愿者共计14244人参与，走访帮扶留守和困境儿童3413人，开展活动1468场，覆盖307县（区）、1229个社区（村），受益家长儿童人数达到23575人次。

## 三、温情整合，让关爱"有合力"

为儿童营造安全无虞、生活无忧、充满关爱、健康发展的成长环境，是家庭、政府和社会的共同责任。各级妇联积极整合团委、公检法、医院、消防、交通、社会组织资源，为留守儿童开展爱国教育、法律讲座、毒品危害、文明出行、防火知识、心理健康知识。银川市妇联邀请眼科医院为华西村的留守儿童们开展"眼中有你 爱在儿童"健康义诊志愿活动；沙坡头区群团工作委员会整合工、青、妇资源，从传承革命精神、传授自救知识、亲子活动、益体游戏、赠送学习用品几个方面，助力留守儿童健康快乐成长；隆德县人民检察院新时代文明实践点邀请参加活动的150余名留守儿童分三批次"零距离"接触未成年人检察工作；西夏区暑期家庭教育讲座进社区已开展30余场次，共有近2000个家长和孩子参与活动。

## 四、热情奉献，让关爱"有内涵"

农村留守儿童和困境儿童缺乏亲情陪伴和关爱，更需心灵抚慰和关爱帮扶。自治区妇联打造的家庭教育骨干讲师、家庭教育工作者、志愿者

5000多人的专业队伍,依托各级爱国主义教育基地、乡村学校少年宫、家长学校、儿童之家等阵地,向孩子们提供专业的关爱服务。各级妇联组织志愿者开展课业辅导、素质拓展、亲情陪伴、心理疗愈、亲子互动、暑期夏令营、读书会、运动会、防性侵讲座、动漫绘本剧等一系列志愿服务。灵武市妇联第六年开展为期20天的"夜空中最亮的星——康乃馨行动学生帮帮学家教课堂"主题活动,累计参加志愿者75人次,受益困境、留守儿童756人次;西吉县妇联志愿者陪伴留守儿童参观博物馆、非物质文化遗产展览馆、禁毒警示基地、未成年法制教育基地,共计招募青年志愿者60名,分为5支志愿者小分队为430名儿童提供关爱服务。

### 五、亲情陪伴,让关爱"有温度"

家庭教育中出现的一些问题,很大程度上来源于亲情陪伴的缺失。宁夏各级妇联组织充分利用社区家庭教育指导服务站、家风馆、家风工作室、家风主题公园、家风广场等阵地,结合家教家风体验式课程宣讲、微课堂、直播间、编发教材、制作公益短片、亲子分享会、声音里的家风故事等,推出一系列活动,让留守不孤单。大武口区妇联联合团委和家风工作室,开展"少儿暑期成长体验活动"地摊市场,鼓励孩子才艺展示、售卖演讲,家庭教育指导师现场针对性指导;贺兰县妇联创新"公益+"的模式开展了亲子才艺展示、暑期安全讲座、变废为宝手工制作、花样折纸、跳蚤市场等活动;惠农区妇联为100多名困境留守儿童发放了爱心T恤,陪伴留守儿童参观厂区、采摘制作鲜花饼并开展游戏拓展活动;中山公园妇女之家也开展了生动、有趣的儿童集市亲子活动。

下一步,自治区妇联将立足农村社区家庭,协同相关部门持续开展关爱服务活动,推动形成"政府主导、妇联引领、部门联动、家庭尽责、社会参与"的家庭文明建设工作格局,把强大的基层组织优势转换成关爱服务活动的工作优势,为儿童和家庭提供诚心、暖心、贴心的常态化关爱帮扶,切实增强留守儿童及其家庭的获得感、幸福感和安全感。

# "帮帮学家教课堂"
# 给困境儿童有温度的帮助

*银川市灵武市妇联*

为进一步深入指导单亲家长教育子女以及缓解单亲家庭子女心理压力的问题，灵武市妇联自2015年1月起全面启动"夜空中最亮的星——帮帮学家教课堂"主题活动，创新"妇联+课堂+社区+家庭+助学学生"的多面联通模式，引导和鼓励单亲家庭妈妈和孩子保持阳光心态，勇敢正视生活困难、成长困扰，积极进取，奋发向上，形成强大而独立的人格。截至2020年8月，帮帮学课堂走过了6年，参加志愿者92人次，受益学生达到826人次。

## 一、着力打造规范化、专业化志愿者团队

通过灵武市妇联微信公众号招募帮帮学志愿者，通过面试、培训等环节，确定志愿者。推选参加过帮帮学活动且教学经验丰富的1名学生任队长，负责组织协调整个教学工作。成立帮帮学工作室，内设办公室、教学部、文艺部、宣传部、权益部、家儿部。根据志愿者的专业、特长等进行分工，让每个志愿者能够尽情展示才能。截至目前，参与活动的志愿者92人次。其中，有1名志愿者参加过4期活动，1名志愿者参加过3期活动，10名志愿者参加过两期活动。

## 二、依托村（社区）妇联组织，确定帮扶学生

依托村（社区）妇联，组织有意向学生报名。志愿者进行分组入户家访，向家长发放《家长告知书》。通过对家长及家庭基本情况进行认真走访，全面了解每个受助孩子的学习、性格状况，做好家长、孩子的心理调适，将课业辅导具体到每个学生自身，将互助触角延伸到每个单亲妈妈家里。

## 三、家教式辅导，解决学生的不同问题

帮帮学课堂为全面照顾到每个受助学生，采取小班额陪伴、辅导。课堂中，以学习为主、多方面发展的方式开展教学活动，在帮助孩子高质量完成假期作业的同时，开展美术课、黏土课、体育课等科目，并组织孩子进行志愿服务活动。同时，通过家访及社交软件与家长及时沟通，了解班内孩子的具体情况，对孩子进行精准辅导，对薄弱科目加强辅导，并进行心理疏导，帮助孩子建立自信心。

## 四、课堂活动定制，帮助学生找到自信

在课堂进行过程中，所有的老师都会根据对每个学生言行举止的观察，有的放矢，综合各自教学点学生整体反馈情况制定活动方案，有针对性地帮助学生打开心门，树立自信心，找到自身的闪光点。来自单亲家庭的一名小女孩来到课堂特别害怕和别人扎堆聊天，担心别人知道自己没有爸爸，在参加课堂两期后，在老师"不落痕迹"的特殊关爱和引导下一步步打开了心门，放下了自己心里的小包袱，性格变得开朗起来，她说，自己来到课堂特别害怕和别人扎堆聊天，担心别人知道自己没有爸爸，是老师和同学分享了很多自己的经历，在课堂活动中鼓励她去客串小小主持人、在所有同学面前演讲，还把自己特别喜欢的手语舞蹈表演给大家看，她发现，同学们并没有嘲笑她，而是给了她很多掌声，每天来到课堂成了自己心里的一个小期盼。

### 五、志愿者榜样激励，助燃希望之光

课堂的老师是一群灵武籍受各级资助的在校大学生组成的巾帼志愿者，她们通过努力学习知识改变了命运，又怀着感恩之心反哺社会，接受妇联组织号召，从四面八方会聚到"帮帮学"课堂，用自身正能量影响和帮助更多贫困、单亲家庭学生提升学习成绩，让他们人格更加健全，生活更加自信。队伍从最初的11人壮大到了92余人，形成良性循环。马莹说："我特别喜欢杨老师，因为在她的陪伴下，我不仅提高了学习成绩，还做了我最喜欢的手工和画画，并且向所有的同学进行了展示。刚开始，我都不敢，是杨老师带着我一起去完成，去给同学们分享。我一定会记住我和杨老师的约定，好好读书，战胜自己，考上大学，成为一个和杨老师一样好的老师，去给很多学生教画画。"

参与课堂公益助学的大学生志愿者，不仅帮助贫困学生解惑，还用自己的正能量为学生们树立了榜样，让一期期参与课堂的贫困学生打开了对未来充满期待和向往的大门，也清晰了他们奔向美好未来的道路。

# 家风拂润文明花　弘扬时代新风尚

## 中卫市沙坡头区

中卫市沙坡头区柔远镇渡口村是一个回汉聚居村，下辖7个村民小组，共有人口727户1794人，其中女性829人（妇女745人、女童84人）。渡口村妇联大力加强家庭文明建设，深入开展家庭教育指导服务，引导广大妇女带动家庭成员争做好家庭、涵养好家教、培育好家风。

## 一、系统化组织建设，家庭教育建设"队伍强大"

渡口村妇联选举产生了新一届的村妇联领导班子，其中包括妇联主席1名、妇联副主席2名、妇联执委8名，家庭教育建设示范站配备相关工作人员3名，定期组织开展家庭教育指导服务相关活动，切实发挥示范引领实效。当选的村妇联班子成员，大多是致富女带头人、文明新风带头人、公益事业热心人，是一支思想好、作风正、有本领、真心实意为群众办事、受群众拥护的妇女工作队伍，为村家庭教育建设工作的开展增添了新鲜血液。自新时代文明实践活动开展以来，渡口村成立"古渡暖阳"志愿服务队，下设8支志愿服务队伍，70%以上志愿者为女性。其中的孝老爱亲志愿服务队是一支全部由女性组成的巾帼志愿服务队，她们亦是我们开展家庭文明建设及家庭教育工作的中坚力量。

## 二、规模化阵地建设，家庭教育建设"有的放矢"

2018年以来，渡口村党支部深入贯彻落实习近平总书记"三个注重"重要指示精神，借力新时代文明实践东风，大力争取组织部项目资金50万元，新建渡口村村级活动场所259平方米，重新装修闲置300多平方米教学楼，打造集妇女之家、儿童之家、家庭（职工）书屋、家风家训室、和谐家庭婚姻矛盾纠纷调解室、志愿服务活动室、家风家训长廊、乡村记忆馆8个功能室为一体的妇联活动场所和家庭教育建设示范阵地。进一步确保家庭教育建设有阵地保障、有活动基础。

## 三、多元化活动方式，家庭教育建设"掌声四起"

注重家庭，推动"家庭文明建设"惠及群众。利用新时代文明实践站平台，探索完善以镇（村）妇联为主体的家庭教育建设志愿者、家庭教育建设志愿骨干、家庭教育建设志愿队伍"三位一体"新架构，先后开展了"感恩母亲节 传承好家风""优秀的家长成就优秀的孩子""快乐暑假 携手成长"等系列家庭教育服务活动20余次，进一步增进了亲子感情、促进了家庭和谐。注重家教,推动"好家庭榜样力量"带动群众。围绕"治陋习、树新风"乡风文明建设,依托镇域红色文化、历史文化资源,融合乡风文明典型,充分发挥妇联执委服务联系群众作用,对全镇24名道德模范,在家风长廊进行宣传展示。评选出18个孝老爱亲、诚实守信、敬业奉献等"七彩阳光最美家庭",参选家庭"晒家风故事",现场群众"议、评、选家风故事",群众现身说法、参与其中,弘扬好家风、好家训、好家庭。注重家风,推动"文明宣讲"发动群众。大力开展乡音解读"新政策""移风易俗、弘扬时代新风""和谐家庭"矛盾纠纷调处等家庭教育活动,成立"家和驿站",以家庭为单位共同摒弃婚丧陋习,形成文明、节俭的社会风气;重新修改完善《村规民约》,用"家常话"解读"新政策",让党的创新理论在寻常百姓家入眼入耳、入脑入心;依托"一村一法律顾问"、矛盾纠纷调解巾帼志愿服务队,形成"小事不出村、家事自调解"的家庭矛盾调解机制。

渡口村妇联以家庭教育建设为契机,挖掘自身特色,调动多方力量,创新方式方法,着力打通宣传家训家教、培育良好家风、服务乡村家庭的"最后一公里",努力提升广大群众的获得感、幸福感。

新疆生产建设兵团

# "代理妈妈"关爱行动

第十二师妇联

## 一、产生背景

"代理妈妈"关爱行动是2017年兵团第十二师妇联根据兵师党委"发挥兵团特殊作用大学习大讨论活动"所采取的一项具体举措,旨在使困难失亲儿童在生活上、学习上、思想上得到关心关注,让他们能够感受到亲人般的温暖,弥补家庭亲情的缺失,感受到社会大家庭的关怀,树立正确价值观,营造良好健康的家庭环境。师妇联制定《十二师妇联关于开展"代理妈妈"关爱行动实施方案》,并向全师富有爱心、有能力、有责任心的各界人士发出了"关爱失亲儿童,争做代理妈妈"倡议书。2017年8月24日,举行了十二师"代理妈妈"关爱行动启动仪式,师团两级领导及妇联主席率先与困难失亲儿童家庭签约做"代理妈妈"。师各级干部积极响应,踊跃参与,在全师掀起了关爱行动的热潮。

## 二、主要做法

一是以感恩教育培树正确价值观。开展"代理妈妈"情景剧、"代理妈妈"事迹宣讲、给"代理妈妈"一封信、为"代理妈妈"亲手制作礼物等系列活动教育引导失亲家庭孩子懂得感恩、学会感恩。

二是以"民族团结一家亲"促进文化认同。结合"民族团结一家亲"

活动，在少数民族困难失亲家庭中开展"共唱一首歌，共读一本书"、"手拉手、心连心"亲子活动、"迎中秋庆国庆"民族联谊等活动，促进各民族家庭的感情融和，加强各民族家庭的文化认同。

三是以亲子阅读提高文化底蕴。开展"书香飘万家""看见幸福、'阅'出梦想""陪你读书""读书点亮心灯，书香润泽人生""爱相伴、共成长"等系列"代理妈妈"与困难失亲孩子的亲子阅读活动，培养这些孩子的读书兴趣和能力，提高家庭综合素质和文化底蕴。

四是以心理疏导助推健康心态。举办"关爱失亲儿童，家庭教育社区行"专题讲座，邀请心理学专家为有需求的困难失亲家庭进行心理疏导，帮助"代理妈妈"与孩子进行有效沟通，使孩子形成健康心态和情感。

五是以"三加一"活动助力全面发展。建立"家长－老师－代理妈妈"和失亲孩子的"三加一"互动机制，"代理妈妈"与孩子监护人及所在学校经常沟通，及时掌握孩子的思想道德、心理变化、学习成长情况。"三加一"活动不仅丰富了家庭、学校、社会三位一体教育网络的内容，更加强了与孩子的联系，帮助孩子全面发展。

### 三、基本成效及在当地示范推广的情况

开展"代理妈妈"关爱行动是一项长期的、深入的、细致的系统工程，也是一项紧贴群众生活、紧贴现实问题的有益活动，不仅为生活困难的孩子们及时提供必要的生活条件和受教育机会，也引导他们树立正确的世界观、人生观、价值观。截至目前，全师110名爱心人士代做93名困难失亲儿童的"代理妈妈"，通过全方位的关心引导帮扶，促进他们在德智体美劳全面健康发展。此项工作已成为十二师妇联的品牌特色工作，受到全国义务教育发展基本均衡检查评估督导反馈会的表扬。

# 家庭道德讲堂助力形成良好风尚

### 第十二师妇联

## 一、产生背景

"家庭道德讲堂"是培育社会主义核心价值观的有效载体,是提高家庭成员道德素质的有效平台。为了切实抓好家庭家教家风,传播正能量,培养崇德向善的社会风气,兵团第十二师妇联通过用"身边人讲身边事,身边人讲自己事,身边事教身边人"的方式,发掘和弘扬蕴藏在家庭中践行社会公德、职业道德、家庭美德和个人品德的优秀家庭事迹,让广大家庭看得到、摸得着、学得会,引导广大妇女群众、家庭成员见贤思齐、崇德向善,在参与中自我表现、自我教育、自我提升。自2013年首次开展"家庭道德讲堂"活动至今已八年。

## 二、主要做法

一是创新形式提兴趣。为让大家乐于听、听得懂、听得进,入耳入脑入心,"家庭道德讲堂"采取了群众性和灵活性兼具的"唱、看、读、讲、谈、送""六个一"形式进行。"唱"——唱一首歌,弘扬道德风尚,营造氛围,提升讲堂感染力。"看"——看一部短片,围绕主题,观看"最美家庭"事迹短片。"读"——读一段经典,诵读传统优秀家风家教家训。"讲"——讲一个故事,讲述"最美家庭"故事或家风小故事。"谈"——谈一点体会,谈有关家教家风感受和品悟。"送"——送一个纪念，表达对家庭和睦的祝福和期望。实践中，在此基础上会有创新。通过喜闻乐见、寓教于乐的活动方式，吸引更多的居民参与。

二是围绕中心抓宣传。师妇联紧紧围绕党中央、兵师党委中心工作，结合时间节点开展"家庭道德讲堂"活动。脱贫攻坚关键期宣传增收致富"最美家庭"，"母亲节"宣传孝亲敬老"最美家庭"，"六一"宣传科学教子"最美家庭"，疫情期间宣传抗疫"最美家庭"，"八一"建军节宣传军人或退役军人"最美家庭"等，通过宣传身边家庭身边事，大力倡导忠诚、责任、包容等家庭理念，展示优秀家风家训，让社会主义核心价值观在家庭、家教、家风中落地生根。

三是严抓质量促实效。首先，师妇联每年会对全师各级妇联干部进行反复培训，为使每一次"家庭道德讲堂"活动达到预期效果，师妇联提前进行指导。其次，精心设计每一次"家庭道德家庭"活动内容，既保证内容围绕各级党委中心工作，符合社会主义核心价值观，又保证每一个环节围绕主题、质量高。最后，对"最美家庭"进行了本土化设计，对视频及故事材料进行严格把关，让居民看和听起来既熟悉又亲切，让身边看得到的"最美家庭"家教家风影响身边人、教育身边人、带动身边人。

四是丰富内容筑防线。积极和师法院对接，开展"为您和孩子撑起一把保护伞——妇法联合行动"，在"家庭道德讲堂"活动讲故事环节邀请女法官协会法官讲述身边侵害妇女儿童权益的案例，通过用身边案例以案释法，师妇联以"娘家人"进行温情提示来教育引导各族家庭保护好妇女儿童人身和财产安全。

## 三、基本成效及在当地示范推广的情况

通过开展"家庭道德讲堂"活动，培育家庭成员对兵团、十二师和团场的认同感和归属感，引导带动全师广大家庭共同践行"爱国爱家、相亲相爱、向上向善、共建共享"的新时代家庭观，使家庭道德理念内化于心，外化于行，让家庭道德故事人人讲、家庭道德感悟人人思、家庭道德行为人人学、无私奉献人人比，促进全师形成诚实守信、爱岗敬业、家庭和睦、文明礼让、融洽和谐的良好风尚。此活动得到了广大家庭的欢迎和

好评,让大家如同置身于充满爱的空间里如沐春风,深受感动和感染。截至目前,各级妇联开展"家庭道德讲堂"200余次,受众4万余人,成为妇联开展家庭文明建设工作的重要载体。

# 育和睦家庭　树淳朴家风　谱和谐社会

第十师北屯垦区人民法院

## 一、建设背景

家庭是社会的最小单元,家庭的稳定关系着整个社会的和谐稳定。一起普通的家事纠纷如果处理不当,极有可能引起诸多悲剧甚至惨案的发生。北屯垦区人民法院通过对个案的教育化解、心理疏导,引导家庭成员改掉恶习,重归于好,并自觉传承传统美德,把好家风传进千家万户。

## 二、主要做法

### 1.整合资源,形成工作合力

一是整合部门资源。根据职责定位,联合师市妇联、天骄街道、司法所打造妇女儿童维权站暨家事调解工作室,为市域范围内家事纠纷提供法律服务。师市妇联负责政策宣传、业务指导、组织培训等;北屯垦区人民法院派驻一名长期从事民商事审判经验丰富的员额法官,指导妇女儿童维权及家事调解工作;街道(社区)肩负着信息员、宣传员职责;司法所配合做好矛盾纠纷排查化解、普法宣传等工作。

二是挖掘社会资源。在妇联、民政、工会、基层连队等部门退休干部,在职律师、人民调解委员会中选聘了一支热心公益事业、富有家事工作经验、年龄和知识结构合理的特邀调解员队伍,通过个人报名、组织推荐、优中选优的方式选聘特邀调解员20名。

**2.完善配套设施,优化合理配置**

一是"硬件"上突出特色。在工作室布局上,通过将沙发、茶几代替黑色的调解桌,多了一份"家"的温馨,给当事人营造一个温情的轻松环境。

二是"软件"上力求人性。在工作人员配备上,挖掘和吸纳了一批工作能力强、专业素质高、工作热情高的优秀女性加入工作室,有当地知名女律师、原妇联主席、原中学校长等,通过培训上岗,使得她们很快成为家事工作经验丰富的调解能手。2020年6月16日,天骄街道居民李某(女)与张某(男)因离婚意见不合在婚姻登记大厅外大打出手,在天骄街道及附近警务站工作人员的劝说下,来到家事调解工作室。法官姚江梅了解到,李某夫妇原本承包一家小餐厅,生意红红火火,儿子乖巧懂事,一家人和睦幸福。2018年起餐馆生意不景气,夫妻双方协商后放弃经营餐馆,到距离200公里外的县城承包土地从事种植。儿子则寄养在朋友家,一家人聚少离多。李某夫妇因种植经验不足,连年亏损,张某时常借酒消愁,夫妻俩相互指责,感情出现了裂痕。刚上初中的儿子,时常发生夜不归宿、打架,甚至是小偷小摸的事情,临近崩溃的李某和张某这才发生婚姻登记大厅的闹剧。细心的家事法官意识到,李某夫妇的感情基础还是很好的,重点在于儿子的教育,而根源在于言传身教的家教家风问题。在家事法官调解下,李某夫妇重归于好,同时就重塑家庭交往关系、以身作则为孩子做典范、未成年人成长发育心理特点等方面,敦促李某夫妇树立互谅互爱、团结与共的良好家风。结合特邀调解员李金花(原中学校长)工作特长,采取"一对一"家访式帮教,帮助小张改掉恶习,树立正确的价值观。李某夫妇认识到了家庭氛围及家教家风的重要性,张某独自在外承包土地,李某则留在家照顾小张,还利用其特长,在家开起了"小餐桌"。通过家事工作室人性化的工作举措,达到挽救家庭"治标"的同时,实现了家教家风的"治本"。

**3. 坚持三个结合，实现法治效果和社会效果相统一**

一是坚持法治和德治相结合。在充分发挥法治作用的同时，注重家庭家教家风建设的宣传教育，引导家庭成员自觉履行法定义务，互谅互爱，培育和践行社会主义核心价值观。

二是坚持心理疏导与法治约束相结合。家事调解工作要坚持以心理疏导为主，以情感安抚入手，通过唠家常的方式打开当事人心房，寻找纠纷症结，综合运用心理疏导、经验法则等对症下药。

三是坚持司法公开与普法教育相结合。北屯垦区人民法院积极开展"送法进社区""法庭公开日""法治课堂"系列主题活动，邀请民众走进法院、走进法庭，增加法院工作透明度，增进民众对法院工作的了解和支持。

## 三、取得的成效

一是案件受理数明显下降，社会治安进一步好转。在师市各级妇联、民政、工会等各部门的积极配合下，形成了部门联动、群策群力的婚姻家庭纠纷化解工作新格局，减少了矛盾纠纷。涉婚姻类、抚养、赡养等家事审判案件较去年同期下降7%，涉及人身侵权类案件较去年同期下降48.57%，辖区治安进一步好转。截至目前，工作室共受理法院委派及自行受理案件62件，已调解成功22件；受理家暴类投诉2件，教育转化2件；受理法律咨询百余件，受益家庭覆盖全市范围。

二是职工群众幸福感、安全感、获得感进一步提升。在2019年度兵团幸福感、安全感、获得感满意度调查中，第十师北屯市位居兵团之首。

三是业务能力进一步夯实，涌现出一批先进典型。通过送法进社区、法官驻基层等形式，法院工作更能满足人民群众司法需求。审判庭员额法官李瑾、立案庭法官助理殷真分别荣获全国维护妇女儿童权益先进个人。

# 弘扬中华传统文化　传承中华优良家风

## 第八师石河子市牵手一站式婚礼中心

### 一、产生背景

牵手一站式婚礼中心成立于2009年9月9日,每年有600多对新人家庭及8000多名家人接受服务。婚庆行业自产生以来,已经经历了长足发展,这个行业代表的产品与服务与人们的生活有着千丝万缕的联系。通过大量市场调研,创办人乔艺认为在市场经济的大潮中,婚庆产业的发展面临机遇与挑战,需要借用中国传统文化的本质构建新的发展策略。同时,家庭是国家和社会的基础。身为兵团妇联执委的乔艺,认真学习了习近平总书记关于"注重家庭、注重家教、注重家风"的重要指示精神,她认为人生九典(出生、成人、婚典、吉典、乔迁典、开业典、寿典、金婚典等)是家庭组成并向良性发展的一个个重要节点,家庭经营是需要有仪式感的。她将中国传统文化和婚庆有机融合,并不断扩大公司的业务,最终为公司开辟了一片广阔的前景。

### 二、主要做法

牵手一站式婚礼中心不仅仅是做婚庆,它还一直致力于将家庭礼仪文化融于公司业务之中,以"五个弘扬"贯穿始终,传承中华优良家风,也由此形成了婚庆公司独有的特色,在众多婚庆公司中脱颖而出。

一是将弘扬家庭礼仪贯穿始终。家庭礼仪指的就是人们在长期的家庭生活中，用以沟通思想、交流信息、联络感情而逐渐形成的约定俗成的行为准则和礼节、仪式的总称。牵手一站式婚礼中心将家庭礼仪贯穿于婚庆业务始终，从准新人的求婚仪式，到家庭的婚前知识辅导、女性形象造型讲座、家庭关系调解、婚礼的策划实施、女性家庭生活交流、孕期小知识分享、产后恢复小课堂、备孕知识、孕姿照、家庭亲子关系分享、亲子照拍摄、孩子的成长里程留念、长辈的寿典、孩子的成人典、升学典等。

二是将弘扬中华传统礼典文化贯穿始终。牵手一站式婚礼中心将婚庆与中国传统的礼典文化相结合，重新塑造人生"九典"，大力宣扬中国的传统文化，宝宝的洗三礼、汉式风格的成人礼、汉唐式的婚礼都在被越来越多的家庭所接受和选择。在牵手一站式婚礼中心，衣架上一套套精美的汉式礼服，展柜中配套的精致首饰，墙面上张贴的洗三礼、成人礼、汉唐婚礼照片，相互映衬，配上牵手一站式婚礼中心工作人员对礼典文化、服饰文化的讲解，令人忍不住想要体验一番中国传统礼典文化。

三是将弘扬节俭持家贯穿始终。牵手一站式婚礼中心在办理婚庆的同时，引导新人双方不以礼金彩礼的多少来衡量婚礼的质量，推崇新中国新风尚，以节俭为美。一次一对新人因为婚礼前采购糖盒产生了分歧，一度闹到打算离婚，牵手一站式婚礼中心工作人员赶紧邀请新人及双方家人一起沟通，最终圆满解决了新人的矛盾，婚礼顺利举行。

四是将弘扬婚姻文化贯穿始终。牵手一站式婚礼中心充分运用婚姻文化"春风化雨"的独特引领作用，将一面墙壁变成婚姻家庭文化宣传栏，里面放满了新婚祝福语、婚礼现场照片以及新人对牵手一站式婚礼中心的好评等，温暖的语言、婚礼现场甜美的画面让当事人对婚姻文化有感观上的认识。牵手一站式婚礼中心秉承"你的婚事就是我们的家事"的理念，在新人双方家庭为筹办婚礼意见不统一甚至产生矛盾时，变为家庭矛盾调解员，让双方家庭尽释前嫌。

五是将弘扬孝道文化贯穿始终。一对新人在美国工作生活，父母双方在本地，婚礼之后新人还需要回美国工作，公司策划师精心策划后在婚礼仪式上安排新人给父母准备了一份礼物——往返美国的机票和美国家里的钥匙，寓意着成家立业也不会忘记父母，家里永远有他们。在新人把为父母准备的礼物交给双亲的时候，父母热泪盈眶，紧紧拥抱着新人，台下的来宾也感受到新人对父母深刻的感情，更理解了孝道是家庭的根本。在2020年，一对新人是在本地工作生活，但父母都在老家，原本定好机票让父母来本地办婚礼，但由于疫情父母无法到场，但是改婚期的话新人时间上又不方便，在公司和新人交流后策划了一场别出心裁的视频连线婚礼，与新人父母所处地方的酒店沟通后将新人婚礼现场与父母现场连线，完成了一场特别的婚礼。

## 三、基本成效

牵手一站式婚礼中心的特色服务和公司的理念使它在几年间迅速发展壮大。2019年10月，牵手一站式婚礼中心扩建了上海城店，投资1500万元，营业面积超过1300平方米。公司从2009年的2个人创业开始，不到40平方米的店面一路发展至目前拥有45人的团队，同时提供82个灵活就业岗位。

2020年，牵手一站式婚礼中心还成功申报了师市示范"妇女之家"项目，将在公司新建成的"妇女之家"中继续传播中华优秀传统文化，倡导家庭礼仪，指导新人夫妻和睦、孝老爱亲，指导夫妻正确处理婚姻家庭关系；将在南疆师市开展婚姻家庭理念教育辅导，推进移风易俗、传播新时代婚姻理念、弘扬时代新风，提倡妇女独立自主，引导妇女积极参与经济建设，接收现代信息，适应新时代发展形势。